Perfektion ist Quatsch

Regine Büttner ist seit über 25 Jahren Expertin im Human Resources Management. Sie war HR-Chefin und Mitglied des globalen Boards bei DHL Express, verantwortlich für mehr als 100 000 Mitarbeiter:innen in über 220 Ländern. Heute sitzt sie in verschiedenen Aufsichtsräten und arbeitet als Profilerin für die Anti-Doping-Organisation. Sie ist Co-Founderin der Firma WOMAN 360 (www.woman360.de).

Dr. Miriam von Loewenfeld ist Expertin für Leadership. Sie war als Deutschlandchefin von Sephora eine der jüngsten Geschäftsführer:innen im LVMH-Konzern. Sie co-gründete die Coaching Firma WOMAN 360 und tritt als Speakerin auf. Sie entwickelte 2023 das umfassendste Female Leadership Programm an einer deutschen Hochschule.

Regine Büttner
Miriam von Loewenfeld

Perfektion ist ~~machbar~~ *Quatsch*

Unser Erfolgsrezept für Karriere, Familie und Gesundheit

Campus Verlag
Frankfurt/New York

MIX
Papier | Fördert gute Waldnutzung
FSC® C089473
www.fsc.org

ISBN 978-3-593-51924-1 Print
ISBN 978-3-593-45838-0 E-Book (PDF)
ISBN 978-3-593-45837-3 E-Book (EPUB)

Umschlaggestaltung: zeichenpool, München
Umschlagmotiv: © shutterstock, Jesus Troconis
Satz: DeinSatz Marburg UG | tn
Gesetzt aus: Minion und Mr Eaves Sans
Druck und Bindung: Beltz Grafische Betriebe GmbH, Bad Langensalza
Beltz Grafische Betriebe ist ein Unternehmen mit finanziellem Klimabeitrag (ID 15985-2104-1001).
Printed in Germany

www.campus.de

Inhalt

Intro

In einer scheinbar perfekten Welt, in der Selfies, Instagram-Feeds und Erfolgsstorys die Norm darstellen, ist Perfektion oft der Maßstab für Erfolg und Akzeptanz. Von uns Frauen wird erwartet, in jeder Rolle zu glänzen – als Mutter, als Partnerin, im Beruf, in unseren sozialen Beziehungen und sogar in unserer Freizeit. Doch die Realität zeigt, dass Perfektion eine Illusion ist, denn die perfekte Vollkommenheit existiert schlicht nicht. Die Wahrheit lautet: Der Versuch, in allen Lebensbereichen gleichzeitig zu glänzen, führt zu einem kaum zu bewältigenden Druck. Der Tag hat nur 24 Stunden und der ständige Drang nach Perfektion führt zu Stress und Überforderung. Es ist an der Zeit, diese unerreichbaren »Standards« zu hinterfragen, um einen gesünderen, erfüllteren Weg einzuschlagen. Daher sagen wir: Perfektion ist ~~machbar~~ Quatsch!

Unser Ansatz: Perfektionismus hinterfragen und echte Erfüllung finden

In unserem Buch bieten wir, ein Mutter-Tochter-Duo, eine ganzheitliche Perspektive auf das Leben und die Herausforderungen moderner Frauen. Wir hinterfragen die gesellschaftlichen und historischen Rollenklischees, die unser Denken und Handeln bis heute beeinflussen, und legen dar, was politisch für eine echte Vereinbarkeit von Beruf und Familie getan werden sollte. Wir leben in einer Gesellschaft, die Frauen mehr Rechte und Möglichkeiten bietet als je zuvor: Frauen können heute ein selbstbestimmtes und unabhängiges Leben führen und sich frei entscheiden, wie sie dieses gestalten möchten – sei es als Vollzeit-Karrierefrau, Mutter oder beides. In unserem Buch möchten wir Frauen dazu ermutigen, ihre eigenen Ziele zu verfolgen und mit dem Partner ein Gleichgewicht zu finden, mit dem sie glücklich sind.

Von anderen lernen: Inspiration durch Role Models

Wir haben uns auf die Suche nach den Erfolgsfaktoren gemacht, die nicht nur uns, sondern auch viele andere Frauen vorangebracht haben – die »Woman Wonder Powers«. In unserem Buch beschreiben wir sie ausführlich. Außerdem haben wir Role Models gesucht und gefunden: zwölf außergewöhnliche Frauen, mit denen wir intensive Gespräche führen durften.

Dr. Wiebke Ankersen, die Geschäftsführerin der AllBright Stiftung, zeigt uns zunächst mit ihren jährlichen Studien bezüglich Diversität in deutschen Unternehmen, wie groß das Potenzial für Frauen ist. Wir sehen in Gesprächen mit der aufstrebenden Politikerin Verena Hubertz oder der erfahrenen Politikerin Malu Dreyer, dass für die Nutzung dieses Potenzials, das *Female Empowerment,* täglich gekämpft wird. Wir werden von Tech-Leaderin Annahita Esmailzadeh inspiriert, dass der Weg trotz aller Vorurteile nach oben möglich ist. Wir erleben bei Judith Williams, wie der Wille, sich reinzuhängen, ihr stets neue Perspektiven eröffnet hat. Wir lernen von Deutschlands erfolgreichster Influencerin Leonie Hanne, wie man mit Positivität den eigenen Aufstieg beeinflusst. Wir verstehen von der New Yorker Networkerin Charlotte de Brabandt, wie wertvoll Netzwerke sein können – vor allem, wenn man Unterstützung am meisten braucht. Wir erfahren von der deutschen DAX-Vorständin Melanie Kreis, wie sie es bis ganz nach oben geschafft hat. Wir spüren bei erfolgreichen Gründerinnen wie Lea-Sophie Cramer und Lia Grünhage nach, wie sie sich mit ihren eigenen Unternehmen selbst verwirklichen konnten. Wir erleben mit Lena Gercke, wie man als Multi-Preneurin ein glückliches Familienleben führen kann. Und wir lernen mit Sylvie Meis eine Frau kennen, die mit Disziplin, Fitness und Gesundheit einen ausbalancierten Lebensstil führt.

Ergreife die Chance

Wir stehen vor einer Jahrhundertchance: Der Fachkräftemangel und der zunehmende Ruf nach Diversität in Führungspositionen eröffnen Frauen unzählige Karrieremöglichkeiten. Dieses Buch ist mehr als nur ein Ratgeber, sondern ein Weckruf, unsere Chancen zu ergreifen und aktiv zu gestalten.

Neben den Gesprächen mit unseren Role Models berichten wir auch von unseren eigenen Erfahrungen aus langjährigen internationalen Karrieren. Wir teilen nicht nur unsere Erfolge, sondern auch unsere Herausforderungen und wie wir sie überwunden haben. Wir erzählen aus dem Blickwinkel unserer jeweiligen Generation und (anonymisiert) von vielen anderen Frauen, Mitarbeiterinnen, Weggefährtinnen und Coachees. Anhand ihrer persönlichen Beispiele illustrieren wir verschiedene Situationen und Lösungsansätze, immer mit dem Ziel der Inspiration zum eigenen Weg – fernab von unrealistischen Perfektionsidealen.

Lass uns gemeinsam diesen Weg beschreiten. Mit *Perfektion ist möglich Quatsch* bekommst du einen Leitfaden an die Hand, der dich unterstützt, die sich bietenden Chancen zu nutzen. Wir Frauen sind auf unserem Weg nach oben keineswegs allein und Chancen gibt es viele wie nie zuvor. Wir müssen sie nur ergreifen. *Let's get started.*

Miriam von Loewenfeld und Regine Büttner

PS: Um unsere Inhalte verständlicher zu gestalten, veranschaulichen wir sie anhand zahlreicher Fallbeispiele aus unserem beruflichen Werdegang. Dabei wurden sämtliche Namen und Einzelheiten in diesem Buch anonymisiert und abgeändert, um die Persönlichkeitsrechte zu wahren. Jegliche Ähnlichkeiten mit realen Personen sind rein zufällig. Auf diese Weise können wir wertvolle Erkenntnisse teilen, ohne die Privatsphäre der Betroffenen zu verletzen.

PERFEKTION IST
MACHBAR QUATSCH
Das sind die wahren Heldinnen, die Wonder Women unserer Zeit
P
Führungskräfte müssen Diversity vorleben
Diversity
WIRTSCHAFTLICHE UNABHÄNGIGKEIT
ist für Frauen wichtig
GENERATION CHANGE:
VON DER FRAUENBEWEGUNG
ZUM OPTING-OUT
OPTING-OUT-SYNDROM
Wirtschaft, Politik und Gesellschaft denken um
Noch nie gab es so gute Chancen fur Frauen
Frauen, die es schaffen, ihre Karriere, Familie, Freunde und Gesundheit unter einen Hut zu bekommen
PERFEKTE WELT:
ALLES SCHEINT MÖGLICH UND NOCH VIEL MEHR
Der Fokus des modernen Feminismus liegt neben der Chancengleichheit auf der Vereinbarkeit von Beruf, Familie und sozialem Leben.
Möchtest du eine Unternehmenskarriere oder freiberuflich arbeiten?
Bei Leadership-Kompetenzen haben Frauen durchaus die Nase vorn, vor allem in Sachen Empathie, Kommunikation, Teamorientierung und Diversity.
Ziele nach dem Nordstern – Setze dir Visionen!
Teile dir die Care-Arbei
gerecht zwischen dir un
deinem Partner auf
Setze klare Prioritäten und teile die Zeit gut ein
PLANT PARTNERSCHAFTLIC
JOB AFFAIRS –
NIMM DEINE KARRIERE IN DIE EIGENE HAND
Schaffe dir eine
tagliche Routine und ei
Unterstützungssystem
Bau dir ein starkes Netzwerk auf und finde Mentor:innen
Chancengleichheit: Fördere andere Frauen
Bring dich in Position: Weiterbildung, Leadership, Delegieren und Verhandeln
BALANCE-UP:
BRING DEINE KARRIERE UND DEI
PRIVATLEBEN IN EINKLANG

aubenssätze
NERE
STANDSAUFNAHME
Was ist deine Persönlichkeit? Wo liegen deine Stärken?
In welche Themen steckst du Zeit und Energie?
Verantwortung für ein balanciertes Leben selbst in die Hand nehmen
Wer sich richtig reinhängt, kann es ganz nach oben schaffen
"Ja"
"Nein"
ZU VIEL DAVON WIRD ZUM SHOWSTOPPER
SELBSTZWEIFEL
PERFEKTIONISMUS IST EINE FALLE
NEUE Herausforderungen annehmen
20% ANSTRENGUNG
80% ERGEBNISSE
DEINE WONDER WOMAN POWERS:
1. LEAN IN
ET'S GET STARTED:
WO WILLST DU HIN?
Visionboards
Ein positiver Mindset ist eine Schlüsselkomponente für Erfolg
Negative Stereotype und Vorurteile
Die eigene Stimme erheben
Die eigenen Leistung mehr ins Rampenlicht stellen
SICHTBARKEIT
2. POSITIVER MINDSET
Netzwerken
Herzlichkeit verbindet Menschen
Selbstmarketing ist die Art und Weise, wie du dich als Marke präsentierst
3. SEI SICHTBAR UND WERDE ZUR MARKE
Bewusst Auszeiten zu nehmen und neue Energie zu tanken
Multitasking führt zu Stress und der wiederum kann einen Burn-out auslösen
MULTITASKING GIBT ES NICHT
Zusätzlich kannst du an deiner Resilienz arbeiten
ME, MYSELF AND I:
GÖNN DIR ZEIT FÜR DICH SELBST
Gesunder Lebensstil

1

Perfekte Welt

Alles ist möglich und noch viel mehr

Wonder Woman – das ist die starke, schöne und intelligente Superheldin, verkörpert von Gal Gadot im gleichnamigen Film. Wonder Woman hat nicht nur übernatürliche Kräfte, sondern rettet auch mal eben die Welt. Klar, sie ist eine Kunstfigur: Hollywood pur. Sie hat nichts mit den vielen Rollen zu tun, die wir Frauen im Alltag einnehmen. Oder etwa doch? Wenn ich in Frauenmagazinen blättere, sehe ich perfekt gestylte starke Frauen, sobald ich mich in LinkedIn einlogge, werden mir Entrepreneurinnen gezeigt, die mit ihren Geschäftsideen die Welt mindestens so charmant retten wie Wonder Woman. Und das wahrscheinlich sogar noch nachhaltiger! Wer begegnet mir auf Instagram? Frauen, die toll aussehen, einen gesunden Lifestyle leben und immer Zeit für einen romantischen Abend mit dem Partner haben. Alles Fake? Ich weiß es nicht. Das reale Leben dieser Frauen kenne ich nicht. Offensichtlich ist nur eines: Für die Realität gibt es keine Filter und keine Bildbearbeitung. Das Leben bringt Herausforderungen, die sich nicht einfach wegwischen lassen. Gut aussehen und Erfolg haben wollen wir alle, das garantiert aber weder eine glückliche Partnerschaft noch eine harmonische Familie. Und für unseren beruflichen Erfolg zahlen wir als Frauen oft einen hohen Preis, weil wir die richtige Balance noch nicht gefunden haben. Müssen Frauen heute also doch so sein wie Wonder Woman? Ja – und nein.

Es ist an der Zeit, einen neuen Typ »Wonder Woman« zu definieren. »Unsere« Wonder Women sind weder Supermodels noch Workaholics oder Influencerinnen – es sind vielmehr Frauen, die ihre Karriere, Familie, Freund:innen und Gesundheit unter einen Hut bekommen.

Und dabei genau den Lifestyle leben, der sie glücklich macht und erfüllt. Warum ist uns das so wichtig? Weil viele Frauen immer noch ein Leben führen, in dem sie für Haus und Kinder mehr als der Partner verantwortlich sind, sodass sich dieser stärker auf die Karriere fokussieren kann. Gleichzeitig sind die Trennungs- und Scheidungsraten hoch wie nie, aber womit stehen die Frauen nach einer Trennung da? Mit oft sehr wenig und dem Risiko starker finanzieller Einschränkungen im Alter. Da ist hinsichtlich Gleichberechtigung noch viel Luft nach oben! Die gute Nachricht: Auch wenn die Top-Positionen in diesem Land immer noch mehrheitlich mit Männern besetzt sind, müssen Frauen nicht mehr grundsätzlich benachteiligt sein – denn die Zeiten ändern sich! Unternehmen denken um. Wer jetzt als Frau die eigene Karriere und somit das eigene Leben anpackt, hat gute Chancen wie nie zuvor.

Unternehmen denken um. Wer jetzt als Frau die eigene Karriere anpackt, hat Chancen wie nie zuvor!

Nobody said it would be easy: **Vereinbarkeit von Job und Familie**

Wo auch immer ich hinschaue – ob nun auf meine eigene Karriere oder auf die meiner Mutter, die in den 1970er Jahren ein echtes Role Model war –, merke ich: Der Weg nach oben kostet Frauen auch heute noch viel Zeit und Energie, vor allem wenn sie Familie haben. Genau das ist aber die größte Herausforderung der meisten Frauen, heute genauso wie vor 20 Jahren: Karriere und Familie unter einen Hut zu bringen – also alles so in Balance zu halten, dass nichts zu kurz kommt, auch nicht die Höhe der späteren Rente. Frauen müssen sich hier immer noch mehr Gedanken machen als Männer.

Der Weg nach oben kostet Frauen auch heute noch viel Zeit und Energie, vor allem wenn sie Familie haben.

Als ich Anfang der 2000er Jahre mit meinem Studium – Betriebswirtschaft in der Studentenstadt Mainz – begann, leuchtete der Stern meiner zukünftigen Karriere genauso hell wie der meiner Kommilitonen. Studien belegen, dass Schülerinnen und Studentinnen signifikant bessere Noten als ihre Mitschüler beziehungsweise Mitstudenten haben – warum sollte es also bei den späteren Karrierechancen anders sein? Auch die Zahl der weiblichen Studierenden hatte sich angeglichen, sodass es keinen Grund für eine mögliche Benachteiligung von Frauen zu geben schien. Ich sah damals überall Chancen, vor allem in beruflicher Hinsicht. Meine Mutter, eine der wenigen wirklich erfolgreichen Mütter in meinem Umfeld, stand gerade kurz davor, bei der Deutschen Telekom Personalvorständin zu werden – als eine der ersten drei Frauen im Vorstand eines DAX-Konzerns. Ich erinnere mich noch, wie mich damals diese so niedrige Zahl nicht störte. Für mich war klar: Die Frauenquote in Konzernvorständen würde in den kommenden Jahren steigen, schließlich hatten sich die Generationen an Frauen vor uns, unsere Mütter und Großmütter, nicht umsonst für Gleichberechtigung und Chancengleichheit eingesetzt. Meine Mutter war bloß eine der Ersten. Ich war megastolz auf sie – und natürlich würde ich eine ähnliche Karriere machen, das war überhaupt keine Frage. Dass ich gleichzeitig eine Familie mit drei Kindern haben wollte, stand für mich in keinerlei Widerspruch dazu. Ich zweifelte nicht daran, dass ich all das schaffen würde.

Heute, über 15 Jahre später, sehe ich die Dinge anders. Viele meiner männlichen Kommilitonen von damals arbeiten in Führungspositionen. Meine Kommilitoninnen sind dagegen meist teilzeitbeschäftigt, um mehr Zeit für ihre Kinder zu haben. Obwohl in Sachen Gleichberechtigung schon viel erreicht wurde, sind wir von der angestrebten Vision einer Welt, in der Frauen und Männer wirklich gleichberechtigt sind, noch ein ganzes Stück entfernt. Und nein, das liegt nicht nur an den einzelnen Frauen, denen die Arbeit in Vollzeit theoretisch völlig freisteht, um dann die Karriereleiter zu erklimmen und dasselbe zu verdienen wie Männer. Denn hier gibt es auch gesellschaftlich und politisch noch viel zu tun. Aber: Wir sind bereits auf einem guten Weg.

In der Gleichberechtigung von Frauen und Männern haben wir schon viel erreicht. Es gibt aber auch noch viel zu tun!

Der Reality-Check in der perfekten Welt

Machen wir doch mal den Reality-Check – wie sieht es in unserer perfekten Welt wirklich aus? Wie haben sich die Frauenanteile in Politik und Wirtschaft entwickelt? Wie in den höchsten Führungspositionen der großen Unternehmen? Was tut sich in Sachen Elterngeld und Elternzeit? Was bei den Teilzeitbeschäftigungen und Minijobs? Wie verändert sich der Gender-Pay-Gap? Und vor allem: Was zeichnet Frauen aus, die es bereits »geschafft« haben? Inwiefern unterscheiden sie sich von Männern in vergleichbaren Situationen?

1. Regierungschefinnen: Krisenfester und führungsstärker als ihre Kollegen

Studien belegen, dass Frauen in wichtigen Bereichen mehr Führungskompetenzen haben als Männer. *Harvard Business Review* beschrieb 2020 *Leadership Lessons*, die Männer von Frauen lernen könnten. Dazu zählt beispielsweise, die eigenen Einschränkungen zu kennen, sich selbst zu reflektieren, partizipativ statt direktiv zu führen oder in Krisen eine empathische Haltung einzunehmen. Trotz all dieser positiven Attribute, die Frauen in Führungspositionen aufweisen, ist die Anzahl der Regierungschefinnen noch äußerst niedrig: Nur 26 von 193 Staaten, die Vollmitglied der Vereinten Nationen sind, haben ein weibliches Staatsoberhaupt.

Eine weitere Studie des Trinity College Dublin fand heraus, dass weibliche Regierungschefinnen ihre Länder besser durch die COVID-19-Pandemie geführt hätten. Hier denke ich zum Beispiel an die damalige neuseeländische Premierministerin Jacinda Ardern. Ihre generell äußerst progressive Politik, ihre Steuersystemreform zugunsten von Familien, ihre divers aufgestellte Kabinettszusammensetzung und ihre zielgerichteten, erfolgreichen Maßnahmen gegen COVID-19 machten sie zu einem globalen Role Model.

2. Sie sorgen für mehr Gleichberechtigung: Frauen in der deutschen Politik

Lag Anfang der 1970er Jahre der Frauenanteil im deutschen Bundestag noch bei 6,6 Prozent, so ist er heute schon auf 34,9 Prozent angestiegen. Das ist ein enormer Erfolg! Sich auf diesen Lorbeeren auszuruhen oder zu denken, dass die Entwicklung nun geschmeidig so weitergehe, wäre allerdings fatal. Das lässt sich allein daran erkennen, dass der Frauenanteil im Bundestag in den 1970er und 1980er Jahren proportional viel stärker angestiegen ist als in den vergangenen zehn Jahren: In diesem Zeitraum pendelte der Wert zwischen 30 und 36 Prozent. Das belegen Erhebungen des Statistischen Bundesamts. Zu ähnlichen Resultaten kommt eine Untersuchung der Weltbank: »Wo steht Deutschland in der Gleichberechtigung?« Sie stellt als Antwort fest: Deutschland liegt mit knapp 35 Prozent Frauenanteil im Parlament hinter den diesbezüglich führenden Ländern Europas, wie den skandinavischen Ländern, Belgien, Spanien und Frankreich.

Je mehr Frauen sich politisch engagieren, desto stärker werden sich gesetzliche, politische und gesellschaftliche Bedingungen für Frauen verbessern.

50,7 Prozent der Menschen in diesem Land sind Frauen. Hier ist also noch viel Spielraum nach oben, denn eines ist klar: Trotz aller positiven Entwicklungen ist es wichtig, dass sich die Lebensumstände der Frauen weiter verbessern. Dafür brauchen wir passende politische Rahmenbedingungen und die entsprechenden Gesetzesänderungen. Und wer sollte die wirksamer durchsetzen als die Frauen im deutschen Bundestag?

3. Sich die Verantwortung teilen: Elterngeld und Elternzeit ist für Mütter und Väter da

Das Gesetz zum Elterngeld und zur Elternzeit vom 1. Januar 2015 war ein Durchbruch. Es zielt darauf ab, Eltern nach der Geburt eines Kindes flexibel zu unterstützen, indem die finanziellen Einschränkungen aufgrund der Kinderbetreuung ausgeglichen werden. Frauen und Männer sollen außerdem innerhalb der Familie gleichgestellt sein, sodass Job und Familie für beide besser vereinbar werden. Die ersten Schritte in die richtige Richtung sind damit gemacht! 1,9 Prozent der Väter mit Kindern unter sechs Jahren haben 2022 Elternzeit genommen. Im Jahr 2012 waren es nur 1,1 Prozent. Okay, das klingt noch nicht wirklich nach einer Revolution, aber immerhin ist der Trend positiv. Durchschnittlich haben Väter 3,6 Monate lang Elterngeld bezogen, Frauen aber 14,6 Monate – was zeigt, dass Frauen nach wie vor beruflich zurückstecken, obwohl sie es sich oft anders wünschen.

Der Staat kommt beim Ausbau der Betreuungsinfrastruktur kaum hinterher und es mangelt nach wie vor an Krippen- und Kitaplätzen. Obwohl es den rechtlichen Anspruch auf einen Krippenplatz für Kinder unter drei Jahren gibt, fehlen davon deutschlandweit 400 000 Betreuungsplätze. Hinzu kommt das Problem, dass viele Kitas schon um 14 oder 15 Uhr schließen – ungeeignet für in Vollzeit arbeitende Mütter. Das ist die eine Seite. Auf der anderen erkennen vereinzelt Unternehmen ihre Verantwortung und springen ein, wo der Staat nicht nachkommt – in Form von sogenannten Employee Assistance Programs (EAP). Dienstleister suchen für Mütter und Väter nicht nur nach Kitaplätzen, sondern können oft auch ein maßgeschneidertes Betreuungspaket aus Kita, Tagespflege, Babysitter und individueller Ferienbetreuung schnüren. Für den Notfall gibt es Hotlines, die innerhalb weniger Stunden eine Betreuungslösung auf die Beine stellen. Das alles zahlen die Arbeitgeber zur Verbesserung der Mitarbeiter:innenbindung. Leider gibt es das bisher noch viel zu selten.

4. Teilzeitbeschäftigung: Flexible Arbeitszeitmodelle sind auch für Männer wichtig

Die Erwerbstätigkeit von Frauen in Deutschland liegt bei 46,8 Prozent. Im Jahr 2022 waren unter den Müttern 75 Prozent erwerbstätig – 5 Prozent mehr als noch zehn Jahre zuvor. Auch hier tut sich also was. Bei genauerer Betrachtung zeigt sich jedoch: 65,5 Prozent der erwerbstätigen Mütter arbeiten in Teilzeit. Das heißt, sie stecken für ihre familiären Aufgaben beruflich zurück. Unter den Vätern sind es nur 7,1 Prozent und daran hat sich in den letzten Jahren nicht viel geändert. Bestimmt kennst auch du Beispiele, bei denen es den wenigen Männern, die in

Teilzeit arbeiten wollen, alles andere als leicht gemacht wird – weder im Job noch im sozialen Umfeld. So bleibt die Vereinbarkeit von Beruf und Betreuung vor allem jüngerer Kinder eine Herausforderung. Der europaweite Vergleich zeigt auch hier: Die Quote der in Teilzeit erwerbstätigen Frauen ist in Deutschland besonders hoch – im EU-Durchschnitt waren es nur 28,6 Prozent. In den anderen europäischen Ländern gibt es oft deutlich bessere Kinderbetreuungsangebote, es existiert aber auch ein anderes Frauenbild und Rollenverständnis in der Gesellschaft. So gibt es beispielsweise für das deutsche Wort »Rabenmutter« kein entsprechendes Wort auf Französisch, Englisch oder Italienisch.

Die Quote der in Teilzeit erwerbstätigen Frauen ist in Deutschland besonders hoch.

An dieser Stelle ein persönliches Beispiel: Ungefähr fünf Jahre nach meinem Uniabschluss – ich lebte inzwischen in Dubai – war ich Chefeinkäuferin für den Nahen Osten beim Beauty-Retailer Sephora. Und im neunten Monat schwanger. Ich arbeitete bis zum letzten Tag. Mutterschutz gibt es in Dubai sechs Wochen lang ab dem Tag der Geburt. Das war viel zu kurz. Wie sollte ich fast direkt nach der Geburt schon Baby und Job auf die Reihe kriegen? Etwa meine Eltern zum Auswandern nach Dubai überreden? Jedoch trat jemand anders in mein Leben: Ähnlich wie ein Au-pair zog eine junge Frau bei uns ein und unterstützte uns mit dem Baby. Dank ihrer Hilfe gewann ich schon kurz nach der Geburt viel Freiheit zurück: Ich konnte meinen Physiotheraphieplan durchziehen und nach sechs Wochen wieder mit der Arbeit loslegen. Zugegeben, mein Stillprogramm war ambitioniert, aber es funktionierte. Die Tage waren zwar anstrengend, aber sie raubten mir nicht all meine Energie. Die schlaflosen Nächte teilten wir uns fair durch drei: unsere Nanny, mein Mann und ich schauten abwechselnd nach dem Baby – schließlich musste ich am nächsten Morgen genauso früh raus wie er.

Dank dieser Lösung konnte ich die gleiche Leistung in meinem Job liefern wie meine Kolleginnen ohne Kinder und meine männlichen Kollegen. Dadurch stand auch neuen interessanten Aufgaben nichts im Weg und ich wurde sogar kurz nach der Geburt meines Kindes befördert – in Deutschland undenkbar. Mein Traum von der Chancengleichheit, den ich aus meinen Unitagen mitgebracht hatte, wurde wahr – und das in einem arabischen Land! Von meinen Freundinnen in Deutschland hörte ich hingegen, dass die Phase kurz nach der Geburt extrem hektisch sei und sie kaum zur Ruhe kämen. Persönlich erlebte ich diese Situation erst Jahre später – nach meinem Umzug nach Deutschland. Auf dem Höhepunkt meiner Karriere war mein Privatleben ein Chaos und mein Stresslevel so hoch wie der Burj Khalifa.

Ich möchte nicht alle Frauen dazu bewegen, die ersten Babyjahre »outzusourcen«, aber ich möchte definitiv Deutschlands Infrastruktur hinterfragen: Wir brauchen unbedingt mehr Betreuungslösungen, sei es in Form von besseren Tageszeitabdeckungen von Kindergärten, Tagesmüttern etc. oder in Form von Unterstützung im Haushalt und der Kinderbetreuung, wie ich sie in Dubai erlebt habe. Die Politik muss den Frauen hier mehr strukturelle Unterstützung bieten – und nicht nur die Möglichkeit, ihren Vollzeitjob in einen Teilzeitjob umzuwandeln. Auch die Männer müssen mehr ran und viele Männer wollen das heute auch. Der Druck im Hinblick auf die finanzielle Unterstützung sowie die fehlende gesellschaftliche Akzeptanz des Vater-Modells lässt uns aber oft in traditionelle Rollen verfallen.

Wir brauchen eine bessere Betreuung für unsere Kinder – und mehr Akzeptanz für das Daddy-Modell.

5. Minijobs: Much risk, little fun für Frauen

Minijobs haben einige Vorteile: Sie sind unbürokratisch, es fallen keine Steuern und Sozialabgaben und damit keine Abzüge an, es gibt Kündigungsschutz, Lohnfortzahlung im Krankheitsfall und einen Urlaubsanspruch. Hört sich alles wunderbar an. Demgegenüber stehen jedoch einige Nachteile: Minijobber:innen sind nicht krankenversichert, haben keinen Anspruch auf Arbeitslosengeld und lediglich einen äußerst geringen Rentenanspruch. Das Risiko der Altersarmut ist hoch.

Im Jahr 2021 haben 2,546 Millionen Frauen und 1,714 Millionen Männer ausschließlich über Minijobs ihren Lebensunterhalt bestritten. Das sind insgesamt 4,3 Millionen Menschen – 11 Prozent aller Kernerwerbstätigkeiten. Diese Zahlen zeigen: Im Jahresdurchschnitt hatte 2021 etwa jeder elfte Mann, aber auch jede siebte Frau nur einen Minijob. Frauen sind also deutlich häufiger als Männer ausschließlich geringfügig beschäftigt. Auch ist interessant, dass in Ostdeutschland dieser Anteil mit 53 Prozent um 8 Prozent niedriger ist als in Westdeutschland. Obwohl der Anteil der geringfügig Beschäftigten in den letzten Jahren deutlich zurückgegangen ist, haben Frauen in Westdeutschland einen fast doppelt so hohen Anteil an Minijobs wie Frauen in Ostdeutschland. Die Gründe dafür: In Ostdeutschland gibt es eine deutlich bessere Betreuungsquote von Kleinkindern, Frauen gehen deshalb öfter einem Vollzeitjob nach – was nicht zuletzt damit zusammenhängt, dass sich das Frauen- beziehungsweise Mutterbild des Ostens historisch geprägt stark von dem in Westdeutschland unterscheidet. Die volle Erwerbstätigkeit der Frau ist dort positiv besetzt. Es war zu DDR-Zeiten völlig normal, dass Mütter kurz nach der Geburt wieder in Vollzeit arbeiteten. Es wurde trotzdem erwartet, dass sie sich um den Haushalt kümmern – dafür gab es immerhin einen Tag im Monat frei.

Das Frauenbild in Ostdeutschland unterscheidet sich deutlich von dem in Westdeutschland. Vollzeitberufstätigkeit von Frauen ist dort positiv besetzt.

In Westdeutschland nehmen Frauen hingegen stärker die Mutter- und Familienrolle wahr. »Meine Frau verdient noch etwas hinzu«, wie ich – leider nicht als Witz – immer noch höre. Was Paare bei der Entscheidung für diese Rollenaufteilung übersehen: Die Frauen sind dadurch hohen sozialen Risiken ausgesetzt – denn sie haben kaum Zugang zu beruflichen Weiterbildungsmaßnahmen, eine schlechtere Bezahlung und keine existenzsichernde Rente.

6. Gender-Pay-Gap muss ein Ende haben

Im Februar 2023 hat das Bundesarbeitsgericht einer Frau Recht gegeben, die sich dagegen gewehrt hatte, dass ein Kollege für dieselbe Arbeit 1 000 Euro mehr im Monat bekam – ein echter Meilenstein. Nachdem ihr Arbeitgeber ihre Forderung nach Bezahlung in derselben Höhe mit dem Argument, dass ihr Kollege besser verhandelt habe, abgelehnt hatte, zog sie vor Gericht. Erst vor dem Bundesarbeitsgericht bekam sie Recht. Sie erhielt eine Entschädigung und rückwirkend einen Ausgleich für die Gehaltseinbußen. Dieses Urteil – das erste seiner

Art in Deutschland – wird gravierende Auswirkungen haben, stärkt es doch massiv die Positionen vieler Frauen.

Immer wieder haben sowohl meine Mutter als auch ich erlebt, dass Frauen viel bescheidener bei Gehaltsverhandlungen waren als ihre Kollegen. Sie stuften andere Faktoren wie Jobzufriedenheit und Flexibilität wichtiger ein als Geld. Wenn es um ihre eigenen Interessen ging, waren sie oft zurückhaltend und nahmen automatisch an, dass ihr Arbeitgeber sie gerecht bezahlen würde. Ich schließe mich hier nicht aus.

Die Differenz des durchschnittlichen Entgelts pro Stunde bei Männern und Frauen – also der Gender-Pay-Gap – liegt heute bei 18 Prozent. Damit liegt Deutschland im europäischen Vergleich auf dem drittletzten Platz. Dennoch sind diese 18 Prozent bereits eine deutliche Verbesserung gegenüber 2006, als dieser »geschlechterspezifische Verdienstabstand« noch bei 23 Prozent lag. Schauen wir nach Ostdeutschland, ist die Situation noch einmal besser: Dort liegt der Gender-Pay-Gap aktuell bei 6 Prozent.

Die Gründe für den Gender-Pay-Gap – der bei Frauen besonders intensiv nach der Familiengründung ansteigt – sind vielfältig und komplex: Frauen unterbrechen ihre Karriere und gehen in eine Teilzeitbeschäftigung, verzichten auf eine Führungsposition, entscheiden sich für schlechter bezahlte Berufe (verstärkt im Care-Bereich) oder verhandeln ihr Gehalt weniger (nach). Hinzu kommt, dass mehrheitlich Frauen die Pflege von Angehörigen zu Hause übernehmen. Die überwiegende Zahl der pflegenden Angehörigen sind (laut DAK-Pflegereport) Frauen über 45 Jahre. Nur ein Drittel der häuslich Pflegenden ist berufstätig. Tendenz steigend.

Die Verwirklichung der Frauenrechte ist keine individuelle, sondern eine gesamtgesellschaftliche Aufgabe.

Positiv ist, dass sich der Gender-Pay-Gap stetig verkleinert. Es ist an der Zeit und auch unsere Aufgabe, aktiv neue Arbeitszeitmodelle sowohl für Frauen als auch Männer zu etablieren, die Infrastruktur zur Betreuung unserer Kinder in Kindergärten und Ganztagsschulen auszubauen, für eine bessere Bezahlung einzutreten und diesbezüglich auch die Politik zu fordern. Denn nach wie vor gilt: Die Verwirklichung der Frauenrechte ist keine Sache, für die jede Frau allein zuständig ist, sondern eine gesamtgesellschaftliche und somit politische Aufgabe.

7. Gender-Care-Gap – ein Indikator für die Gleichstellung

Der Gender-Care-Gap beschreibt die Lücke zwischen dem durchschnittlichen Zeitaufwand für unbezahlte Sorgetätigkeiten von Frauen und Männern und wird jährlich vom Bundesministerium für Senioren, Frauen und Jugend (BMFSFJ) ermittelt. In Deutschland liegt dieser Gap bei 52,4 Prozent. Das bedeutet, dass Frauen im Durchschnitt täglich 52,4 (!) Prozent mehr Zeit für Hausarbeit, Kinderbetreuung, Pflege von Angehörigen und/oder Ehrenamt aufwenden als Männer. Das hat natürlich wirtschaftliche Auswirkungen. Frauen, die die Hauptlast der unbezahlten Sorgearbeit tragen, haben weniger Zeit für ihre Erwerbstätigkeit. Das führt zu einem geringeren Einkommen, weniger Rentenansprüchen und einer schlechteren Karriereentwicklung. Seit 2018 wird in diesem Zusammenhang auch der »Mental Load« gemessen und durch Studien belegt. Dieser bezeichnet die unsichtbare, aber spürbare Belastung, wenn Frauen die mentale Verantwortung für die Alltagsorganisation übernehmen. Ein Erlebnis mit meinen Kindern: Als wir letztens »Stadt, Land, Fluss« spielten und der Buchstabe M an der Reihe war, wählte meine Tochter als Beruf »Mutter«. Mein Sohn kritisierte diese Wahl vehement, mit dem Einspruch, dass man Mutter freiwillig wäre und auch kein Geld dabei verdiene. Meine Tochter argumentierte, dass Mama aber sehr viel für Kinder und Haushalt arbeite, zuckte aber bei dem Punkt »Geldverdienen« auch nur mit den Achseln. Genau hier liegt das Problem. Die Autorin Alexandra Zykunov trifft mit ihrer Aussage meiner Meinung nach ins Schwarze: »Bezahlte Care-Arbeit würde den Staat ruinieren!«

8. Frauen in Führungspositionen: Mehr Flexibilität hilft allen Seiten

Mehr als 50 Prozent der Studierenden sind heute weiblich – und diese Frauen schließen die Universität meist mit besseren Noten ab als ihre Kommilitonen. Dennoch liegt Deutschland im EU-weiten Ranking auf dem siebtletzten Platz: Nur 29 Prozent der Führungskräfte in den Unternehmen sind weiblich. Zum Vergleich: In Lettland sind 46 Prozent der Führungspositionen mit Frauen besetzt, gefolgt von Schweden und Polen. In den mittleren und unteren Führungsebenen sieht es dagegen schon deutlich besser aus: Seit 2010 ist der Anteil von Führungsfrauen von 22 auf 30 Prozent gestiegen.

Damit Frauen in Zukunft öfter nach Führungspositionen greifen – sich also nicht einschränken und zurückziehen, sobald sie Kinder haben –, spielen die Unternehmen eine wichtige Rolle: Wenn sie flexiblere Arbeitszeit- und Arbeitsortregelungen anbieten würden, wäre viel gewonnen. Dass es gelingen kann, Arbeitszeit und Arbeitsort wesentlich flexibler zu handhaben, hat die Corona-Zeit deutlich gezeigt. Es kann für beide Geschlechter hilfreich sein, mehr Jobsharing in Führungspositionen für Frauen und Männer anzubieten.

Jobsharing erleichtert es Frauen, eine Führungsrolle zu übernehmen.

Verschiedenste Untersuchungen sind der Frage nachgegangen, warum Frauen bislang deutlich weniger in die Führungsverantwortung gehen wollen als Männer. Die Kinderbetreuung wird einer Studie Odgers Berndtsons zufolge als ein Hauptgrund angeführt. Frauen lehnten eine Führungsposition ab, wenn sich diese nicht mit ihren familiären Verhältnissen vereinbaren ließe: 38 Prozent der Frauen bejahen diese Aussage – und sogar 50 Prozent der Männer (die dabei aber nicht über sich selbst, sondern ihre Partnerin sprechen). Dies zeigt: In unseren Köpfen führt immer noch oft ein traditionelles Rollenverständnis die Regie. Hinzu kommen innere Barrieren, über die selten offen gesprochen wird. Viele Frauen lehnen eine Führungsrolle ab, weil sie an sich selbst zweifeln. Sie halten sich für ungeeignet, diese Rolle einzunehmen. Solche Selbstzweifel kenne ich auch von mir: Wann immer ich mich um einen neuen Job bewarb, kreisten meine Gedanken tagelang um meine Kompetenz. Hätte ich nicht den Zuspruch meiner Familie gehabt – ich weiß nicht, ob ich es gewagt hätte, in alle die verschiedenen Führungsrollen zu gehen. Diese Form von Unterstützung können sich auch Frauen untereinander geben.

9. CEOs: The Top of the Top

Schauen wir auf die Spitze der Wirtschaftsunternehmen, so sehen wir: Lediglich 4 Prozent der CEOs der größten Unternehmen in Deutschland sind Frauen. Angesichts dessen ist es ermutigend, dass 2023 schon 17 Prozent der Vorstandsmitglieder und 36 Prozent der Aufsichtsratsmitglieder in DAX-, MDAX- und SDAX-Unternehmen Frauen sind. Dies ist der höchste Frauenanteil in der Geschichte, denn 121 Frauen stehen in den Vorstandsgremien der deutschen Unternehmen insgesamt 574 Männern gegenüber.

Weil jedes dritte Unternehmen noch ohne ein weibliches Vorstandsmitglied ist, es aber einen breiten Konsens darüber gibt, dies ändern zu wollen, und sich außerdem die Erkenntnis durchgesetzt hat, dass sich der Frauenanteil in Führungspositionen nicht allein durch Freiwilligkeit steigern lässt, haben wir seit August 2021 ein passendes Gesetz, das genau dafür sorgen soll: das zweite Führungspositionen-Gesetz. Es besagt, dass in Vorständen börsennotierter und paritätisch mitbestimmter Firmen, die mehr als drei Mitglieder haben, mindestens eine Frau sein muss.

Ganz ohne Quote geht es nicht – es sei denn, wir wollen noch 100 Jahre warten.

Ich selbst war jahrelang gegen die Quote. »Wir schaffen das auch ohne!« – davon war ich felsenfest überzeugt. Heute denke ich: »Ganz ohne Quote geht es nicht« – zumindest temporär. Sicher könnten wir noch 100 Jahre warten, bis sich alles von selbst angeglichen hat. Schneller kommen wir allerdings ans Ziel, wenn wir auf sinnvoll ausgestaltete Quoten setzen. In den Aufsichtsräten zeigt sich jedenfalls schon eine Wirkung: Nach Inkrafttreten des Gesetzes haben die 101 Unternehmen, die der verpflichtenden Frauenquote unterliegen, laut dem Women-on-Board-Index einen Frauenanteil von rund 35,6 Prozent im Vorstand. Auch für andere strategische Unternehmensziele setzt man sich messbare, quantifizierbare Ziele, warum also nicht für die Chancengleichheit?

Chancen und Risiken des *old-school*-Rollenmodells

Bei uns in den westlichen Industrieländern können die meisten Frauen den Lebens- und Karriereweg wählen, den sie gehen möchten. Eine Frau kann Karriere machen und es bis ganz nach oben schaffen. Sie kann Mutter werden, sie kann allein leben oder in einer Großfamilie. Sie kann in Vollzeit, Teilzeit oder gar nicht arbeiten. Wie immer im Leben haben diese unterschiedlichen Wege ihre ganz eigenen Chancen und Vorteile, aber auch Risiken und Nachteile. Wir denken, dass es enorm wichtig ist, dass du dir bewusst machst, welche Konsequenzen mit der Wahl deines Lebens- und Karrierewegs verbunden sind.

Eine gute Partnerschaft ist ein Geschenk und wir – die wir beide das große Glück haben, in guten Partnerschaften zu leben – wären die Letzten, die die Wichtigkeit und Bedeutung dieses gemeinsamen Glücks infrage stellen würden. Dennoch ist klar: Partnerschaften sind heute nicht mehr dazu da, um lebenslange Sicherheit zu haben. In Deutschland werden knapp 40 Prozent aller Ehen geschieden, und mehr als die Hälfte der geschiedenen Paare haben minderjährige Kinder. Jede fünfte Familie in Deutschland hat einen alleinerziehenden Elternteil und 90 Prozent davon sind Frauen. Ein Blick in das Scheidungsrecht zeigt: Nach einer Scheidung kann es finanziell schnell eng werden. Zumindest für die Frauen, die ihre berufliche Karriere nach der Heirat und der Geburt ihrer Kinder nicht weiterverfolgt haben. Ich selbst habe miterlebt, dass Ehen unter schwierigen Bedingungen geschieden wurden, die vonseiten der Frauen erwarteten Unterhaltszahlungen nicht durchsetzbar waren und die Frauen dazu verpflichtet wurden, sich trotz ihrer Kinder finanziell selbst zu versorgen. *Ein Mann ist keine Altersvorsorge* – so lautet der Titel eines Buches der Finanzexpertin Helma Sick, und dem können wir nur zustimmen.

Partnerschaften sind nicht dazu da, eine lebenslange Sicherheit zu haben: Ein Mann ist keine Altersvorsorge!

Der Grund dafür: Im Jahr 2008 gab es eine Gesetzesänderung zum nachehelichen Unterhalt mit weitreichenden Konsequenzen. Ein Unterhaltsanspruch gilt seither als Ausnahme. Nach der Ehescheidung soll jeder Ehepartner grundsätzlich für sich selbst sorgen. Klingt ja auch erst mal logisch. Damit sind aber wegen fehlender Einzahlungen in gesetzliche und private Rentenversicherungen oftmals weibliche Armut und auch Altersarmut vorprogrammiert. Durch Minijobs und Teilzeitbeschäftigung tragen also am Ende meist die Frauen die finanziellen Nachteile, die damit einhergehen – falls keine rechtlichen Vereinbarungen geschlossen werden, solange die Schmetterlinge noch im Bauch flattern. Die »Ernährer« müssen aber noch nicht mal durch eine Scheidung wegfallen, auch Unfälle oder schwere Krankheiten können den Verlust des Partners nach sich ziehen. In solchen emotionalen Ausnahmesituationen ist es umso wichtiger, dass Frauen auf eigenen wirtschaftlichen Beinen stehen.

Wir möchten dich mit diesem Buch ermutigen, deinen Weg zu gehen. Das bedeutet auch, deine Karriere nicht aufzugeben: Erfolg im Beruf macht unfassbar viel Spaß. Du kannst mit so vielen unterschiedlichen Menschen zusammenarbeiten, lernst viel, kannst andere Länder und Kulturen intensiv kennenlernen – für all das lohnt es sich. Und nicht zuletzt: Wenn du deine eigene Karriere verfolgst und auch Führungsrollen übernimmst, erweist du anderen Frauen einen wertvollen Dienst. Denn nur, wenn mehr Frauen in den führenden Positionen von Wirtschaft und Politik sitzen, können wir Sexismus und Diskriminierung abbauen und für mehr Gleichberechtigung sorgen.

KAPITEL – *kompakt*

- Frauen, die es schaffen, ihre Karriere, Familie, Freunde und Gesundheit unter einen Hut zu bekommen und dabei auch noch den Lifestyle zu leben, der sie glücklich macht – das sind die wahren Heldinnen, die Wonder Women unserer Zeit.
- Wirtschaft, Politik und Gesellschaft denken um: Noch nie gab es so gute Chancen für Frauen, die eigene Karriere erfolgreich anzugehen, wie heute. Gleichzeitig hat Deutschland in Sachen Gleichstellung im internationalen Vergleich noch viel aufzuholen.
- Sowohl in der Politik als auch in der Wirtschaft sorgen gesetzliche Quotenregelungen dafür, dass qualifizierten und ambitionierten Frauen viele Türen offenstehen.
- Wenn Frauen sich nach der Geburt ihrer Kinder Elterngeld und Elternzeit gleichberechtigt mit ihren Partnern teilen, dann sorgt dies auch dafür, dass sich das Daddy-Modell immer mehr durchsetzt.
- Teilzeit- und Minijobs haben viele Vorteile, aber auch gravierende Nachteile – für die wirtschaftliche Unabhängigkeit und Alterssicherung von Frauen.
- Nach einigen Grundsatzurteilen ist die Überwindung des Gender-Pay-Gap in greifbare Nähe gerückt.
- Wirtschaftliche Unabhängigkeit ist für Frauen nicht nur wichtig, um (Alters-)Armut vorzubeugen, sondern auch um mehr Lebensqualität zu erreichen. Erfolg im Job macht viel Spaß, schenkt Selbstwirksamkeit und Selbstbewusstsein.

Wir treffen Frau Dr. Wiebke Ankersen im Büro der AllBright Stiftung in Berlin-Mitte. Im Eingangsbereich hängt eine riesige Magnettafel voller Zeitungsartikel, Fotos und Grafiken, die die positive Entwicklung von Frauen in der Wirtschaft dokumentieren. Für diese Entwicklung steht die gemeinnützige, 2011 vom Unternehmer Sven Hagströmer ins Leben gerufene Stiftung mit Sitz in Stockholm und Berlin. Die AllBright Stiftung engagiert sich für die Förderung von Frauen und Diversität in Führungspositionen. Dabei setzt sie nicht auf die staatlich vorgegebene Quote, sondern auf einen Wandel der Unternehmen von innen. Jährlich veröffentlicht die Stiftung einen umfassenden Report, in denen die Gleichstellungsbemühungen der großen Unternehmen unter die Lupe genommen werden – diese Transparenz baut Druck bei den Unternehmen auf, schließlich wollen sie nicht auf der roten Liste stehen. Die Kommunikation der Stiftung zieht die Aufmerksamkeit an und zaubert manchem auch ein Lächeln auf die Lippen – zum Beispiel mit dem Fakt, dass es in deutschen Vorständen bis vor Kurzem noch mehr »Thomasse« gab als Frauen. Die Thomasse werden zudem einmal im Jahr zu einem Dinner eingeladen, um Strategien zu entwickeln, wie sie sich selbst minimieren können – zumindest prozentual.

Die engagierte Co-Geschäftsführerin Dr. Wiebke Ankersen leitet (natürlich paritätisch) mit ihrem Kollegen Christian Berg die deutsche Schwesterstiftung in Berlin. Sie spricht mit uns über die Ziele der Stiftung, ihre eigene Karriere und warum Deutschland sich so schwer damit tut, mehr Frauen in Führungspositionen zu bringen.

REGINE: Frau Dr. Ankersen, Sie sind Geschäftsführerin der AllBright Stiftung. Könnten Sie von Ihren eigenen Erfahrungen und den Zielen der Stiftung berichten?

WIEBKE ANKERSEN: Als promovierte Skandinavistin habe ich lange für schwedische Organisationen in Deutschland gearbeitet, zunächst für die Tourismusbehörde und später als Presse-Attachée für die schwedische Botschaft. Dabei stieß ich auf das wiederkehrende Interesse deutscher Journalisten an Schwedens Fortschritten in Sachen Geschlechtergleichstellung. Die Gelegenheit, die AllBright Stiftung zu leiten, ergab sich nach einer Veranstaltung zum Thema *Women in the Workplace* in der schwedischen Botschaft zusammen mit der damaligen deutschen Familienministerin Manuela Schwesig und der späteren schwedischen Ministerpräsidentin Magdalena Andersson. Unser Stifter, Sven Hagströmer, saß als einziger Mann im Panel – sozusagen die Personifizierung unseres Credos, Männer in Gleichstellungsdebatten einzubeziehen.

Die Idee zur Expansion nach Deutschland entstand, als Hagströmer von deutschen Frauenorganisationen auf seinen Beitrag angesprochen wurde. In kürzester Zeit präsentierten mein Kollege Christian Berg und ich in Stockholm, wie die Stiftungsarbeit in Deutschland aussehen könnte. Noch während der Präsentation sagte Hagströmer: »Ja, das machen wir.« Mir wurde die Doppelspitze als Geschäftsführerin der Stiftung angeboten und ich habe spontan zugesagt. Diese Entscheidung kam selbst für mich überraschend, da ich weder mit meinem Mann gesprochen hatte noch sicher war, ob ich aus einer Teilzeitarbeit auf 100 Prozent erhöhen wollte, mit drei Töchtern, von denen die jüngste gerade eingeschult wurde. Aber ich hatte eingeschlagen und es war die richtige Entscheidung. Manchmal ist es einfach besser, erst »Ja« zu sagen und dann nachzudenken.

Der Wechsel vom großen Tanker des Außenministeriums zur agilen Stiftung war toll, und ich konnte mich endlich voll engagieren. In den drei Jahren der Beschäftigung mit Gleichstellungsfragen in Deutschland und dem Vergleich mit dem Ausland war es frustrierend zu sehen, wie weit Deutschland in diesem Bereich zurücklag. Die Möglichkeit, aktiv zur Veränderung beizutragen, war sehr verlockend. Meine Nähe zu Schweden, wo die Entwicklung schon so viel weiter ist, zeigt mir, wohin wir als Gesellschaft kommen können. Das ist sehr motivierend.

MIRIAM: Was macht Schweden in Sachen Geschlechtergerechtigkeit so erfolgreich im Vergleich zu allen anderen europäischen Ländern und insbesondere im Vergleich zu Deutschland?

WIEBKE ANKERSEN: Schweden hat schon vor über 50 Jahren angefangen, intensiv an der Geschlechtergleichstellung zu arbeiten. Anders als Deutschland hatte Schweden keinen Nationalsozialismus erlebt und war ein Land im Frieden. Bereits damals gab es starke Frauen im Parlament, die die Gleichstellung vorantrieben. In den Jahren, in denen hier »Heldenmütter« produziert wurden, wurde in Schweden schon an einer progressiven Gesellschaft gearbeitet.

In den 1960er Jahren, als in Schweden ein ähnlicher Arbeits- und Fachkräftemangel herrschte wie heute in Deutschland, hat man vor allem auf die ungenutzte Ressource der gut ausgebildeten Hausfrau gesetzt. Man erkannte den volkswirtschaftlichen Unsinn, hoch qualifizierte Frauen nach Heirat oder Geburt des ersten Kindes aus dem Arbeitsleben zu verlieren. Politisch und ökonomisch wollte man, dass Männer und Frauen gleichermaßen die Gesellschaft und die Wirtschaft gestalteten. Und dann wurden konsequent die Weichen dafür gestellt: Das Ehegattensplitting wurde abgeschafft, um falsche Anreize zu beseitigen. Es war gewollt, dass beide arbeiteten, um eine Familie zu versorgen. Das war damals durchaus nicht ohne Widerstand, wurde jedoch umgesetzt. Kitas und Ganztagsschulen wurden in Quantität und Qualität ausgebaut, um die Vereinbarkeit von Familie und Beruf zu ermöglichen. Davon sind wir in Deutschland noch weit entfernt: Das Land, das die Kitas erfunden hat, ist heute nicht in der Lage, Kitaplätze in einer ausreichenden Menge zur Verfügung zu stellen – da haben wir über Qualität noch gar nicht gesprochen.

Zusätzlich haben konservative Familienpolitik und Unternehmenskulturen in Deutschland die Chancengleichheit behindert. Viele Frauen arbeiten hier in Teilzeit oder unter ihrem Bildungsniveau. In anderen europäischen Ländern ist dies weniger ausgeprägt. In den USA ist die Debatte zur Vereinbarkeit von Familie und Beruf zwar weniger präsent, aber trotz einer geringeren Anzahl Frauen in der Arbeitswelt schaffen es mehr in Führungspositionen, da sie konsequenter befördert werden. Solange Deutschland jedoch das Kitaproblem nicht löst und traditionelle Strukturen aufbricht, wird es mit der Chancengleichheit nicht wesentlich vorangehen.

REGINE: Wie sehen Sie die Unterschiede zwischen dem schwedischen und dem deutschen Rollenbild der Frau?

WIEBKE ANKERSEN: Das Frauenbild in Schweden hat sich natürlich über die Jahre entwickelt. Ich würde aber den Blick vor allem auf die Männer richten, für die es inzwischen selbstverständlich ist, ihren Beitrag zur Care-Arbeit zu leisten. Die Mehrheit der Männer in Schweden nimmt tatsächlich Elternzeit, und das nicht nur zwei bis drei Monate lang, wie es in Deutschland der Fall ist.

Wenn wir mehr Frauen in Führungspositionen sehen wollen, brauchen wir mehr Männer in Elternzeit. Das ist eine ganz einfache Rechnung. Und wir brauchen mehr Männer in Teilzeit und mehr Männer, die mit dem kranken Kind zu Hause bleiben. Während Corona wurde sehr deutlich, dass diese Care-Arbeit in Deutschland überwiegend die Frauen stemmen. Um das zu verändern, brauchen wir Role Models, besonders bei den Männern. Es wird in den Unternehmen nur dann selbstverständlicher, wenn Führungskräfte das vorleben. Die schwedischen Unternehmen haben dafür einen Hebel entdeckt, der in Deutschland noch nicht genutzt wird. In Schweden wie in Deutschland ist das Elterngeld auf etwa 80 Prozent des Einkommens gedeckelt. Aber in Schweden stocken die Unternehmen das Elterngeld auf 90 bis 100 Prozent des tatsächlichen Gehalts auf, damit nicht die Höhe des Einkommens darüber entscheidet, wer wie lange mit dem Kind zu Hause bleibt (meist verdient der Mann ja mehr). Und das hat natürlich einen Effekt.

MIRIAM: Wo, glauben Sie, wird Deutschland in fünf Jahren beim Thema Gender Equality stehen?

WIEBKE ANKERSEN: Ich bin optimistisch, dass wir bald deutliche Fortschritte sehen werden. Die Entwicklung des Frauenanteils in Vorständen beispielsweise verläuft nicht linear, sondern zeigt eher eine exponentielle Zunahme. Ich wünsche mir, dass dieser Trend sich fortsetzt. Ich habe allerdings die Befürchtung, dass, wenn erst einmal jedes Unternehmen eine Frau im Vorstand hat, die Dynamik erheblich nachlassen könnte. Historisch gesehen lässt das gesellschaftliche Engagement oft nach, wenn ein gesellschaftlich einigermaßen akzeptiertes Niveau erreicht wurde. Das zeigt sich zurzeit auch in der schwedischen Wirtschaft. Die neue EU-Richtlinie wird daran vorerst wenig ändern, da Länder mit eigenen Quotenregelungen davon ausgenommen sind, einschließlich Schweden und Deutschland. Ich hoffe, dass es gelingt, einen Anteil von mindestens 40 Prozent weiblichen Vorstandsmitgliedern zu einer neuen Norm zu machen. Ich bin optimistisch, da die jüngere Generation offener darüber spricht und die Sensibilisierung der Medien voranschreitet. Verhaltensweisen, die gestern noch als akzeptabel galten, werden heute nicht mehr toleriert. Dieser gesellschaftliche Druck ist ein starker Hebel.

REGINE: Wie können wir aus Ihrer Sicht mehr Frauen motivieren, führen zu wollen? Welchen Rat würden Sie Frauen und Männern geben, um die Geschlechterdiversität zu beschleunigen?

WIEBKE ANKERSEN: Einfach »Ja« zu Karrieremöglichkeiten sagen und nicht zu selbstkritisch sein. Frauen stellen sich selbst meist mehr infrage als Männer. Auf der anderen Seite ist es wichtig, dass Vorgesetzte zweimal nachfragen, wenn eine Frau eine Führungsposition ablehnt. Und hinterfragen, wie der Job denn aussehen müsste, damit sie ihn annehmen könnte.

Außerdem ist es wichtig zu verstehen, dass Frauen keine unperfekten Männer sind. Sie sehen anders aus und verhalten sich meist anders als der typische »Thomas« – und das soll auch so sein. Gerade das ist ja die Bereicherung, die Diversität mit sich bringt. Diese Erkenntnis muss in Unternehmen noch stärker verankert werden – Frauen müssen nicht perfektioniert werden, sondern man muss sich an ihre Art, die Dinge anzugehen, gewöhnen und sie wertschätzen.

Während der sieben Jahre, die wir mit der Stiftung hier in Deutschland unterwegs sind, haben wir schon eine deutliche Veränderung gesehen. War es zu Beginn für viele noch »Gedöns«, ist Gleichstellung jetzt ein selbstverständliches Thema in der Wirtschaft. Es wäre schon vor langer, langer Zeit erforderlich gewesen, die Strukturen zu verändern, aber Pionierarbeit ist ganz am Anfang eben auch schwerer. Jetzt ist das Thema endlich im Mainstream angekommen und da gehört es hin. Aber eine solche Entwicklung ist kein Selbstläufer, es braucht immer die, die sie antreiben, die Pioniere und Pionierinnen – wir sind noch lange nicht fertig und müssen uns als Gesellschaft immer noch weiterentwickeln!

2

Generation Change

Von der Frauenbewegung zum Opting-out

Die »70er« waren die Zeit der Schlaghosen, der Rockbands und des orangefarbenen Telefons mit Wählscheibe. Erstmals gingen Menschen für Umweltschutz auf die Straße, während die Ostpolitik der Bundesregierung auf ein Ende des Ost-West-Konflikts zielte. Als ich 1972 meine Ausbildung begann, war ich 16. Die Welt stand mir offen, alles schien möglich und veränderbar – so fühlte sich das damalige gesellschaftliche Klima für mich an. Wie viele Frauen in meiner Generation wollte auch ich aus den strengen Strukturen meines Elternhauses und der Familie ausbrechen. Es ging uns um mehr Selbstbestimmung – angefangen beim eigenen Körper. Und es ging uns um die freie Berufswahl, um das Recht auf eine eigene Karriere. Damals mussten Väter oder Ehemänner noch ihr Einverständnis geben, wenn Frauen arbeiten gehen wollten. Uns war längst klar, dass uns eine berufliche Karriere ebenso zustand wie den Männern! Freiheit und Selbstbestimmung drückten sich für uns auch im Dresscode aus: In vielen Büros aber war der Rock für Frauen noch Pflicht, Hosen waren verpönt und gehörten angeblich in die Freizeit. Es kam uns jedoch nicht nur auf Äußerlichkeiten an, sondern wir pochten auf Gesetzesänderungen. So setzten wir uns unter anderem dafür ein, dass Gewalt in der Ehe endlich unter Strafe gestellt würde. Wir wollten, dass die Gleichberechtigung von Frauen und Männern, wie sie seit 1949 im deutschen Grundgesetz verankert war, endlich auf allen Ebenen der Gesetzgebung verwirklicht und im Alltag mit Leben gefüllt wurde.

Durch den Einsatz für mehr Chancengleich verändert sich das Rollenbild der Frauen.

Wie altmodisch die Moralvorstellungen selbst in den späten 1970er Jahren oft noch waren, bekam ich zu spüren, als ich unverheiratet schwanger wurde. Ein uneheliches Kind galt besonders in ländlichen Gegenden nach wie vor als Problem – natürlich nur für die Mutter. Unter dem Druck von familiären und gesellschaftlichen Erwartungen heiratete ich. Diese Ehe ging nicht gut: Vier Jahre später kam die Scheidung. Mein Mut, eigene Ziele zu verfolgen, auch als alleinerziehende Mutter, war damals größer als meine Bereitschaft, mich den Erwartungen anderer anzupassen. Ich befand mich gleichzeitig in einer viel besseren Situation als viele andere Frauen – denn meine Mutter und meine Geschwister unterstützten mich uneingeschränkt. Überhaupt war meine Mutter für mich immer eine Inspirationsquelle und in vielerlei Hinsicht ein Vorbild. Sie hatte viele Schicksalsschläge verkraften müssen, dennoch bewahrte sie sich stets ihre Lebensfreude. Sie arbeitete hart, war stark, mutig und wusste stets, was ihr wichtig war. Ihre Willensstärke und ihr Drang nach Unabhängigkeit – den sie als 6-fache Mutter zu ihrer Zeit nicht ausleben konnte – waren die höchsten Werte, die sie besonders uns, ihren Töchtern, mitgab. »Bleib unabhängig!«, so lautete ihr Credo.

Heute, zwei Generationen später, hat sich dank der zweiten und dritten Welle der deutschen und internationalen Frauenbewegung viel getan – gesellschafts- und arbeitspolitisch. Die Frauenbilder der unterschiedlichen Generationen haben sich verändert, und das ist gut so. Vieles, was noch zu meiner Jugend unerreichbar schien, wurde Wirklichkeit. Aber nicht alles. Von einer echten Gleichberechtigung sind wir noch ein gutes Stück entfernt.

Vieles, was noch zu meiner Jugend unerreichbar schien, wurde Wirklichkeit. Von einer wahren Gleichberechtigung sind wir jedoch noch weit entfernt.

Die Ziele der modernen Frauenbewegung und das Opting-out

Wo steht die Frauenbewegung heute? Womit beschäftigt sie sich, um welche Themen geht es? In erster Linie möchte sie ein modernes (Rollen-)Bild der Frau fördern, das die erreichte Vielfalt und Vielschichtigkeit weiblichen Lebens auch tatsächlich widerspiegelt. Die Vorstellung, dass ausschließlich Frauen für die Familie zuständig seien, passt nicht mehr. Frauen sind heute in allen Bereichen des Lebens aktiv, sei es in der Unternehmenswelt, in der Politik, im Sport oder in der Kunst. Ein Fokus der heutigen Frauenbewegung liegt deshalb auf der Vereinbarkeit von Beruf, Familie und sozialem Leben. Das wichtigste Ziel dabei: Frauen sollen die Chance bekommen, ihre Karriere zu verfolgen, gleichzeitig eine Familie zu gründen und ihre Kinder erziehen zu können, ohne dabei von unflexiblen Strukturen beeinträchtigt zu werden. Auch die stärkere Einbindung des Partners steht dabei im Fokus. Deshalb geht es der Frauenbewegung auch darum, Rahmenbedingungen zu schaffen, die flexibel und familienfreundlich sind, die es Frauen und Männern ermöglichen, Arbeit und Familie erfolgreich unter einen Hut zu bringen. Und hier hat sie auch schon viel erreicht.

Ich beobachte allerdings oft: Viele Frauen zwischen 35 und 50 fühlen sich zwar gleichberechtigt, treten jedoch weitaus stärker für eine Work-Life-Balance ein als ihre Partner. Sie nehmen damit automatisch in Kauf, dass der Mann der Hauptverdiener der Familie bleibt. Ein weiteres Phänomen zeigt sich ebenfalls immer stärker: das Opting-out-Syndrom, bei dem sich gut ausgebildete Frauen, die es in ihrer Karriere schon weit gebracht haben, plötzlich zurückziehen, mindestens in Teilzeit gehen, wenn sie nicht sogar in Vollzeit für die Familie da sein oder sich anderen Aufgaben widmen wollen. Eine Umfrage des Magazins *Fortune* zeigte, dass einige sehr gut ausgebildete und erfolgreiche Frauen die Unternehmen verließen, um sich mehr ihren familiären und persönlichen Interessen zuzuwenden. Dies sind übrigens nicht nur verheiratete Frauen, sondern auch Singles, die oft hart fürihre Karriere gearbeitet haben, sich aber aus ganz unterschiedlichen Gründen zur Umorientierung entscheiden. Ein prominentes Beispiel für Opting-out war im Januar 2023 die damalige neuseeländische Premierministerin Jacinda Ardern. »Ich weiß, was man für diesen Job braucht, und ich weiß, dass ich nicht mehr genug im Tank habe. Es ist so einfach«, begründete sie die Entscheidung für ihren Rücktritt. Sie

Frauen treten stärker für eine Work-Life-Balance ein. Hier braucht es neue Ideen und Konzepte.

habe keine Energie mehr, Premierministerin zu sein, und wollte mehr Zeit mit ihrer Familie verbringen. Sie hatte 5 ½ Jahre amtiert, war 2017 mit 37 Jahren gewählt und damit seinerzeit die jüngste Regierungschefin weltweit.

Sinnstiftendes tun, Neues erreichen, selbstbestimmt arbeiten

Die Motive einzelner Frauen mögen unterschiedlich sein, auf ihrem Lebensweg noch einmal eine andere Richtung einzuschlagen, eins verbindet sie jedoch: Ihre Prioritäten und ihre Definition von Erfolg haben sich im Laufe der Zeit verschoben. Das kann ihnen natürlich nicht vorgeworfen werden – zum Glück leben wir in Zeiten, in denen jede:r in Deutschland das Leben führen kann, das er oder sie möchte. Und es steht niemandem zu, darüber zu urteilen oder von den betroffenen Frauen zu verlangen, dass sie sich rechtfertigen. Ihnen allen geht es oft nicht ums Aussteigen an sich oder um den Rückzug aus dem Arbeitsleben, wie meine Tochter immer wieder betont. Sondern darum, auch etwas Sinnstiftendes zu tun, Neues zu erreichen und selbstbestimmt zu arbeiten. Etwas Ähnliches eröffnete mir meine Tochter eines Abends. Wir saßen in ihrem Wohnzimmer, Miriam hatte mir vorsorglich ein Glas Rotwein und eine Tafel Schokolade gereicht. »Ich werde eine 12-monatige Auszeit nehmen. Wir ziehen um und ich möchte mehr Zeit mit meiner Familie verbringen, um meine Kinder in der neuen Umgebung einzugewöhnen. Ich möchte auch für eine kurze Weile einmal mehr Zeit für mich selbst und meine Freunde haben, da ich in den letzten Jahren viel gearbeitet habe und unterwegs war. Und wenn die zwölf Monate vorbei sind, dann will ich etwas mit mehr Impact tun. Vielleicht mache ich mich auch selbstständig.« Meine Tochter hatte zu diesem Zeitpunkt bereits eine tolle Karriere hinter sich und war unter anderem eine der jüngsten Geschäftsführer:innen im Louis-Vuitton-Moet-Hennessy-Konzern (LVMH). Als ihre Mutter und Teil der Generation »Babyboomer« musste ich nach diesen News erst einmal tief durchatmen!

Im Grunde sah ich genau das täglich in meiner Position als Personalchefin. Einige Frauen nahmen Kurskorrekturen vor. Die Anlässe dafür waren unterschiedlicher Natur. Doch fast alle entschieden sich für eine bessere Work-Life-Balance, für mehr Zeit mit ihrer Familie und für sich selbst, weil die Rahmenbedingungen für sie nicht mehr passten. Das lag nicht nur an unflexiblen Arbeitszeitmodellen, sondern auch an den Erwartungen, die an sie als Frauen stetig stiegen – Erwartungen anderer, aber auch an sich selbst. Als Gesellschaft müssen wir alle diese Entwicklungen ernst nehmen. In Zeiten wie unseren – in denen Fachkräftemangel herrscht und der Anteil von Frauen in Führungspositionen höher sein sollte – brauchen wir jedoch auch Ideen und Konzepte, die Impulse zum Bleiben geben. Es ist wichtig, zuzuhören, bevor man bewertet. Und es ist wichtiger denn je, die unterschiedlichen Wertvorstellungen der Generationen kennenzulernen und zu verstehen. Heute arbeiten mindestens vier Generationen in fast jedem Unternehmen – und passend zu unserer sich immer schneller drehenden Welt verändern sich auch die Werte der einzelnen Generationen immer öfter. Daher ist es entscheidend, die verschiedenen Sichtweisen der Menschen, die von jeweils unterschiedlichen Rahmenbedingungen geprägt wurden, zu integrieren.

Die Gründe für ein Opting-out sind vielfältig.

Unterschiedliche Generationen, Frauenbilder, Werte und Sichtweisen

Jede Generation bringt ihre eigenen Erfahrungen mit. Ihnen zuzuhören, zu lernen und gemeinsam neue zukunftsfähige Lösungen zu entwickeln, kann für alle von enormem Vorteil sein. Deshalb möchte ich in diesem Kapitel einen etwas intensiveren Blick auf die unterschiedlichen Generationen werfen.

1. Generation der Babyboomer (geboren zwischen 1946 und 1964)

Wie sie wurden, was sie sind

Ich bin 1956 geboren und gehöre damit zu den Babyboomern. Uns prägte in jungen Jahren, dass unsere Eltern – belastet vom Krieg und dem Wiederaufbau Deutschlands – nur bedingt Verständnis für die Studentenbewegung der 1968er aufbringen konnten. Unser Engagement für gesellschaftspolitische Themen war groß. Wir wollten mehr Selbstbestimmung, keine autoritären Strukturen mehr, dafür wirkliche Demokratie und die Gleichberechtigung von Frauen und Männern. Mit unserem Einsatz waren wir in den 1970er Jahren auch erfolgreich. Besonders von den Bildungsreformen profitierten Frauen: Erstmals legte ein Viertel der Schülerinnen in Deutschland das Abitur ab und zog damit mit den Männern gleich. Das bürgerliche Familienideal der 1960er Jahre war die Ehegemeinschaft zwischen Mann und Frau, der Mann war für das Einkommen zuständig und die Frau für den Haushalt.

Babyboomer setzten sich stark für gesellschaftliche Veränderungen ein.

Was die Babyboomer motiviert

Wir Babyboomer waren und sind stark idealistisch und haben nach wie vor eine hohe Veränderungsbereitschaft. Wir wollten einen besseren Lebensstandard erreichen als unsere Eltern. Neben unserer persönlichen Entwicklung war uns unsere Karriere besonders wichtig – insbesondere den Männern. Sie arbeiteten hart, teilweise mehr als 60 Wochenstunden; der Beruf war das Aushängeschild für den gesellschaftlichen Status.

Was sich für Frauen verändert hat

Frauen dieser Generation hatten erstmals einen gleichberechtigten Zugang zu Bildungsabschlüssen. Gleichzeitig herrschte eine ungleiche Bezahlung – der Gender-Pay-Gap lag bei schätzungsweise 40 Prozent. Sobald Frauen sich für die Ehe und Mutterschaft entschieden, brachen sie meistens ihre Karriere ab. Deshalb hatten es Frauen mit ambitionierten Zielen schwerer als ihre Kollegen: Sie mussten stets besser sein als die Männer und mehr arbeiten, um zu beweisen, dass sie genauso erfolgreich sein konnten. Deshalb übernahmen viele Frauen in dieser Zeit eher männliche Verhaltensmuster. Das Stereotyp »Karrierefrau« mit allen negativen Konnotationen ward geboren.

So zogen mein Mann, meine damals 6-jährige Tochter Miriam und ich in den 1980er Jahren in eine beschauliche Kleinstadt bei Frankfurt. Miriam war in der Schule und ich wollte ein Studium aufnehmen. In Miriams Klasse gab es 27 Schüler:innen, und alle hatten Mütter, die entweder Vollzeit-Hausfrauen waren oder Teilzeitjobs ausübten – außer mir. Die Weihnachtsfeiern in der Klasse entwickelten sich für mich zur Nagelprobe: Als Miriam in der zweiten Klasse war und nun zum zweiten Mal in Folge mit gekauften Plätzchen aus der örtlichen Bäckerei erschien – statt mit selbstgemachten wie die anderen 26 Kinder –, entwickelte sich ein kulinarischer Skandal! Interessanterweise war Miriam das gar nicht so wichtig, doch ihr war die Tuschelei der anderen Eltern aufgefallen. Diese Erfahrung hat mich damals wie heute nachdenklich gestimmt. Wir Frauen könnten uns viel stärker fördern und unterstützen, anstatt uns das Leben gegenseitig schwer zu machen. Als arbeitende »Babyboomer-Mama« fühlte ich mich oft in einem ungewollten Wettbewerb. Aber mir wurde auch klar, dass es Zeit für einen Wandel war.

2. Generation X (geboren zwischen 1965 und 1979)

Wie sie wurden, was sie sind

Die Generation X wuchs in einer Zeit des sozialen Wandels auf. Sie erlebten in den 1970er und 1980er Jahren die ersten Erfolge der Frauenbewegung, technologische Neuerungen und die aufkommende Konsumkultur. Geprägt vom Individualismus, achtete sie weniger auf soziale und ökologische Konsequenzen des Wirtschaftswachstums. Sie genoss den gesellschaftlichen Wohlstand Deutschlands, erlebte das Ende des Kalten Krieges und die deutsche Wiedervereinigung. Sorgen bereitete die zeitweise hohe Arbeitslosigkeit, AIDS und Umweltkatastrophen wie Tschernobyl.

Was die Generation X motiviert

Die Generation X zeichnet sich durch Konsumstreben und eine starke Mode- und Markenorientierung aus. Die Einstellung zur Arbeit veränderte sich: Arbeitsplatzsicherheit war in dieser Zeit immens wichtig, wobei Arbeit ein Mittel zum Zweck war. Zeit für sich selbst, aber auch für die Familie wurden zunehmend wichtiger. Fragen nach dem Sinn des eigenen Tuns, Vielfalt und Akzeptanz von Unterschieden rückten in den Vordergrund. Diese Generation fördert aktiv die Bedeutung von Gleichheit und die Wertschätzung von Diversität. Ein Schlüsselerlebnis war die erste Begegnung mit Homosexualität in meinem Führungsteam. Obwohl ich bereits eine Vermutung hatte, fühlte ich mich, als Achim* mein Büro betrat und über seine Homosexualität sprach, genauso unsicher wie er selbst. Nach einigen Minuten des Zuhörens entschied ich mich, meine Unsicherheit offen anzusprechen. Das Gespräch wurde zunehmend offener und persönlicher. Es war die Grundlage für ein tolles Vertrauensverhältnis. Achim war nicht nur eine tragende Säule in meinem Team, sondern ich verdanke ihm auch, dass ich in den kommenden Jahren mit sexueller Orientierung und Diversität sehr professionell und empathisch umzugehen lernte. Rückblickend betrachte ich es als äußerst bereichernd, dass wir nun über lang tabuisierte Themen offen sprechen können – ein Wegbereiter für Diversity und Inklusion.

Generation X: Die Frage nach der Sinnhaftigkeit des eigenen Tuns wird lauter.

Was sich für Frauen verändert hat

Durch die guten Bildungsabschlüsse bekamen Frauen bessere Chancen auf dem Arbeitsmarkt. In den 1990er Jahren waren berufstätige Frauen und auch Mütter schon stärker akzeptiert als noch in der Generation davor. Die Einführung von Gesetzen zur Geschlechtergleichstellung trug zu mehr Chancengleichheit bei, der § 218 StGB zur Abtreibung wurde geändert, das Leitbild der Hausfrauenehe aus dem BGB gestrichen und das Sorgerecht für Mütter wurde eingeführt, auch für uneheliche Kinder. Wegen der höheren Selbstbestimmung und den besseren Bildungsabschlüssen sank die Geburtenrate von 1964 von 2,53 Kindern auf 1,4 Kinder pro Frau in den 1970er Jahren.

3. Generation Y – Millennials (geboren zwischen 1980 und 1994/2000)

Wie sie wurden, was sie sind

Die 1980er Jahre waren geprägt von wirtschaftlicher Erholung, der allgemeine Wohlstand stieg an. Eine neue Partei – Bündnis 90/Die Grünen – wurde gegründet, da die Natur durch das Industriewachstum immer mehr geschädigt wurde: Das Plastikjahrzehnt hinterließ seine Spuren. Der Kaffee to go wurde zum treuen Begleiter auf dem Weg zur Arbeit. Auch politisch gab es erhebliche Veränderungen. Mit Gorbatschow an der Macht ergab sich die Möglichkeit zur Wiedervereinigung Deutschlands. An diese Zeit erinnere ich mich noch gut: Nach meinem Studienabschluss begann ich einen Job beim neu gegründeten Bundesamt für Post und Telekommunikation. Wir mussten unter anderem die Schließung von Funktürmen und der damit zusammenhängenden Infrastrukturen in Ostdeutschland koordinieren. Bei einer unserer Informationsveranstaltungen für Mitarbeiter:innen kam eine junge Frau mit Tränen in den Augen auf mich zu und fragte, warum wir die Kindertagesstätte schließen würden. Ab nächsten Monat hätte sie niemanden, der sich um ihr 3-jähriges Kind kümmern könnte. Zum ersten Mal wurde ich hautnah mit den Auswirkungen politischer Entscheidungen konfrontiert. In der ehemaligen DDR lag die Erwerbstätigkeit von Frauen bei fast 90 Prozent, was bis heute Auswirkungen auf den geringeren Gender-Pay-Gap und Gender-Pension-Gap hat. Dies stand im Gegensatz zum traditionellen Rollenbild der Frau im Westen. In Ostdeutschland war die Berufstätigkeit der Frau der Normalfall. Leider versäumten wir bei der Wiedervereinigung, diese Strukturen aus dem Osten zu übernehmen. Um die Jahrtausendwende war die Euphorie der 1990er Jahre vorbei und einer zunehmenden Unsicherheit gewichen: Wirtschaftskrisen und die Bedrohung durch islamistischen Terror prägten die jungen Erwachsenen. Die neuen (Internet-)Technologien boten jedoch ungeahnte Möglichkeiten für die Digitalisierung, Automatisierung und Vernetzung. Als erste Generation der Digital Natives sind die Millennials in einer komplexen und sich wandelnden

In Ostdeutschland hingegen war die Berufstätigkeit von Frauen der Normalfall.

Millennials: Ein Leben ohne Social Media ist undenkbar.

Welt aufgewachsen und brachten neue Sichtweisen und Prioritäten in den Arbeitsmarkt. Grenzen zwischen Beruf und Privatleben sind fließend. Soziale Medien sind ein unverzichtbarer Bestandteil, bringen aber mit der unendlichen Informationsflut und der erwarteten ständigen Erreichbarkeit neue Herausforderungen mit sich. Erstmals rückt das Thema Burnout ins Bewusstsein der Öffentlichkeit. Das macht vor der Arbeitswelt keinen Halt.

Als Personalchefin habe ich im Laufe meiner Karriere viele Veränderungen erlebt. Eine besondere Begegnung mit einer jungen Bewerberin, Laura*, hat mich nachhaltig beeindruckt und meine Einstellung zu flexiblen Arbeitszeitmodellen verändert. Sie bewarb sich bei uns für eine Mid-Level-Führungsposition. Ihr Lebenslauf war beeindruckend: Erfahrungen in internationalen Unternehmen und erstklassige Noten von einer Elite-Universität. Doch was mich überraschte, war ihr Erscheinungsbild beim Vorstellungsgespräch: Jeans, Turnschuhe und T-Shirt – eine sehr legere Kleiderwahl im Vergleich zu den üblichen Bewerber:innen. Das Vorstellungsgespräch mit ihr verlief anders als erwartet. Trotz meiner langjährigen Erfahrung war ich beeindruckt von ihrer Selbstsicherheit und ihrem Wissen. Nach dem fachlichen Teil ging es um das Gehalt und die Arbeitszeiten. Laura machte deutlich, dass sie E-Mails nach 18 Uhr und freitags nach 17 Uhr nicht beantworten würde, da sie diese Zeit für sich und ihre Hobbys reservieren wollte. Ich hatte zuvor selten so nachdrückliche Forderungen für dieses Level gehört. Wir stellten Laura ein und ihre Leistungen überzeugten uns. Doch leider verließ sie unser Unternehmen bereits ein Jahr später. Zu diesem Zeitpunkt war ihre Erwartungshaltung mit dem Unternehmen noch unvereinbar. Die heutige Arbeitswelt sieht anders aus. Sie wird immer stärker auch von den Erwartungen der Kandidat:innen geprägt. Flexibilität ist ein Schlüssel, um qualifizierte Fachkräfte zu gewinnen und zu halten.

Was die Generation Y/Millennials motiviert

Für die Millennials sind Flexibilität, sinnstiftende Arbeit und Selbstverwirklichung wichtig. Durch ihre hohen Bildungsabschlüsse, oftmals Auslandserfahrung und Zusatzqualifikationen kennen sie ihren

Wert auf dem Arbeitsmarkt und verhandeln selbstbewusst. Hierarchien wirken auf sie eher abschreckend. Schon von Kindesbeinen an wurden sie um ihre Meinung gebeten, deshalb wollen sie aktiv mitgestalten.

Was sich für Frauen verändert hat

Die Generation der Millennials fordert Gleichberechtigung und neue Familienmodelle konsequent ein: Auch für gleichgeschlechtliche Ehen wollen sie die gleichen Rechte und brechen mit bisherigen Tabus.

4. Generation Z – Digital Natives (geboren zwischen 1995 und 2010)

Wie sie wurden, was sie sind

Die Generation Z gilt als erste echte Generation der Digital Natives. Viele sind noch in Ausbildung, doch bald werden sie mit den Millennials den Großteil des Arbeitsmarktes stellen und erwartungsgemäß große Veränderungen mit sich bringen. Ihre Diversität ist bemerkenswert: Laut einer Datenanalyse von Census hat fast ein Viertel der Gen Z in Deutschland Migrationshintergrund, was den Wunsch nach Fairness und Gleichberechtigung verstärkt. Die Generation Z erlebt politische und wirtschaftliche Bedingungen, die durch Wirtschafts- und Finanzkrisen, eine globale Pandemie und geopolitische Konflikte wie den Ukraine- und Gaza-Krieg geprägt sind. Untersuchungen von McKinsey deuten darauf hin, dass 55 Prozent der 18- bis 24-Jährigen bereits eine Diagnose und/oder Behandlung für eine psychische Erkrankung erhalten haben. Dies verdeutlicht, wie stressig und herausfordernd die Welt für viele junge Menschen sein kann.

Die Gen Z ist so divers wie keine Generation zuvor.

Ein Beispiel hierfür ist eine unserer ersten Coachees. Sarah* war eine erfahrene Marketing-Direktorin bei einem Lifestyle-Unternehmen. Sarah kam zu mir, um über eine konkrete Teamsituation zu sprechen und mögliche Lösungen zu finden. Vor einem Jahr hatte sie die junge Social-Media-Managerin Emma* eingestellt: »Emma war ab dem ersten Tag ein Gewinn für das Team – unfassbar kreativ und aktiv. Sie hat Tausende Follower:innen für unser Unternehmen gewonnen. Und auch ihre Events und Influencer Relationships waren super. Obwohl Emma noch so jung war, habe ich ihr viele Projekte eigenständig anvertraut. Ich mochte es immer, wenn sie spontan in mein Büro schneite – was ich normalerweise als Ablenkung empfinde. Sie war voller Energie. Dann aber meldete sie sich nach unserem wichtigsten Event des Jahres mit einem Burnout krank. Mehrere Wochen lang. Ich habe mein halbes Leben für dieses Unternehmen gearbeitet, kein Event war mir zu viel und jetzt weiß ich nicht, wie ich richtig mit der Situation umgehen soll. Existieren Burnouts wirklich bei so jungen Menschen?« Wir arbeiteten gemeinsam an Optionen für Emma und konnten nach ihrer akuten Krankheit eine passende Lösung für sie finden. Die beiden arbeiten bis heute erfolgreich zusammen, aber unter flexibleren Arbeitsbedingungen und mit mehr Entscheidungsspielraum für Emma.

Was die Generation Z/Digital Natives motiviert

Rückhalt und Sicherheit findet die Generation Z in ihrer Familie – die so vielfältig gestaltet ist wie kaum jemals zuvor. Der Wunsch nach festen Abgrenzungen, klaren Strukturen, einer Trennung von Arbeits- und Privatleben wird von der jüngeren Generation immer lauter. Mangelnde Work-Life-Balance, gesundheitsbeeinträchtigender Stress führen leicht zu Kündigungen. Dennoch streben sie mehr als die vorherige Generation nach finanzieller Sicherheit.

Digital Natives: Die Familie wird wieder ein Ort von Rückhalt und Sicherheit.

Was sich für Frauen verändert hat

Der Feminismus der letzten Dekaden wird neu definiert. Medienpersönlichkeiten treten vermehrt für ein neues feministisches Bild ein. Ein Beispiel ist Emma Watsons bewegende Rede vor den Vereinten Nationen 2014: »Wenn nicht ich, wer? Wenn nicht jetzt, wann?«, fragt sie mit Tränen in den Augen bei der Vorstellung ihrer Kampagne #HeforShe. Erstmals wird im Jahr 2006 der *Global Gender Gap Report* des World Economic Forum ins Leben gerufen. Dieser wichtige Bericht wird mittlerweile in 153 Ländern zur Analyse der Geschlechterungleichheit angewendet.

Eine Synthese der Werte

Generationen, Werte und auch Frauenbilder entwickeln sich stetig – und das ist gut so. Was heute richtig ist, verändert sich morgen. Die Anpassungsfähigkeit an neue Bedingungen ist entscheidend, ebenso wie das Zuhören. Gemeinsam stark sein: Ein diverses Team erreicht mehr als ein homogenes, und das gilt auch für Teams mit unterschiedlichen Generationen. Die Kombination aus der technologischen Affinität der Jüngeren und der Erfahrung der Älteren bildet eine starke Basis. Tandems am Arbeitsplatz zwischen Jung und Alt, Frauen und Männern fördern die gegenseitige Inspiration. Junge Menschen schauen nach sinnvoller Führung. Mit ihren hohen Erwartungshaltungen an sich selbst und andere brauchen sie Mentoring, Beratung und Sparringspartner. Im Gegenzug braucht die ältere Generation oft Inspiration, um beispielsweise das Thema Digitalisierung auch in Zukunft positiv mitzugestalten. Deshalb müssen die verschiedenen Werte aller Generationen, aller Geschlechter und anderer Kulturen verstanden und diskutiert werden. Unternehmen können gemeinsam mit ihren Mitarbeiter:innen über ihre Werte reflektieren und jüngere Angestellte stärker in Entscheidungen einbeziehen.

Moderner Feminismus wird keine negative Konnotation mehr haben – wir stehen am Anfang eines Female Century!

Ich bin sicher, dass in Sachen Gleichberechtigung weiterhin wichtige Fortschritte gemacht werden. Auf der einen Seite trägt Social Media zu positiven Veränderungen bei und bewirkt, dass Feminismus für junge Frauen zunehmend positiv wahrgenommen wird. Auf der anderen Seite zeigt eine Umfrage der Financial Times in 2024, dass der »Conservatism Gap« bei der jungen Generation wieder steigt.

KAPITEL – *kompakt*

- Seit der Frauenbewegung der 1960er und 1970er Jahre hat sich gesellschaftspolitisch und in der Arbeitswelt viel für die Lebenssituation der Frauen verändert. Es gilt, diesen Weg weiterhin bewusst und konsequent zu gehen.
- Der Fokus der modernen Frauenbewegung liegt auf der Vereinbarkeit von Beruf, Familie und sozialem Leben.
- Gleichzeitig entscheiden sich viele Frauen dafür, intensiver für die Work-Life-Balance einzutreten als ihr Partner. Auch zeigt sich das Opting-out-Syndrom stärker bei Frauen. Es geht ihnen jedoch meist nicht ums Aussteigen, sondern darum, etwas Sinnstiftenderes zu tun.
- Als Wirtschaft und Gesellschaft gilt es, diese Entwicklungen ernst zu nehmen und Ideen und Konzepte zu entwickeln, die auch Anreize zum Verbleib im bisherigen Job bieten. Dazu ist es wichtig, die unterschiedlichen Wertvorstellungen von Frauen unterschiedlicher Generationen kennenzulernen und zu verstehen.
- Auch Führungskräfte sollten sich stärker auf die unterschiedlichen Generationen einstellen, einen Weg finden, Diversity zu leben, und zu erkennen: Organisationen sind erst dann stark, wenn sich alle gemeinsam auf Veränderung einlassen.

Als Interviewpartnerinnen für das Generationenkapitel konnten wir zwei beeindruckende Politikerinnen gewinnen. Die eine ist Vertreterin der Generation Babyboomer, die andere repräsentiert die Generation Y. Ihre Lebenswege könnten unterschiedlicher kaum sein, doch teilen sie ein gemeinsames Ziel: die Welt aktiv zum Positiven verändern! Sie sind auf ihre Art Vorbilder und zeigen, wie wichtig generationsübergreifende Zusammenarbeit ist. Es geht um Malu Dreyer, Ministerpräsidentin von Rheinland-Pfalz, und Verena Hubertz, Bundestagsabgeordnete in Berlin.

Der Weg zu Malu Dreyer führt mich zurück in mein früheres Zuhause. Obwohl ich mittlerweile in Bayern lebe, kommen Heimatgefühle auf, wenn ich in die rheinland-pfälzische Landeshauptstadt Mainz komme. Das Schloss und der Landtag prägen das Stadtbild. Seit 2013 wird die Staatskanzlei erstmals von einer Frau geführt. Malu Dreyer ist eine von nur drei amtierenden Ministerpräsidentinnen in Deutschland. Sie studierte erst Theologie, dann Jura – mit dem Wunsch, die Welt ein wenig gerechter zu machen. Politiker:innen dieser Zeit haben statistisch meistens Politikwissenschaften, Theologie oder Jura studiert. Das Fundament für eine politische Karriere war also gelegt. Malu Dreyer beginnt, sich in politischen Ämtern stark zu machen, ob als Bürgermeisterin der Stadt Bad Kreuznach oder als Landtagsabgeordnete, bevor sie als Ministerin für Arbeit, Soziales, Gesundheit und Demografie nach Mainz geholt und später zur Ministerpräsidentin von Rheinland-Pfalz gewählt wird. Immer wieder betont sie, wie wichtig ihr die Gleichstellung sei und dass Bildung das zentrale Element zur Erreichung für Chancengleichheit in Deutschland sei. Deshalb setzt sie sich stark für frühkindliche Bildung ein sowie für den Ausbau von Kitas und Ganztagsschulen.

Ich bewundere Malu Dreyer nicht nur, weil sie eine der wenigen Ministerpräsidentinnen in Deutschland ist, sondern auch weil sie trotz Erkrankung an Multipler Sklerose ihre politische Karriere mit großem Einsatz und Elan fortsetzt. Für sie bedeutet Inklusion nicht nur Geschlechterparität, sondern dass alle Menschen jeglichen Backgrounds – Geschlecht, Alter, Nationalität, soziale Herkunft oder körperliche Merkmale – gleiche Berufschancen haben sollten.

REGINE: Frau Dreyer, Sie sind eine von nur drei Ministerpräsidentinnen in Deutschland. Welche Erfahrungen haben Sie auf Ihrem Weg an die politische Spitze von Rheinland-Pfalz gemacht?

MALU DREYER: Leitend war für mich vor allem der Wunsch, sehr konkret die Welt für die Menschen gerechter zu machen. Darum habe ich Jura studiert und als Staatsanwältin gearbeitet. Der Wechsel in die Politik erfolgte über die Kommunalpolitik, von dort ergaben sich die nächsten Stationen: zunächst als Sozialministerin, dann als Ministerpräsidentin. Es gibt kein Rezept, um erfolgreiche Politikerin zu werden. Man braucht eine gehörige Portion Gestaltungswillen und ein inhaltliches Thema, für das man sich begeistert.

Anders als unsere Vorgängerinnen hat meine Generation aber Männer an ihrer Seite gehabt, die es wichtig fanden, dass Frauen in der Politik eine stärkere Rolle einnehmen. Sie waren und sind unsere Verbündeten – das ist weiterhin wichtig. Dennoch freue ich mich natürlich, dass mit Anke Rehlinger und Manuela Schwesig inzwischen weitere Frauen in der Ministerpräsidentenkonferenz sitzen.

REGINE: Sie gehören wie ich der Generation der Babyboomer an. Eine Generation, die sich stark politisch engagiert hat und damit die Rechte der Frauen sehr zum Positiven verändert hat. Wie bewerten Sie die Unterschiede zu der heutigen jungen Generation?

MALU DREYER: Ich erlebe die junge Generation als überaus politisch! Schauen wir auf die Klimabewegungen der letzten Jahre, auf Schülervertretungen oder auch das breitere gesellschaftliche Engagement. Jugendliche interessieren sich für Politik und dafür, die Welt zu gestalten. Was sich verändert, das beobachten wir stark, sind die Formen des Engagements und die Themen, die mobilisieren. In Rheinland-Pfalz unterstützen wir diese vielfältigen Formen etwa über den Jugend-Engagement-Wettbewerb, bei dem sich jedes Jahr großartige Projekte bewerben. Und über den Landesjugendbeirat wollen wir die Stimme der Jugendlichen in der Landespolitik noch weiter stärken. Ein zentrales Thema – und das hat sich nicht verändert – ist für Jugendliche auch heute immer noch die Frage der gesellschaftlichen Gerechtigkeit. Und da spielt die Gleichstellung der Geschlechter weiterhin eine zentrale Rolle.

Natürlich hat sich der Feminismus verändert – schon seit es ihn gibt. Wir profitieren heute von den Frauen, die oft unter großem persönlichen Einsatz harte Kämpfe für gesellschaftliche Reformen gefochten haben. In meiner Generation konnten wir auf diesen Erfolgen – etwa dem Gleichheitsartikel des Grundgesetzes oder der formalen Gleichstellung im Zivilrecht – aufbauen. Wir konnten diese formale Gleichberechtigung mit Leben füllen. Die jüngere Generation betrachtet vieles von dem, was hart erkämpft wurde, heute als selbstverständlich. Und das ist auch ein gutes Zeichen! Denn das sollte ja auch der Anspruch sein: gleiche Rechte, gleiche Chancen. Wir dürfen gesellschaftlich nur nicht aus dem Blick verlieren, dass diese Fortschritte auch verteidigt werden müssen. Denn gesellschaftliche Fortschritte ziehen leider auch Gegenreaktionen nach sich, wie wir es weltweit beim aufziehenden Antifeminismus beobachten können. Ich sehe aber in Teilen der jungen Generation ein hohes Bewusstsein dafür, das mich zuversichtlich stimmt.

REGINE: Heute arbeiten so viele Generationen in Organisationen zusammen wie nie zuvor – Tendenz steigend. Was ist aus Ihrer Sicht notwendig, um Verständnis für unterschiedliche Wertevorstellungen zu entwickeln?

MALU DREYER: Wenn man in gemischten Teams arbeitet, ist eines zentral: Respekt. Respekt vor den jeweiligen Kompetenzen, Interessen und Erfahrungen anderer. Respekt im Umgang, sich gegenseitig zuhören, sich aufeinander einlassen. Ob in der Politik, im Unternehmen oder in der Familie – auf diese Weise kommen wir miteinander ins Gespräch und können voneinander lernen. Und vor allem ist das die Grundlage, um gemeinsam die besten Ideen und Lösungen zu entwickeln. Denn das ist aus der Forschung lange belegt: Teams mit unterschiedlichen Perspektiven entwickeln qualitativ bessere Ergebnisse.

REGINE: Frauen haben heute so viele Chancen wie nie zuvor. Wie können wir die Generation Y und Z – insbesondere die Frauen – mehr für politisches Engagement und Verantwortung in Unternehmen begeistern?

MALU DREYER: Vorbilder spielen eine große Rolle. Sie zeigen uns, was alles möglich ist! Das ist einer der Gründe, warum ich vor einigen Jahren den Marie Juchacz-Frauenpreis ins Leben gerufen habe, mit dem wir Frauen für ihr feministisches Engagement auszeichnen. Der Preis stärkt nicht nur diese Preisträgerinnen, er zeigt auch anderen Frauen, dass es sich lohnt, etwas zu wagen.

Gerade in Bereichen, in denen noch wenige Frauen aktiv sind – ob an der Spitze eines DAX-Unternehmens oder als Bürgermeisterin einer Großstadt –, braucht es oft Ermutigung und ein Signal des Umfelds: Du bist nicht allein und wir glauben an dich.

Aus meiner persönlichen Erfahrung kann ich hinzufügen, dass sich Engagement lohnt, weil es auch wahnsinnigen Spaß macht, wenn man etwas verändern kann. Mich hat immer die Frage der sozialen Gerechtigkeit motiviert. Und in der Politik kann ich ganz konkret dazu beitragen, für mehr Gerechtigkeit in der Bildung, in der Pflege, auf dem Arbeitsmarkt oder bei der gleichberechtigten gesellschaftlichen Teilhabe zu sorgen. Macht oder Verantwortung bedeuten Gestaltungsmöglichkeiten – und das ist etwas Gutes.

REGINE: Welche Rahmenregelungen sind aus Ihrer Sicht wichtig, um mehr Frauen in Unternehmen zu fördern?

MALU DREYER: Es braucht drei Dinge: den klaren Willen der Unternehmensleitungen, positiv auf das Geschlechterverhältnis einzuwirken, einen weiteren Kulturwandel in der Gesellschaft, der Gleichberechtigung in der Arbeitswelt auch wirklich mit Leben füllt, aber ohne strukturelle Reformen und Quoten wird es nicht oder nicht schnell genug gehen.

REGINE: Wie wird das Familienbild der Zukunft aussehen? Wie schaffen wir zukünftig mehr Chancengleichheit und die bessere Aufteilung von Care-Arbeit zwischen Mann und Frau?

MALU DREYER: Familie ist für mich dort, wo Menschen füreinander Verantwortung übernehmen. Und das ist ganz unterschiedlich und individuell. Diese Individualität braucht flexible Modelle. Das klassische Rollenmodell, bei dem einmal festgelegt wird, dass einer Vollzeit erwerbstätig ist, aber der andere nicht, wird dem seit Langem nicht mehr gerecht. Das Verhältnis von Erwerbs- und Sorgearbeit wird im Laufe des Lebens immer wieder wechseln – etwa, weil Kinder, zu pflegende Angehörige oder auch die eigene Gesundheit mehr Aufmerksamkeit und Zeit erfordern als zuvor. Echte Chancengleichheit bekommen wir hin, wenn wir es als Gesellschaft organisieren, dass diese veränderten Phasen flexibel gestaltet und gleichwertig akzeptiert werden. Unabdingbar ist dabei, dass wir Care-Arbeit als das betrachten, was sie ist: Arbeit, die Kraft und Zeit kostet und die unverzichtbar ist.

REGINE: Was ist aus Ihrer Sicht auf politischer, unternehmerischer und auf individueller Ebene notwendig, damit Deutschland wieder eine Vorreiterrolle in Europa übernimmt?

MALU DREYER: Wir haben in den letzten Jahren in einigen Bereichen gute Fortschritte gemacht: Die Frauenquote für Vorstände und Aufsichtsräte hat endlich dazu geführt, dass Unternehmen sich die Mühe machen, nach qualifizierten Frauen zu schauen und sie in die Unternehmensleitung einzubinden. In Rheinland-Pfalz sehen wir, dass etwa über das Ada-Lovelace-Projekt für Studentinnen oder unsere gezielte MINT-Bildung der Frauenanteil in den entsprechenden Schul- und Studienfächern steigt. Das zeigt: Die gezielte Förderung von Frauen und Mädchen, Quoten und eine aktive Gleichstellungspolitik helfen, sind aber auch notwendig. Gleichzeitig halte ich es für wichtig, dass wir uns gesellschaftlich bewusst machen, dass Feminismus nicht nur für Frauen da ist, sondern dass feministische Politik für die Gleichstellung der Geschlechter eintritt und damit auch das Leben von Männern in vielen Bereichen besser macht. Es braucht also noch viel mehr Feministen und Feministinnen! Erst recht in einer Zeit, in der es politische Kräfte gibt, die wieder patriarchale Gesellschaftsbilder propagieren.

REGINE: Was würden Sie Frauen mit auf den Weg geben, die sich politisch engagieren und Karriere machen möchten? Was sollten Frauen selbst tun, um ihre Situation zu verbessern?

MALU DREYER: Man sollte sich im Kern treu bleiben, aber immer wieder Neues wagen. Dabei so selbstverständlich und selbstbewusst auftreten, wie dies viele Männer tun. Gleichzeitig braucht es immer gute Verbündete – Männer wie Frauen. Niemand ist als Einzelkämpfer oder Einzelkämpferin erfolgreich oder glücklich.

VERENA HUBERTZ

»Tue das, wofür dein Herz schlägt!«

Verena Hubertz hat nicht den typischen Lebenslauf einer Politikerin. Sie ist weder Politikwissenschaftlerin noch Juristin. Mit 25 Jahren gründet sie zusammen mit Mengting Gao ihr Unternehmen Kitchen Stories. »Typisch«, sagen die Investoren. »Zwei Frauen gründen was zum Thema Kochen.« Da die charismatischen jungen Gründerinnen allerdings weder coden noch kochen können, gibt es erst mal kein Venture Capital, aber sie glauben an ihre

Idee, geben nicht auf, suchen sich nicht wie ihre Kommiliton:innen einen Corporate Job. Sie fragen ihr Netzwerk inklusive Freund:innen und Verwandte um Unterstützung, verkaufen ihr Auto. Mit 25 000 Euro starten sie Kitchen Stories und zählen einige Jahre später zu den erfolgreichsten Gründerinnen Deutschlands. Sogar Apple-CEO Tim Cook kam 2017 zum Backen von Pancakes vorbei. Kitchen Stories wurde an eine Bosch-Tochterfirma verkauft und hat mittlerweile über 60 Mitarbeiter:innen.

Bis dahin liest sich Hubertz' Geschichte wie eine erfolgreiche Gründerinnenkarriere – um am Ende doch alles ganz anders zu machen. Statt Series-Entrepreneurin oder selbst Investorin zu werden, zieht Verena ihre ganz eigene Form von Opting-out durch: Sie entscheidet sich 2020 für ein politisches Engagement in ihrer Heimatstadt Trier und bewirbt sich 2021 zur Bundestagswahl. Dass eine junge Sozialdemokratin das historisch konservative Trier direkt gewinnt, ist eine Sensation. Um dies zu erreichen, hat Verena für den persönlichen Austausch mit den Menschen an 10 000 Türen geklingelt. Wer Verena kennenlernt, den überrascht es nicht, dass sie den Wahlkreis so für sich bestimmen konnte: Sie ist energiegeladen, bodenständig und authentisch. Mit dem Herz auf der Zunge und Leidenschaft für Veränderung gewinnt sie Menschen für sich – auch uns.

VERENA: Herzlich willkommen im Deutschen Bundestag! Mein Name ist Verena Hubertz, ich bin 35 Jahre alt und Quereinsteigerin in der Politik. Mein Gedanke war, dass die Politik etwas von diesem Start-up-Spirit und frische Ideen braucht. Unter dem Motto »Nicht nur meckern, sondern machen« wollte ich aktiv mitgestalten, und nun bin ich seit zwei Jahren hier. Als stellvertretende Vorsitzende der SPD-Bundestagsfraktion bin ich für die Bereiche Wirtschaft, Bauen, Wohnen, Stadtentwicklung und Tourismus verantwortlich. In den letzten zwei Jahren konnte ich bereits einiges bewegen und erleben.

REGINE: Warum bist du als erfolgreiche Gründerin in die Politik gegangen? Was waren deine Beweggründe?

VERENA: Natürlich ist der Moment, an dem man sich entscheidet, sich politisch zu engagieren, ein ganz besonderer. Und dieser Moment kam während meines BWL-Studiums: Ich habe bei Burger King gejobbt, es gab keinen Mindestlohn. Frank-Walter Steinmeier als Kanzlerkandidat der SPD hat das damals, 2009, hinterfragt: »Fast überall in Europa gibt es den Mindestlohn. In Deutschland nicht. Warum?« Und ich habe gedacht: »Super Frage!« Mein Stundenlohn bei Burger King betrug 6,13 Euro, das reicht nicht für Menschen, die allein damit ein Leben bestreiten mussten. Dieser Moment und die Tatsache, dass der Mindestlohn damals noch nicht eingeführt worden war, haben mich dazu veranlasst, in die SPD einzutreten und mich politisch zu engagieren.

Danach bin ich für mein Masterstudium an der WHU nach Koblenz gezogen und von dort nach Berlin zum Gründen gegangen. Wenn man bis nachts arbeitet, dann sind die Öffnungszeiten der parteilichen Ortsvereine nicht so ganz kompatibel und so habe ich mein politisches Engagement ein wenig reduzieren müssen. Aber irgendwann kann man nicht nur für die Gründung einer Firma Vollgas geben, man muss auch innehalten. Nach ein paar Jahren wurde es ein bisschen ruhiger und ich konnte mich wieder politisch engagieren – im Ortsverein Alexanderplatz in Berlin.

MIRIAM: Was hat dich dann final dazu bewogen, dein Unternehmen zu verlassen und zurück nach Trier zu ziehen, um zu kandidieren?

VERENA: Zum einen habe ich schon immer zwei Herzen in mir gespürt. Auf der einen Seite das politische Interesse, der Wunsch, etwas zu verändern und einen Unterschied zu machen. Auf der anderen Seite befand sich unser Unternehmen in einer neuen Phase – eine Skalierungsphase, die mehr Management und Prozesse erforderte. Ich habe Kitchen Stories sieben Jahre lang aufgebaut, es war mein erster Job. Ich begann mich zu fragen: Bin ich mit meinen Talenten gerade auf dem richtigen Stuhl? Normalerweise umgehe ich eher Prozesse, als dass ich sie aufbaue. Mein Heimatort Trier suchte 2017 nach einer neuen Kandidatin, da Katarina Barley, meine Vorgängerin, nach Brüssel gewechselt war. Anstatt auf traditionelle Auswahlverfahren zurückzugreifen, entschied man sich für eine Art Casting. Das war für mich der Moment, intensiv darüber nachzudenken, welche Richtung ich in meinem Leben einschlagen wollte. Schnell wurde mir klar, dass ich Veränderungen herbeiführen wollte. Mein Wunsch war es, dass wir uns schneller und fortschrittlicher entwickeln. In der Wirtschaft strebte ich eine durchlässigere, modernere und innovativere Welt an – eine, von der nicht nur wenige profitieren, sondern auch diejenigen, die von morgens bis abends arbeiten.

Dieser Entschluss war das Ergebnis intensiven Coachings und langer, schlafloser Nächte. Ich fasste den Entschluss, mein Amt als Geschäftsführerin in meinem Unternehmen aufzugeben. Und dann ging es los mit neun Monaten Wahlkampf und 10 000 Türen, an die ich geklopft habe!

MIRIAM: Wenn wir über Frauen in Führungspositionen sprechen, liegen wir im europäischen Vergleich im letzten Drittel. Wie können wir Frauen dazu motivieren, sich mehr in Führung zu trauen? Welche Anreize können wir auf politischer, welche auf unternehmerischer Ebene setzen?

VERENA: Unternehmen haben die Verantwortung, Programme wie Mentoring zu entwickeln und eine klare Philosophie und Strategie zu etablieren, um Frauen in Führungspositionen zu fördern. Sie sollten innovative Wege gehen, statt einfach anzunehmen, dass die Karriere für Frauen während der Elternzeit pausieren müsse. Beide Seiten sind aufgefordert, ein Miteinander zu finden, das nicht heißt: »Kind gleich Pech gehabt, jetzt ist es halt vorbei!« Das betrifft nicht nur Frauen, sondern auch Väter, die zum Glück immer mehr familiäre Verantwortung übernehmen. Maßnahmen wie Jobsharing und das Recht auf die Rückkehr zur vorherigen Position nach einer Auszeit sind entscheidend. Wir sehen jedoch in der Realität oft, dass Unternehmen zwar gute Intentionen haben, aber oftmals nicht wahnsinnig viel passiert. Deswegen bin ich mittlerweile Befürworterin einer Frauenquote. Anfangs habe ich gedacht: »Warum brauchen wir das, wir Frauen können uns schon eigenverantwortlich durchsetzen«, aber ich habe dann gemerkt: »Nee, ist nicht so!« Das Verhältnis von Männern und Frauen in Führungspositionen ändert sich viel zu langsam. Deswegen haben wir eine gesetzliche Frauenquote für große Unternehmen eingeführt. Dieses Gesetz ist ein erster Schritt hin zur Verbindlichkeit und zur Messbarkeit und Rechtfertigungspflicht – und eine Chance, die gläserne Decke langfristig zu durchbrechen. Oftmals machen es sich Unternehmen zu leicht, indem sie sagen: »Wir haben keine Frau für diese Position gefunden.« Ich glaube das nicht. Frauen machen bessere Abschlüsse … so, *try harder*!

REGINE: Welche Tipps würdest du besonders jungen Frauen für ihre berufliche Entwicklung geben?

VERENA:

- Ja sagen, wenn sich Möglichkeiten ergeben.
- Das tun, was man wirklich mit Leidenschaft machen will und wofür das Herz schlägt. Du wirst nie sehr gut sein, wenn du nicht leidenschaftlich für irgendetwas brennst.
- Fehler sind in Ordnung. Man lernt aus ihnen. Ich kann mich noch gut an mein erstes Akquise-Telefonat bei Kitchen Stories erinnern. Bei meinem ersten Vertriebsanruf war ich so zittrig, aber meine Mitgründerin sagte: »Nein, du legst jetzt nicht auf!« Und dann habe ich nicht aufgelegt. Beim zweiten Anruf habe ich schon weniger gezittert. Man lernt wirklich alles. Am Anfang war ich nervös, vor Schulklassen zu sprechen, aber jetzt bin ich auf Konferenzen, im Bundestag, in Talkshows und spreche vor Vorständen, Managern, Bürgerinnen und Bürgern. Niemand kommt auf die Welt und kann alles.

MIRIAM: Vielen Dank, Verena, dass du dir die Zeit genommen hast, uns hier in den Bundestag einzuladen, und dass du das Interview mit uns geführt hast.

VERENA: Ich hoffe, dass meine Geschichte als Inspiration dienen kann, dass Lebenswege sich ändern können und sich neue Türen öffnen, selbst wenn nicht alles auf Anhieb perfekt klappt. Es geht darum, sich zu engagieren und mit Leidenschaft und Einsatz dabei zu sein. Ich wünsche mir, dass wir gemeinsam die Zukunft aktiv gestalten statt im Stillstand zu verharren. Dafür brauchen wir definitiv mehr Frauenpower.

Nach dem Interview nimmt sich Verena noch die Zeit, uns den Bundestag zu zeigen. Vorbei am Archiv der deutschen Abgeordneten, durch den Plenarsaal und die Sitzungssäle für die Ausschüsse bis hoch zur Reichstagskuppel. Daran, wie sie uns alles wie eine persönliche Reiseführerin erklärt, erkennt man, dass sie stolz ist, hier zu arbeiten und einen Beitrag zu leisten. Vor uns steht die Vertreterin einer neuen Politiker:innen-Generation. Eine Demokratin durch und durch – mit Energie, etwas für die Gesellschaft zu verändern.

(Anmerkung: Dass sowohl Malu Dreyer als auch Verena Hubertz der SPD angehören, ist Zufall. Uns geht es um die Darstellung der Personen und ihrer Passion für das, was sie tun, nicht um Parteiinhalte.)

3

Let's get started

Wo willst du hin?

Das bisher spannendste Jobangebot meines Lebens lag auf meinem Tisch: Ich sollte Geschäftsführerin für die Parfümeriekette Sephora werden und das Business in Deutschland aufbauen. Im Alter von 35 Jahren würde ich eine der jüngsten Geschäftsführerinnen des Louis-Vuitton-Moet-Hennessy-Konzerns (LVMH) in Europa werden. Nach ausführlichen Abwägungen brachen mein Mann und ich die Zelte in Dubai nach neun Jahren ab und zogen mit unseren Kindern zurück nach Deutschland. Voller Enthusiasmus stürzte ich mich in meinen neuen Job. Ich entwickelte eine Strategie für den Start von Sephora in Deutschland, rekrutierte Mitarbeiter:innen im ganzen Land und gab alles, um uns zu einem starken Team zu machen. Marketing, Supply Chain, Finance, Human Resources und dann die vielen Store-Eröffnungen, für die ich verantwortlich war – ich ging in meinem Beruf auf und wuchs an meinen Herausforderungen. Während es im Job super lief, entwickelte sich meine private Situation zu Hause zu einem mittelschweren Desaster. Das fing schon bei der Suche nach einem Kitaplatz an. Ich war davon ausgegangen, dass es hier wegen des gesetzlich verankerten Anspruchs kein Ding sein würde, Plätze für unsere Kinder zu bekommen – weit gefehlt. »Tut uns leid, wir haben keine freien Plätze«, hörte ich von allen Kindergärten in der näheren Umgebung unserer neuen Wohnung in Düsseldorf. Also gut, dann eben ein privater Kindergarten. Damit hatten wir das Problem aber nur zur Hälfte gelöst. Denn ich kam abends oft erst gegen 20 Uhr nach Hause und mein Mann war ebenfalls trotz Homeoffice sehr eingespannt. Das hieß: Wir brauchten auch eine Tagesmutter, die die Zeit zwischen Kindergarten und unserem Feierabend überbrückte.

Doch die Suche hatte schon Züge von »Versteckter Kamera«. Die erste Bewerberin, eine 55-jährige Dame, luden wir nach Dubai ein, um ihr einen ersten Eindruck unserer beiden Kinder (damals ein und zwei Jahre alt) zu verschaffen. Doch kaum waren wir in Deutschland, meldete sie sich bereits am ersten Tag krank – mehr als einen Monat lang. Also weiter mit der zweiten Nanny. Wir entschieden uns dieses Mal für »jung und dynamisch«. Sie meisterte ihre Aufgaben auch mit Bravour, aber nach drei Monaten voller 7- bis 8-Stunden-Tage sehnte sie sich nach einem Halbtagsjob und kündigte. Es kam die dritte Nanny, gerade mal 23 Jahre jung. Sie hatte ein Talent dafür, sich genau dann krank zu melden, wenn wir sie am meisten brauchten. Eines war klar: Die Arbeitseinstellung der Tagesmütter und die Arbeitsanforderungen meines Chefs waren nicht kompatibel! Ein Jahr nach unserem Umzug hatten bereits mehr als vier Tagesmütter bei uns gearbeitet. Ich fühlte mich schrecklich! Für meine Kinder ständig neue Betreuungspersonen finden zu müssen, war emotional schwierig und zeitaufwändig – für meine Kinder und für mich. Mir außerdem jeden Tag die Frage zu stellen, wie ich die Kinderbetreuung organisieren würde, falls jemand ausfiele, raubte mir den letzten Nerv und Energie. Hinzu kam der gefühlte, aber auch tatsächliche Druck von Gesellschaft und Umfeld, möglichst viel Zeit nicht nur mit den Kindern zu verbringen, sondern auch mit meinem Mann, dem Rest der Familie und unseren Freund:innen. Zeit für mich selbst und Sport für den täglichen Ausgleich hatte ich nicht. Alles zerrte an mir.

Normalerweise baut mich ein Wochenende mit meinen Freundinnen aus Kindertagen wieder auf. An diesem Wochenende hatte ich aber kein Glück: Zwei der drei redeten mir ins Gewissen, das »Outsourcen« meiner Kinder zu stoppen und im Büro kürzer zu treten. Ich nahm ihnen ihre Empfehlung nicht übel, sie waren wirklich gut gemeint, aber ich war und bin der Meinung, dass nicht die Karriereambition der Frau das Problem ist, sondern die fehlende Infrastruktur.

Kinderbetreuung als Investment in die eigene Zukunft

Wir fanden schließlich eine Lösung. Mein Mann unterstützte meinen beruflichen Ehrgeiz. Wir teilten uns die anstehenden Aufgaben auf und er übernahm dank seiner Homeoffice-Tätigkeit einen Großteil der Care-Arbeit. Ich frage mich bis heute, wie Alleinerziehende das schaffen. Zudem änderten wir unsere Tagesmutterstrategie: Statt teuer über Agenturen einzustellen, suchten wir uns ein Au-pair. Sie kam von den Philippinen, hatte aber vorher in Dubai gearbeitet und war die Erste, auf die man sich zu 100 Prozent verlassen konnte. Sie wurde unser neues Familienmitglied und stand uns auch während der Corona-Zeit zur Seite. Unsere Kids liebten sie. Und ich auch.

Rückblickend kann ich sagen: Alles ging gut aus. Die ersten Jahre mit Kindern sind *tough,* aber es ist eine vorübergehende Phase. Natürlich hat die Suche nach der richtigen Betreuung auch viel Geld gekostet. Doch ich habe die Kosten immer als Investition in unsere Familie und mich selbst betrachtet. Ich weiß, dass viele Frauen sich diese Art der Betreuung nicht leisten können und an dieser Stelle aufgeben. Mit dem Argument »Dann arbeite ich ja nur für die Kinderbetreuung« ziehen sie sich auf Teilzeitstellen zurück und kümmern sich lieber selbst um ihre Kinder. Das kann ich verstehen. Die Zeit, die wir mit unseren kleinen Kindern haben, ist kurz, und es gibt nichts Schöneres, als den Kleinen beim Aufwachsen zuzusehen. Kinder werden aber groß und nach einigen Jahren sollen und müssen sie ihre eigenen Wege gehen. Darüber hinaus habe ich die Zeit im Büro auch manchmal genossen, nach einigen Stunden täglichem Chaos zu Hause. Dort konnte ich fokussiert anspruchsvollen Aufgaben nachgehen und abends und am Wochenende die Quality Time mit meinen Kindern mehr genießen. Daher möchte ich hier auch eine neue Perspektive aufzeigen: Sieh Investitionen in die Kinderbetreuung als ein Investment in deine Zukunft und finanzielle Unabhängigkeit.

Geld für Kinderbetreuung ist eine Investition in deine eigene Unabhängigkeit und Zukunft!

Das »Woman 360«-Modell

Immer wieder treffe ich Frauen, die vor ähnlichen scheinbar unlösbaren Vereinbarkeitskonflikten stehen. Wenn du dir jetzt einmal deine eigene Geschichte vor Augen führst, wirst du vermutlich ebenso auf zahlreiche Herausforderungen stoßen. Hier stellt sich die Frage: Was kannst du konkret für das Management dieser Herausforderungen tun? Das beinhaltet zwei Bereiche: den gesellschaftlich-politischen und deinen persönlichen.

Gemeinsam Druck auf Politik ausüben

Aus Sicht der Gesellschaft und Politik ist die schlechte Infrastruktur für die Kinderbetreuung in Deutschland ein Hemmschuh für die bessere Vereinbarkeit von Familie, Pflege und Beruf, wie auch Wirtschaftsminister Robert Habeck in einem Gastkommentar für das *Handelsblatt* feststellte. Er betont regelmäßig, dass eine grundlegende Verbesserung der Infrastruktur notwendig sei, um mehr Frauen für Führungspositionen in Politik und Wirtschaft zu gewinnen. Ähnliche Ansichten wurden auch von Bundeskanzler Olaf Scholz und Familienministerin Lisa Paus geäußert. Trotz dieser Erkenntnisse fehlen in Deutschland aktuell mehr als 400 000 Kitaplätze und die Situation verschärft sich weiter aufgrund des Fachkräftemangels. Hier wünsche ich mir von der Politik mehr Taten, die auf ihre Worte folgen.

Es ist an der Zeit, dass Frauen überall in Deutschland Druck auf politische Entscheidungsträger ausüben, um diese notwendigen Veränderungen herbeizuführen. Hierzu existieren beispielsweise zahlreiche unterstützenswerte Petitionen, wie die zur »Änderung des Kindergeld-Gesetzesentwurfs« von der Unternehmerin Verena Pausder, die über 500 000 Unterschriften sammeln konnte. Der Gesetzesentwurf wurde daraufhin angepasst – jede einzelne Stimme kann etwas bewirken. Um eigene Interessen zu vertreten, kann man sich auch auf lokaler Ebene engagieren, sich auf sozialen Medien für seinen eigenen Standpunkt einsetzen oder sogar selbst in die Politik gehen.

Individuell ganzheitlich und langfristig denken

Darüber hinaus gibt es deinen persönlichen Bereich, für den nur du verantwortlich bist. Den Spagat zwischen Karriere, Familie, Freund:innen und Gesundheit möchte jede Frau erreichen. Doch viele machen den Fehler, sich nur auf einzelne Bereiche zu fokussieren, ohne das Gesamtbild oder den langfristigen Gedanken dahinter zu sehen, denn

- diejenigen, die ihre Karriere zugunsten von Kindern und Haushalt vernachlässigen, setzen sich im Falle einer Trennung dem Risiko der Altersarmut aus;
- wer sich nur auf die Karriere fokussiert, riskiert Einsamkeit in schwierigen Job-Phasen oder im Alter;
- wer Freund:innen wegen Familien- und Karrierepflichten vernachlässigt, verliert ein wichtiges soziales Auffangnetz für schwierige Zeiten;
- und wer sich im Beruf überarbeitet und dabei die Gesundheit vernachlässigt, riskiert ein Burnout und dauerhafte gesundheitliche Beeinträchtigungen.

Die meisten Coaching-Programme, Kurse und Ratgeber konzentrieren sich oft nur auf einen der genannten Bereiche. Karriere-Coaches blenden gern das persönliche Umfeld zu stark aus, während sich Beziehungs- oder Familien-Coaches selten auf die Karriereentwicklung fokussieren und Gesundheits-Coaches sich meist ausschließlich auf ihren Fachbereich konzentrieren. Es fehlt eine ganzheitliche Betrachtung der Frau aus der 360-Grad-Perspektive. Dies nennen wir das »Woman 360«-Modell. Nur Frauen, die Beruf, Familie, Freund:innen und Gesundheit in Einklang bringen und dabei den gewünschten Lebensstil leben, werden langfristig glücklich.

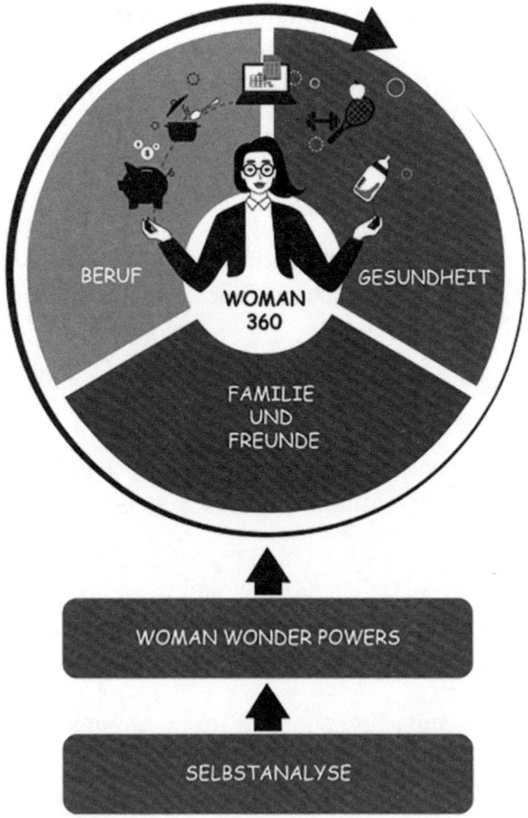

Wie funktioniert das »Woman 360«-Modell?

- Es startet mit einer Selbstanalyse: Wer bin ich? Wo möchte ich hin? Was ist meine Vision für die Zukunft? Wie lauten meine konkreten Ziele?
- Dann kommen die Woman Wonder Powers ins Spiel. Es sind Fähigkeiten, die in jeder Frau schlummern. Für uns sind das die Erfolgsfaktoren für die Karriere – basierend auf unseren über 50 Jahren Berufserfahrung.
- Weiter geht es mit den Lebensbereichen Beruf, Familie und Freund:innen sowie Gesundheit. Für den Beruf liefern wir konkrete Hilfestellungen für die wichtigsten Situationen in einer Karriere. Es geht dabei auch um die wichtige Frage: Willst du angestellt oder selbstständig

arbeiten? Für welche Berufsart man sich auch entscheidet – der Job muss mit Familie und Freund:innen vereinbar sein. Um Phänomene wie Burnout oder gesundheitliche Einschränkungen zu vermeiden, muss dem Thema Gesundheit stets große Aufmerksamkeit geschenkt werden.

Dieser Spagat ist keinesfalls einfach, aber machbar. In einem ersten Schritt empfiehlt sich das Innehalten und In-sich-Hören – »was ist mir persönlich wichtig?«

Selbstanalyse: Wer bin ich und wo will ich hin?

Every-day life: Der Wecker klingelt, noch im Bett werden die ersten E-Mails gecheckt, dann ab ins Bad, anschließend Kids wecken und für den Tag fertig machen, schnell ins Auto, Frühstück fällt heute aus, denn im Büro steht gleich um 8.30 Uhr das erste Meeting an … Fremdbestimmung ist für viele von früh bis spät der Modus. Da nehme ich mich selbst nicht aus. Früher habe ich mich abends oft gefragt, wo denn der Tag schon wieder geblieben sei. Tage wurden zu Wochen, Monaten, einem Jahr. Die mir eigentlich wichtigen Vorhaben und die gesetzten Ziele fielen mit schöner Regelmäßigkeit hinten runter. Zu viel anderes schob sich immer wieder dazwischen. Du kannst dein Leben aber aktiver gestalten, statt passiv gesteuert zu sein – zumindest in großen Teilen.

Mach dir dafür bewusst, wo du stehst und wo du hinmöchtest. Die folgenden Fragen können dir bei deiner inneren Bestandsaufnahme helfen:

- Was hat dich bisher in deinem Leben geprägt?
- Was macht deine Persönlichkeit aus?
- In welche Themen steckst du gerade Zeit und Energie?
- Wie lauten deine Ziele?

Um auf alle diese Fragen passende Antworten zu finden, möchte ich dir im Folgenden unser »Personality Lab« vorstellen: eine Sammlung unterschiedlicher Modelle und Persönlichkeitstests, die dir helfen, deinen Persönlichkeitstyp und deine natürlichen Stärken zu erkennen.

1. Was hat dich bisher in deinem Leben geprägt?

Was sind Glaubenssätze? Es sind Überzeugungen oder Annahmen, die Menschen über sich selbst, andere Menschen und die ganze Welt haben. Glaubenssätze sind tief in uns allen verankert und bestimmen unser Denken, Handeln, unsere Emotionen – und somit unsere Realität. Sie entstehen aus Lebenserfahrungen und den Überzeugungen von wichtigen Bezugspersonen sowie aus kulturellen und gesellschaftlichen Einflüssen – angeboren sind sie nicht. Glaubenssätze können uns stärken oder limitieren. Wirklich schwierig ist, dass wir (un-)bewusst vieles zu ihrer Erfüllung tun. Beispielweise kann der Glaubenssatz »Das Leben ist voller Möglichkeiten, du musst sie nur nutzen« bei dir positiv bewirken, dass du dein Leben voller Chancen siehst und du dich ermutigst, diese auch zu nutzen. Gleichzeitig kann diese ambitionierte Zielsetzung auch zur Überforderung führen. Glaubenssätze sind also ambivalent. Du musst sie dir bewusst machen. Im Folgenden einige Beispiele positiver und negativer Glaubenssätze:

Die eigenen Glaubenssätze aufzulösen, schafft die Basis für Veränderung.

- Es ist wichtig, dass es allen gut geht.
- Angst ist ein schlechter Begleiter.
- Du bist etwas ganz Besonderes.
- Du darfst keine Fehler machen oder Schwäche zeigen.

Limitierende Glaubenssätze sind nicht in Stein gemeißelt, sie lassen sich glücklicherweise ändern, ja sogar auflösen. Der Psychologe Taibi Kahler hat im Laufe seiner Forschungen fünf wichtige innere Antreiber identifiziert, also Glaubenssätze, die wir so stark verinnerlicht haben, dass uns ihr Einfluss nicht bewusst ist.

- *Hurry up* – Beeil dich!
- *Be perfect* – Sei perfekt!
- *Please people* – Mach's anderen recht!
- *Try hard* – Streng dich an!
- *Be strong* – Sei stark!

Diese inneren Treiber, die uns durch Sozialisierung und Erziehung übermittelt worden sind, prägen uns und unser Verhalten. In Stressituationen verstärken sie sich, denn unsere Erfahrung hat gezeigt, dass sie ein guter Autopilot sind. Für deine berufliche Entwicklung, aber auch in deinen Beziehungen wird es dir enorm helfen, deine Prägungen zu verstehen. Nicht zuletzt wirst du das bei der Erziehung deiner Kinder merken – denn die inneren Antreiber begleiten uns in unserem Leben und wir geben sie an unsere Kinder weiter, selbst wenn wir uns noch so sehr anstrengen, es nicht zu tun. Glaubenssätze sind aber nicht per se schlecht oder gut, es hilft jedoch, sie zu kennen. Dann kannst du sie, wenn du möchtest, auflösen. Dabei hilft dir die folgende Vorgehensweise:

- Mache dir deine Glaubenssätze bewusst.
- Hinterfrage deine Glaubenssätze: Tun sie mir gut oder limitieren sie mich?
- Formuliere deine Glaubenssätze um.
- Sei achtsam und wiederhole deine neuen Glaubenssätze täglich.
- Mache dir deine Erfolge und positiven Erfahrungen bewusst.

Wie sehr innere Antreiber und Glaubenssätze die berufliche Karriere beeinflussen können, zeigt ein Beispiel eines unserer Coachees. Helena* kontaktierte uns, weil sie sich eine neue Orientierung für ihre berufliche Zukunft wünschte. In ihren späten 20ern hatte Helena ein schnell erfolgreiches Start-up gegründet. Fünf Jahre später fiel es ihr immer schwerer, dieselbe Motivation und Energie für ihr Unternehmen aufzubringen wie am Anfang. Sie verkaufte es, blieb zunächst noch Geschäftsführerin, gab aber auch diesen Posten nach kurzer Zeit auf. Sie fühlte sich ausgepowert und wollte sich umorientieren.

Für einen Ansatzpunkt arbeiteten wir zunächst an ihren Glaubenssätzen. Ich fragte sie, welche Verhaltensstrategien ihre Eltern ihr implizit oder explizit mit auf den Weg gegeben hatten. Helena musste nicht lange nachdenken: »›Wenn man etwas erreichen will, muss man sich anstrengen und es anderen recht machen.‹ Meine Eltern hatten ein kleines eigenes Geschäft und arbeiteten hart – jeder einzelne Kunde zählte. Sie haben mir Unternehmertum vorgelebt«, erklärte sie. »Schon als kleines Mädchen lobten sie mich nur, wenn ich Zusatzleistungen erbrachte oder andere positiv über mich sprachen«, ergänzte sie. In der Psychologie wird so etwas frühkindliche Prägung genannt –

und Helenas Eltern prägten sie in der allerbesten Absicht, denn sie wollten Helena möglichst gut auf ihr späteres Berufsleben vorbereiten. Helena verinnerlichte intensiv die zwei Glaubenssätze »Try hard« und »Please People«. Daraus resultierte zweierlei: Helena wurde zu einer überaus erfolgreichen Unternehmerin – sie hängte sich richtig rein und brannte für ihren Job. Auch Helenas Team war happy, da sie immer alle Probleme aus dem Weg räumte. Vor lauter Anstrengung und Reinhängen vergaß sie aber oft ihre eigenen Pausen und ihre eigenen Wünsche. Während unseres Coachings entwickelte Helena bereits ein Bewusstsein für ihren inneren Antreiber und schaffte es, sich eigene Lösungsideen zu erarbeiten, die so ganz anders aussehen sollten als ihr Leben zuvor. Dazu später mehr.

Glaubenssätze und *unconscious bias*

Glaubenssätze bilden oft die Grundlage für unbewusste Vorurteile. Unsere tief verankerten Überzeugungen beeinflussen unsere Informationsverarbeitung und unsere Entscheidungen – oft unbewusst: der *unconscious bias*. Keiner will sie, aber jeder hat sie – die Schubladen im Kopf: Schublade auf, Meinung rein, Schublade zu. Unbewusste Vorurteile entwickeln sich im Laufe unseres Lebens durch unsere Erfahrungen, Erziehung, Medien und die Gesellschaft um uns herum. Sie erleichtern die Denkarbeit, können aber auch dazu führen, dass wir unbewusst Menschen aufgrund von Geschlecht, Herkunft, Hautfarbe oder anderen Merkmalen benachteiligen oder bevorzugen. Sie beeinflussen unsere Wahrnehmungen, Einstellungen, Karriereentscheidungen und sozialen Interaktionen, um nur einige Beispiele zu nennen. Sie sind oft subtil und unbemerkt. In ihrem Buch *Von Quotenfrauen und alten weißen Männern – Schluss mit Vorurteilen in der Arbeitswelt* hat Annahita Esmailzadeh dieses Thema beschrieben. Über einige Klischees – Frauen können nicht einparken, Männer nicht zuhören, Bürgergeld-Empfänger:innen sind faul, SUV-Fahrer:innen egoistisch, Italiener Muttersöhnchen und Deutsche zwar zuverlässig, aber spaßbefreit – kann man vielleicht schmunzeln. Für mich ist der Grat zwischen vermeintlich harmlosen Witzen und stereotypem Denken

Vorurteile haben Einfluss auf wichtige Entscheidungen im Alltag, aber auch im Berufsleben.

aber wirklich schmal. Für Fairness und Vielfalt ist es wichtig, sich mit den gängigsten Vorurteilen auseinanderzusetzen. Hier Beispiele, die starke Auswirkungen auf Personalentscheidungen und Entwicklungsmöglichkeiten haben:

- ***affinity bias*** bezieht sich auf die Neigung, Personen, die einem ähnlich sind oder mit denen man Gemeinsamkeiten teilt, positiver zu bewerten oder bevorzugt zu behandeln. Unter dem Motto »Gleich und gleich gesellt sich gern« könnte in einem Arbeitsumfeld *affinity bias* dazu führen, dass Manager Personen mit ähnlichen Hintergründen bevorzugen, wie Bewerber:innen von derselben Universität.
- ***gender bias*** ist eine Form von Vorurteil, die auf dem Geschlecht oder der Geschlechtsidentität basiert. So könnten Lehrer:innen Schüler:innen aufgrund von Geschlechterstereotypen unterschiedlich behandeln, also Jungen mehr zu STEM-Fächern (Wissenschaft, Technologie, Ingenieurwesen, Mathematik) ermutigen, während Mädchen eher in Richtung sozialer oder künstlerischer Fächer gelenkt werden.
- ***conformity bias*** bezieht sich auf die Tendenz von Personen, ihre Ansichten oder Handlungen an die Gruppenmeinung anzupassen, selbst wenn diese im Widerspruch zu den eigenen Überzeugungen stehen.

Ich selbst habe öfter Vorurteile zu spüren bekommen, besonders zu Karrierebeginn, wurde als blonde Frau oft nicht ernst genommen und in Meetings gern unterbrochen. Wichtig ist es, seine eigenen Vorurteile zu kennen und zu reflektieren. Suche den Dialog mit Menschen, die anders sind als du, und sei offen für Gespräche über Vorurteile. Neben den Glaubenssätzen tragen wir alle auch weitere Persönlichkeitsmerkmale in uns. In der organisationspsychologischen Theorie und Praxis gibt es unterschiedliche Ansätze und Tools zu deren Identifikation.

2. Was macht deine Persönlichkeit aus?

Persönlichkeitstest können dabei helfen, um uns selbst zu verstehen, zu erkennen, warum wir bestimmte Frustrationen haben oder uns wie ein Fisch im Wasser fühlen. Sie werden auch im Arbeitsleben angewandt, wie von HR-Abteilungen, um zu sehen, ob Kandidat:innen zur Position passen oder welchem Leadership-Typ sie angehören. Wir möchten hier die drei gängigsten vorstellen.

Big-Five-Modell

Das Big-Five-Modell, auch bekannt als Fünf-Faktoren-Modell (FFM), ist ein durch Studien belegtes und damit das einzig wissenschaftlich anerkannte Persönlichkeitsmodell. Es beschreibt jede Persönlichkeit anhand von fünf Dimensionen. Die Ausprägungen jeder dieser Dimensionen sind ein Kontinuum, sie drängen einen nicht in eine Ja/Nein-Kategorisierung.

Die fünf Hauptdimensionen des Big-Five-Modells lauten:

- **Extraversion:** Dieser Faktor beschreibt die Geselligkeit, Gesprächigkeit und Dominanz einer Person. Extravertierte Menschen sind oft kontaktfreudig und laden ihre Energie durch Kontakte mit anderen auf.
- **Verträglichkeit:** Diese Dimension bezieht sich auf das Ausmaß, in dem eine Person kooperativ, mitfühlend und tolerant, aber auch konfliktscheu ist.
- **Gewissenhaftigkeit:** Dieser Faktor beschreibt, wie organisiert, verantwortungsbewusst und zielgerichtet jemand ist. Menschen mit ausgeprägter Gewissenhaftigkeit legen Wert auf Struktur und Planung.
- **Neurotizismus:** Diese Dimension beschreibt, wie anfällig ein Mensch für negative Emotionen wie Angst oder Unsicherheit ist.
- **Offenheit für Erfahrungen:** Dieser Aspekt bezieht sich auf das Ausmaß, in dem eine Person aufgeschlossen, kreativ, neugierig und flexibel ist. Menschen mit hoher Offenheit sind für neue Ideen und Erfahrungen bereit. Sie sind häufig kreativ und fantasievoll.

Myers-Briggs-Typenindikator

Der Myers-Briggs-Typenindikator, abgekürzt MBTI, wurde vor fast 100 Jahren von dem Mutter-Tochter-Gespann Katharine Briggs und Isabel Briggs Myers entwickelt. Bereits mehr als 50 Millionen Menschen haben diesen Test absolviert. Nach dem MBTI unterscheiden sich Menschen in ihrem Verhalten darin, ob sie introvertiert (I) oder extravertiert (E) sind. Sie nehmen entweder intuitiv (N) oder realitätsorientiert (S) wahr, denken und bewerten emotional (F) oder analytisch (T) und entscheiden spontan aufgrund ihrer Wahrnehmung (P) oder urteilen (J) aufgrund von detaillierten Informationen. Aus der Kombination dieser Dimensionen entstehen 16 Persönlichkeitstypen. Barack Obama wird nachgesagt, ein »ENFJ« zu sein, also extravertiert im Verhalten, mit intuitiver Wahrnehmung, emotional im Denken und sicher in seinen Entscheidungen – und damit ein natürlicher Leader. Auch wenn ich für Obama hier zustimme, muss man trotzdem aufpassen, Menschen nicht vorschnell in Schubladen zu stecken, denn der MBTI beschreibt Präferenzen, keine Fähigkeiten. Trotz dieser Einschränkung ermöglicht dir der MBTI,

- deine eigenen Präferenzen besser zu verstehen,
- durch das Verständnis von unterschiedlichen Persönlichkeitstypen deine Kommunikation in Beziehungen zu verbessern, effektivere Teams zu bilden beziehungsweise Konflikte zu lösen,
- Hilfe bei der beruflichen Orientierung, indem er aufgezeigt, welche Arten von Aufgaben und Arbeitsumgebungen zu deiner Persönlichkeit passen – dies kann zu einer erfüllenderen Karriere beitragen.

DISG-Modell

Bist du Haifisch, Wal, Delfin oder Eule? Der bekannte Redner Tobi Beck schaffte mit seiner Interpretation der DISG-Typen auf Basis des Tierreichs den Durchbruch als Redner. Denn es ist besonders aufgrund seiner Simplizität beliebt. Tobi Beck vergleicht auf lustige Weise die vier Reintypen mit dem Verhalten von Tieren: Typ Rot ist ein Hai (wie Elon Musk oder Dieter Bohlen), Typ Grün ein Wal, der es liebt, sich selbstlos um seine Umwelt zu kümmern und gern mit dem Campingbus in Urlaub fährt, Typ Gelb ist der gesellige Delfin, der Partys liebt (wie Thomas Gottschalk oder Joko Winterscheid), und Typ Blau ist eine Eule. Das einzige Wesen nicht aus dem Meer ist ordnungsliebend, strukturiert und organisiert (wie Hermine Granger oder Albert Einstein).

Das dem zugrundeliegende DISG-Modell wird in Deutschland am häufigsten verwendet. Es basiert auf William Moulton Marstons Theorie von 1928, die besagt, dass Menschen in ihrer Reaktion eher dominant (D), initiativ/überzeugend (I), stetig (S) oder gewissenhaft (G) seien. Jeder Typ wird mit einer bestimmten Farbe assoziiert. Die dominanten Typen (rot) schätzen Wettbewerb und Herausforderungen, übernehmen oft Führungsrollen. Die vorwiegend initiativen Menschen (gelb) sind begeisterungsfähig und gesellig, haben viele Ideen und sind kreativ. Stetige Personen (grün) sind loyal, hilfsbereit, besonnen und vermeiden Konflikte, fungieren oft als Stabilisatoren ihres Umfelds. Gewissenhafte (blau) sind faktenorientiert und akkurat.

3. In welche Themen steckst du gerade deine Zeit und Energie?

Das Rad des Lebens hat buddhistische Wurzeln. Damit gewinnst du einen Überblick darüber, wo du gerade in den verschiedenen Bereichen deines Lebens stehst und in welche du mehr Energie investieren möchtest. Es basiert auf der Vorstellung, dass das Leben aus verschiedenen, aber miteinander verflochtenen Lebensbereichen besteht. Diese werden häufig in Form eines Kreises dargestellt, wie ein Rad mit mehreren Speichen. Diese wieder repräsentieren wichtige Lebensbereiche wie Karriere, Gesundheit, Familie, Beziehungen, Finanzen, persönliche Entwicklung, Freizeit und Spiritualität. Jeder Bereich kann unterschiedlich gewichtet sein und eine individuelle Bedeutung haben. Bei der wichtigen Entscheidung, ob ich Sephora und damit meinen Traumjob und -team verlassen sollte, half mir das »Rad des Lebens«. Ich schaffte es mit diesem Tool, mir bewusst zu machen, dass sich meine Ziele verschoben hatten. Die Vision war geboren, mich für Frauen und besonders das Thema Vereinbarkeit von Karriere und Privatleben einzusetzen.

»Personality Lab« für dich

In unserem Workbook, das du dir mithilfe des QR-Codes downloaden kannst, erhältst du detaillierte, weiterführende Informationen und Tipps zur Ermittlung deiner Glaubenssätze.

4. Wie lauten deine Ziele?

Mit den genannten Modellen aus unserem »Personality Lab« kannst du nun deine aktuelle Situation erkennen und bewerten. Im nächsten Schritt definierst du deine Ziele. Stell dir vor, wie du in der Zukunft gern sein möchtest. Wie sehen deine Träume aus? All das kannst du in einem Visionboard visualisieren – einer aus Fotos, Zitaten, Texten und Illustrationen zusammengestellten Collage. Dieses kreative und inspirierende Tool kann dir dabei helfen, deine Ziele, Träume und Visionen zu verwirklichen. Denn ein Visionboard wirkt wie ein Navigationssystem für dein Unterbewusstsein. Du wirst anstehende Entscheidungen so treffen, dass sie auf dein Ziel einzahlen. Du setzt die für dich richtigen Prioritäten und handelst so, dass es deinem Ziel dient. Du programmierst dich quasi neu und richtest alles, was du denkst, sagst und tust, automatisch auf das gewünschte Ziel aus.

Das Visionboard ist das Navigationssystem für dein Unterbewusstsein.

Das Erstellen eines Visionboards ist ein dynamischer Prozess. Du kannst Bilder und Symbole hinzufügen oder entfernen, wenn sich deine Träume, Wünsche und Ziele weiterentwickeln. Nutze dein Visionboard als lebendige Darstellung deines Wunschzustands und erinnere dich regelmäßig daran, welche Schritte hin zu dieser Wirklichkeit du unternehmen kannst. Mithilfe deines Visionboards wirst du dich auf positive Weise mit deinen Zielen verbinden und die Motivation zur Umsetzung finden. Das Visionboard ist ein simples, aber effektives Tool. Ich habe es dank der US-Psychologin Marisa Peer im Rahmen ihrer Rapid Transformational Therapy Tutorials kennengelernt und es ist seitdem immer zu Jahresbeginn mein Ritual.

Visionboard

Unser Workbook enthält eine detaillierte Anleitung und Inspirationen zur Erstellung eines Visionboards. Du kannst es mithilfe des QR-Codes kostenlos downloaden.

Nimm dein Leben in die eigene Hand

Für deine Entwicklung ist es wichtig, dass du dein Leben stets als Gesamtsystem betrachtest. Wir legen meist einen zu großen Fokus auf die Optimierung einzelner Bereiche – im Job, in der Familie, im Privatleben –, und dann geben wir vorschnell auf, weil wir sehen, dass sich diese Optimierungen nicht im Gesamtsystem unseres Lebens widerspiegeln. Wir haben nur eine bestimmte Menge an Energie und Zeit zur Verfügung. Viel zu oft sagen wir zu Dingen »Ja«, wenn wir eigentlich »Nein« meinen. Zu häufig investieren wir dabei unsere Zeit in etwas, was nicht wirklich relevant ist. Und am Ende des Tages fragen wir uns, was wir eigentlich wirklich geschafft haben. Unsere Ziele sollten zudem realistisch sein und nicht stetig verglichen werden. Nie vergessen: Perfektionismus ist nicht in allen Bereichen machbar.

Im »Personality Lab« und bei der Erstellung eines Visionboards schaust du dir alle relevanten Lebensbereiche an und definierst, wo du in Zukunft stehen möchtest. Denn bevor du etwas ändern kannst, ist es wichtig, die Helikopterperspektive einzunehmen und sich in Ruhe zu hinterfragen: Wer bin ich, welche Potenziale habe ich und, vor allem, was möchte ich für mich erreichen, was macht mich glücklich und zufrieden?

Wenn du dir Ziele erarbeitest, die du erreichen möchtest, dann hört die Fremdbestimmung auf. Denn du lernst, »Nein!« zu sagen.

KAPITEL – *kompakt*

- Eine der wichtigsten Voraussetzungen für Gender Equality ist eine gute Infrastruktur bei der Kinderbetreuung – die es im Moment in Deutschland noch nicht gibt. Deshalb sind zwei Punkte wichtig: die eigene Stimme erheben, damit sich gesellschaftspolitisch etwas ändert, und die Verantwortung für ein balanciertes Leben selbst in die Hand nehmen.
- Mach eine fundierte Selbstanalyse, eine innere Bestandsaufnahme. Was hat dich geprägt, was ist deine Persönlichkeit, wo liegen deine Stärken, in welche Themen steckst du Zeit und Energie? Bei der Suche nach den Antworten helfen dir unterschiedliche Tools, wie die Reflexion deiner Glaubenssätze, das Fünf-Faktoren-Modell, das DISG-Modell und das Rad des Lebens.
- Der zweite Schritt ist die Gestaltung deines Visionboards. Mit diesem Tool visualisierst du deine Wünsche, Träume und Ziele. Du führst sie dir bildhaft vor Augen – jeden Tag.
- Sag »Ja«, wenn du wirklich »Ja« meinst. Ein »Nein« kann manchmal eine gute Alternative sein, um sich auf das Relevante zu konzentrieren.

Wir treffen Annahita im Rahmen der HerCareer, einer Jobmesse für Frauen in München. Sie hat gerade ihren *SPIEGEL*-Bestseller *Von Quotenfrauen und alten weißen Männern* veröffentlicht und war Keynote-Speakerin und Aushängeschild der Messe. Annahita hat in den letzten Jahren eine Blitzkarriere hingelegt: Die Bestsellerautorin ist Tech-Leaderin bei Microsoft und eine der einflussreichsten Business-Influencerinnen in der

DACH-Region. Sie nutzt ihre Reichweite in sozialen Netzwerken, um für mehr Vielfalt und Inklusion zu werben. Ihr wurde 2023 die Europamedaille verliehen und sie wurde vom Magazin *FOCUS* zu einer von 100 Frauen des Jahres 2022 ernannt. *Business Insider* zählte sie zu den 25 besten »Zukunftsmachern«, die die deutsche Wirtschaft verändern und prägen werden. *Forbes* schrieb 2023 »Vom Glasscherbenviertel in die Tech-Spitze« – wie treffend dieser Titel ist, sollten wir im Laufe des Interviews erfahren. Wer und wie Annahita ist, wird auch von ihrer Herkunft determiniert: Als Kind iranischer Immigrant:innen wurde sie von Anfang an zu einem Studium motiviert, um sich aus eigener Kraft ein besseres Leben aufzubauen. Ihre ungünstigere Startposition für ein erfolgreiches Berufsleben auszugleichen und finanzielle Unabhängigkeit zu erreichen, wurde schon in Jugendtagen zu ihrem Lebensziel. Daher überrascht es nicht, dass sie ein Studium wählte, das schnell ein gutes Gehalt versprach: Ingenieurwesen.

Wir sind am letzten Abend der HerCareer mit ihr verabredet. Die Messehalle leert sich bereits und da kein Café mehr geöffnet hat, sitzt Annahita auf dem Boden des Foyers. Sie wirkt sichtlich müde vom Tag. In unserer kurzen gemeinsamen Zeit kommen mindestens zehn Frauen und möchten ein Foto mit ihr machen. Es wird klar: Diese smarte junge Frau hat es geschafft – sie ist Role Model für viele junge Frauen mit und ohne Migrationshintergrund geworden. Gleich zu Beginn des Interviews ist Annahita wieder voll da, die Müdigkeit wie weggewischt.

REGINE: Wir haben dich als sehr engagierte junge Frau kennengelernt. In deinem Buch klärst du über stereotype Denk- und Verhaltensmuster auf. Welche Rolle spielen diese Vorurteile bei der Weiterentwicklung von Frauen im Berufsleben?

ANNAHITA: Aus meiner Sicht zeigen sich die Schubladen, denen Frauen begegnen, in vielfältiger Weise. Wenn man die Wirtschaft auf der einen Seite und diese ganze Familiendiskussion auf der anderen Seite betrachtet, haben Frauen ganz gute Chancen, in einer wenig schmeichelhaften Schublade zu landen. Entweder haben sie noch keine Kinder und unterliegen dann einem »pauschalen Gebärverdacht«, werden für verantwortungsvolle Positionen nicht vorgesehen.

Oder sie sind bereits Mütter und haben dann quasi die Wahl, ob sie entweder in der »Teilzeit-Mutti-Schublade« landen und von Unternehmen beziehungsweise deren Führungskräften auf das berufliche Abstellgleis geschoben werden oder sie machen weiter wie zuvor und landen in der »Rabenmutterschublade«.

Wenn man das Ganze aber noch breiter betrachtet, zeigen sich Vorurteile im Kontext von *affinity bias*. Das hat zur Konsequenz, dass, je weiter man nach oben blickt, das Bild immer homogener wird. Und dieses wird sich nicht verändern, weil der *affinity bias* zur Konsequenz hat, dass wir uns gerne mit Menschen umgeben und auch lieber Menschen einstellen, die uns selbst ähneln. Das sorgt wiederum dafür, dass die gläserne Decke nicht durchbrochen werden kann. Deswegen bin ich inzwischen auch eine Verfechterin der gesetzlichen Quote, weil wir zu lange auf freiwillige Selbstverpflichtungen von Unternehmen gesetzt haben. Natürlich ist die Quote kein Allheilmittel, aber sie ist aus meiner Sicht zumindest temporär notwendig.

REGINE: Du hast gerade über den *affinity bias* gesprochen. Welche weiteren geschlechtsspezifischen Stereotypen existieren?

ANNAHITA: Dass beispielsweise Persönlichkeitsmerkmale oder Verhaltensweisen männlich oder weiblich konnotiert sind und in der Konsequenz von Männern oder Frauen automatisch erwartet werden. Zum Beispiel wird von Männern nach wie vor erwartet, stark und der Versorger der Familie zu sein. Das baut immensen Druck auf. Es ist erwiesen, dass Männer im Vergleich öfter erfolgreich Suizide begehen. Auch wenn sich das Wort »erfolgreich« in diesem Kontext natürlich völlig daneben anhört, aber ich meine damit eine ernste Selbsttötungsabsicht. Und das ist mitunter auch den geschlechtsbezogenen Stereotypen geschuldet. Männer schrecken oft vor einer Therapie zurück, weil sie Angst haben, als schwach angesehen zu werden. Charaktereigenschaften werden bei Männern und Frauen anders gewertet. Wenn ein Mann im beruflichen Kontext durchsetzungs- und entscheidungsstark ist, dann wird das als führungsstark gewertet, einer Frau wird aber nachgesagt, zickig, verbissen und unbequem zu sein.

REGINE: Was können denn Politik, Unternehmen oder auch jede Frau auf individueller Ebene tun, um diese Stereotype zu durchbrechen?

ANNAHITA: Man hat in der Vergangenheit gesehen, dass familienpolitische Anreize wirklich einen signifikanten Unterschied machen. Ein Beispiel hierfür ist die Einführung der Partnerschaftsboni. Männer fingen an, Elternzeit zu nehmen, was vorher nicht der Fall war. Aus meiner Sicht ist es notwendig, die Partnermonate zu erweitern, dass man Eltern monetär belohnt und motiviert, sich die Familienarbeit und die Care-Arbeit zu teilen.

MIRIAM: Wie beispielsweise in den skandinavischen Ländern?

ANNAHITA: Exakt! Studien belegen: Je kürzer die Elternzeit des Mannes, desto länger die der Frau, desto schwieriger also für sie, wieder in den Beruf zurückzufinden. Dies hat mannigfaltige Konsequenzen, sei es die Rentenlücke oder der Gender-Pay-Gap. Ein zweiter, wichtiger politischer Anreiz ist der konsequente Ausbau der betrieblichen Kinderbetreuung. Es gibt ein gesetzliches Anrecht auf einen Betreuungsplatz, aber nach wie vor ist die Situation so, dass nicht jede Person tatsächlich einen Platz bekommt. Erschwerend kommt hinzu, dass die Personaldecke so dünn ist, dass die Kinder teilweise ab 14 Uhr nach Hause geschickt werden. Plätze auf dem Papier reichen nicht aus. Man muss die sozialen Berufe attraktiver machen – auch finanziell. Außerdem finde ich, dass unser Steuermodell überarbeitet werden müsste: Das Ehegattensplitting gehört abgeschafft! Es animiert genau zu diesem klassischen Modell, dass ein Partner (in der Regel der Mann) Vollzeit arbeitet und Hauptverdiener ist, während der zweite Partner (in der Regel die Frau) entweder gar nicht arbeitet oder etwas dazuverdient. Aus finanzieller Perspektive lohnt Mehrarbeit der Frau dann gar nicht, weil am Ende des Tages weniger auf dem Konto ist.

Unternehmerisch finde ich es wichtig, wirkliche Flexibilität und Vereinbarkeit zu ermöglichen und flexible Arbeitszeitmodelle anzubieten, bei denen die Mitarbeiter:innen nicht Urlaub nehmen müssen, wenn sie mit ihrem Kind zum Arzt gehen. Wir brauchen außerdem Vorbilder in Führungspositionen! Studien zeigen, dass männliche

Führungskräfte, die eine längere Elternzeit nehmen, wiederum ihre männlichen Mitarbeiter auch zu einer längeren Elternzeit motivieren. Des Weiteren sollten vermehrt Shared-Leadership-Modelle angeboten werden. Wenn die Kinder größer sind, kann man wieder in Vollzeit zurückgehen statt die Karriere mehrere Jahre lang pausiert und den Anschluss verloren zu haben.

Aus individueller Sicht finde ich es wichtig, dass Frauen sich ihre Unabhängigkeit bewahren statt sich blind auf den Partner zu verlassen. Fast jede zweite Ehe in Deutschland wird geschieden. Ohne Ehevertrag ist die Frau per se gesetzlich nicht abgesichert. Wenn sie sich für die Familie entscheidet, in Teilzeit oder nicht zu arbeiten, kann dies zu ihrem finanziellen Ruin führen.

MIRIAM: Jetzt eine etwas persönlichere Frage: Was waren deine Hindernisse und Erfolgsfaktoren in deiner Karriere, aber auch privat?

ANNAHITA: Ein Erfolgsfaktor ist, dass ich sehr resilient bin und intrinsisch motiviert. Das heißt, ich wollte von Anfang an finanziell unabhängig sein und beruflichen Erfolg haben. Ich wusste immer, dass ich selbst die Einzige bin, die meines eigenen Glückes Schmied ist, weil ich kein familiäres Netzwerk oder Kapital hatte. Niemand wird kommen und es für mich tun! Das war natürlich schwierig, aber es hat mich auch stark und selbstwirksam gemacht. Alles, was ich erreicht habe, habe ich aus eigener Kraft geschafft. Und das ist ein äußerst gutes Gefühl. Ein zweiter Erfolgsfaktor ist der Aufbau meines eigenen Netzwerks. Ich habe mir Menschen gesucht, von denen ich viel lernen konnte, die mich gefördert haben und die an mich geglaubt haben.

Auf der anderen Seite war meine soziale Herkunft ein großes Hindernis. Es macht einen großen Unterschied, ob du an der Startlinie 100 Meter weiter vorne oder hinten startest und welchen Hindernissen du auf dem Weg begegnest. Meine Hindernisse waren natürlich auch die vielen Schubladen, zum Beispiel dass ich eine Frau mit Migrationshintergrund bin, ein Arbeiterkind mit einer nicht privilegierten Herkunft und auch optisch nicht das repräsentiere, was von einer Frau in der IT-Branche erwartet würde. Und all diese Punkte – Stichwort Intersektionalität – bedingen und verstärken sich natürlich gegenseitig.

REGINE: Wenn ich dir zuhöre, fühle ich mich zurückversetzt in meine eigene Jugend. Ich kam auch nicht aus einem privilegierten Elternhaus. Wenn man es schaffen will, dann entwickelt man eine ganz andere Willensstärke.

ANNAHITA: Ja, aber ich bin auch viel »getriebener«, und das ist sehr ungesund. Dieser innere Treiber ist zweischneidig. Einerseits, und du wirst es kennen, wenn du eine ähnliche soziale Herkunft hast, macht dich das unfassbar stark und sorgt dafür, dass du immer wieder aufstehst, weil du weißt, dass dich niemand auffängt. Aber andererseits hast du natürlich auch immer unterbewusst diese Sorge, dass du vielleicht aus dieser Welt wieder rausrutschst. Das kann toxisch sein. Deswegen ist es Fluch und Segen zugleich.

MIRIAM: Im Rahmen der Konferenz »Bits & Pretzels« letztes Jahr hatten wir eine gemeinsame Paneldiskussion. Ich habe dich damals nach einem konkreten Rat für Frauen gefragt und du hast ein klares Statement abgegeben: »Versuche nicht, es jedem recht zu machen: Everybody's Darling kann auch schnell Everybody's Depp werden.« Würdest du das immer noch so sagen?

ANNAHITA: Ja! Als Frauen werden wir gesellschaftlich so konditioniert, möglichst nicht anzuecken. Im beruflichen Kontext versuchen wir dann oftmals, selbst bei Grenzüberschreitungen so zu reagieren, dass wir nicht als zickig wahrgenommen werden. Dann arbeiten Menschen vielleicht gern mit euch zusammen, aber ihr werdet nicht ernst genommen. Und deswegen finde ich es wichtig, wenn man eine Meinung, Werte und Grenzen hat: Lasst nicht zu, dass diese Grenzen missachtet werden, und sagt klar, wofür ihr steht. Denn wie ich damals gesagt habe: »Everybody's Darling ist halt auf einmal auch Everybody's Depp.«

Seit dem Event und ihrem herzlich authentischen Rat ist fast ein Jahr vergangen. Annahita kämpft weiter gegen diese Stereotype und ermutigt viele Menschen – nicht nur Frauen –, nie aufzugeben und immer die Extrameile zu gehen, unabhängig von der Startposition.

4

Lean-in

Die Extrameile lohnt sich

Wenige Menschen mit erfolgreicher Karriere kommen aus einfachen, weniger privilegierten Verhältnissen. Denn nur der eigene Einsatz kann einem helfen, aus diesen auszubrechen. Auch meine Geschichte, die mich fast in den Vorstand eines DAX-Unternehmens gebracht hätte, begann unter diesen Vorzeichen. In unserer Familie mussten wir mit sechs Kindern stets auf unser Geld achten. Die finanziellen Einschränkungen weckten in mir schon früh den Wunsch nach finanzieller Unabhängigkeit und dem Erreichen eigener Ziele. Ich träumte davon, Design zu studieren, stieß dabei jedoch auf wenig Begeisterung bei meinem Vater. In den 1970er Jahren erschien ihm ein solches Studium unerschwinglich, und er zweifelte zudem an den beruflichen Perspektiven für mich als Frau. Mein Vater verstarb leider schon früh und meine Mutter stand plötzlich allein mit der Verantwortung für uns Kinder da. Selbstverständlich musste nun jede:r einen Teil beitragen. Ich entschied mich für eine Ausbildung beim damaligen Fernmeldeamt, der heutigen Deutschen Telekom – eine pragmatische Wahl zum Geldverdienen. Als ich später – selbst Mutter einer siebenjährigen Tochter – beschloss, mein Studium berufsbegleitend nachzuholen, war das eine Herausforderung, die mit vielen Opfern verbunden war, insbesondere mit weniger Zeit für meine Tochter. Doch mein Wille war stark und ich war entschlossen, mein Ziel zu erreichen. Mit meinem Abschluss nahm meine Karriere Fahrt auf. Der Wechsel zum neu gegründeten Bundesamt für Post und Telekommunikation war eine faszinierende Erfahrung. Ich war tief beeindruckt von den Lebensgeschichten und dem beruflichen Engagement der Frauen in Ostdeutschland, die ich dort nach der Wiedervereinigung kennenlernte. Im Jahr 1993, während der Privatisierung der Deutschen Telekom, ergab sich für mich die Gelegenheit, als Personalleiterin den Übergang in ein neues Zeitalter zu begleiten. Mein Mentor und Chef, der mich forderte und förderte, war eine wichtige Stütze. Nur wenige Jahre später wurde ich als eine der wenigen Frauen dieser Zeit zur Geschäftsführerin einer der größten Tochtergesellschaften ernannt. Diese Erfahrung war prägend – vor allem als eine Kollegin in der Finanzdirektion und ich die unterschiedliche Behandlung von Männern und Frauen am eigenen Leib zu spüren bekamen. Der damalige CEO wollte *Finanzen* und *Personal* als einzige Ressorts nicht als Geschäftsführerpositionen anerkennen. Wir setzten uns jedoch erfolgreich dagegen zur Wehr, das stärkte nicht nur unseren Zusammenhalt, sondern auch unsere Freundschaft bis heute.

Als Geschäftsführerin Personal bei T-Systems stand ich als einzige Frau auf diesem Führungsniveau. Nach einem Wechsel an der Unternehmensspitze wechselte ich innerhalb des Konzerns und übernahm die Verantwortung für die Telekom-Töchter in Osteuropa. Zudem bildete ich mich für internationale Erfahrungen in Harvard und Wharton weiter. Bis dahin war meine Karriere nahezu ausschließlich von Erfolgen geprägt.

Fast im Vorstand der Deutschen Telekom

Der Anruf, der mein Leben veränderte, kam eines Abends: Ich sollte Personalvorständin der Deutschen Telekom werden, als eine von nur drei Frauen in einem DAX-Unternehmen zu dieser Zeit. Darauf folgte ein unglaublicher Druck von allen Seiten: von unangenehmen Gesprächen, die mich zum Rückzug meiner Kandidatur bewegen sollten, bis hin zu persönlichen Diffamierungen und falschen Behauptungen in der Presse – ich erlebte alles. Der absolute Tiefpunkt war der Anruf einer Boulevardzeitung in der Gewerkschaft, bei der mein Mann arbeitete, um nach angeblichen intimen Beziehungen von mir zu Vorstandsmitgliedern des Telekomkonzerns zu fragen. Als mein Mann mir das erzählte, waren die Wut und der Schock über diese Anschuldigungen

Nicht aufgeben – wenn sich eine Türe schließt, öffnet sich eine neue.

groß. Niemals wäre bei einem Mann so etwas gefragt worden! Die ganze Situation wurde nicht nur eine Belastung für mich, sondern auch für unsere Beziehung. Dennoch motivierte mich mein Mann, nicht aufzugeben. Obwohl ich bereits einen Vertragsentwurf in den Händen hielt, wurde mir am Tag der Aufsichtsratssitzung mitgeteilt, dass die politischen Vertreter im Aufsichtsrat gegen mich stimmen würden. Nach reiflicher Überlegung zog ich meine Kandidatur zurück. Es war eine bittere Niederlage, die von Trauer, Wut und Unverständnis begleitet wurde, nicht nur über den Verlust der Position, sondern vor allem über die Art und Weise, wie es geschehen war. Ich zweifelte an mir selbst und war enttäuscht über das Verhalten vieler Kollegen und Geschäftspartner. Doch der Rückhalt meiner Familie und Freund:innen war in dieser Zeit von unschätzbarem Wert und zeigte mir, dass keine Karriere der Welt es wert ist, diese Menschen zu verlieren. Nach einigen Tagen der Enttäuschung und des Selbstmitleids kehrte mein Kampfgeist zurück. Ich fand eine neue Herausforderung bei DHL Express, was sich im Rückblick als genau der richtige Schritt herausstellte. Als Global Board Member und Personalchefin hatte ich die Verantwortung für 100 000 Mitarbeiter:innen in 220 Ländern: Dies war eine höchst spannende und motivierende Aufgabe. Lange Zeit wollte ich nicht über diese Erfahrungen sprechen und betrachtete meinen Ausstieg bei der Telekom als Niederlage. Heute sehe ich das anders. Wir alle erleben Rückschläge oder Niederlagen. Wichtig ist, dass wir danach immer wieder aufstehen. Besonders Frauen möchte ich ermutigen, nicht aufzugeben und sich wieder reinzuhängen. Es ergeben sich meist neue Chancen.

Auch J. K. Rowlings Weg zur erfolgreichsten Schriftstellerin unserer Zeit war geprägt von persönlichen und beruflichen Rückschlägen. Als Kind litt sie unter Vernachlässigung und Depressionen. In den 1990er Jahren, als alleinerziehende Mutter und Sozialhilfeempfängerin in Edinburgh, begann sie mit der Entwicklung der *Harry-Potter*-Serie. Ihre Idee entstand während einer Zugfahrt und sie hielt trotz zwölffacher Verlagsablehnungen an ihrem Traum fest. Der Durchbruch kam mit Bloomsbury und der Veröffentlichung von *Harry Potter und der Stein der Weisen* im Jahr 1997. Das Buch und seine Nachfolger wurden weltweite Bestseller, übersetzt in über 80 Sprachen. Rowlings Erfolg befreite sie von finanziellen Sorgen und ermöglichte ihr, sich für wohltätige Zwecke, insbesondere die Bekämpfung von Kinderarmut und Multipler Sklerose, zu engagieren. Diese Geschichte zeigt, wie man mit einer »Sich reinhängen und nicht aufgeben«-Mentalität im wahrsten Sinne die Welt verzaubern kann.

Die Geschichte von J. K. Rowling zeigt, dass man durch Einsatz die Welt verzaubern kann.

Ein engagierter Einsatz im Beruf bringt zahlreiche Vorteile. Durch die konsequente Weiterentwicklung von Fähigkeiten legt man nicht nur den Grundstein für den beruflichen Aufstieg, sondern es trägt darüber hinaus auch zur persönlichen Zufriedenheit bei. Finanzielle Unabhängigkeit ist ein so wichtiger Faktor im Leben, damit man die Freiheit hat, genau das zu tun, was man tun möchte. Diese beinhaltet nicht nur spezifische berufliche Skills, sondern auch überfachliche Kompetenzen wie Problemlösung, Zeitmanagement und effektive Kommunikation, die auch für das Privatleben hilfreich sind.

Seit wann ist die Extrameile eigentlich out?

Meine Tochter und ich haben durch unsere Bereitschaft, Einsatz zu zeigen, hart zu arbeiten und immer noch einen Schritt weiter zu gehen, unsere Karrieren aufgebaut. Manchmal scheint es jedoch, dass diese Bereitschaft in unserer Gesellschaft an Popularität verloren hat. So hat beispielsweise eine Studie des Instituts für Arbeitsmarkt- und Berufsforschung (IAB) aus dem Jahr 2022 ergeben, dass die Bereitschaft für Überstunden bei Arbeitnehmer:innen in den letzten Jahren deutlich abgenommen hat. Im Jahr 2021 waren nur noch 44 Prozent der Arbeitnehmer:innen zu Überstunden bereit, 2010 waren es noch 55 Prozent. Der OECD-Durchschnitt liegt übrigens 2021 bei 53 Prozent. Wenn wir die Unterschiede zwischen Männern und Frauen betrachten, fällt auf, dass die Bereitschaft für Überstunden bei Frauen mit 36 Prozent deutlich niedriger als bei Männern mit 52 Prozent liegt. Der Grund ist, dass wir in der Regel noch immer mehr Verantwortung für die Familie und die Pflege übernehmen als Männer. Eine andere Studie des Instituts für Demosko-

Studien belegen den Trend der Arbeitsreduktion.

pie Allensbach im Jahr 2021 zeigt, dass die Bereitschaft von jungen Menschen, sich für ihre Arbeit zu engagieren, ebenfalls abgenommen hat. So sind nur noch 45 Prozent der 18- bis 29-Jährigen für private Kompromisse für die Arbeit bereit, im Jahr 2000 waren es noch 60 Prozent und der OECD-Durchschnitt lag 2021 bei 55 Prozent. Die fehlende Einsatzbereitschaft verdeutlicht sich auch in den Fehltagen. Gemäß der Krankenkasse DAK-Gesundheit lagen die Fehltage 2022 bei 19,1 Tagen pro Arbeitnehmer:in, während es im Jahr 2010 noch 16,5 Tage waren.

Es gibt verschiedene Gründe für diesen Trend – die veränderte Arbeitswelt ist ein wichtiger. Die Arbeit und auch das Leben insgesamt sind heute viel komplexer, schnelllebiger und unsicherer geworden. Arbeitnehmer:innen sind weniger bereit, sich für ihre Arbeit aufzuopfern. Ein weiterer Grund ist die veränderte Wertevorstellung in der Gesellschaft. Heutzutage wird mehr Wert auf Freizeit und Work-Life-Balance gelegt, was auch viele positive Konsequenzen hat: Unternehmen müssen ihre Werte und Unternehmenskultur wirklich leben, auch fairere Bezahlungen sind einfacher durchsetzbar.

Wir fallen international zurück

Tatsache ist jedoch, dass wir im internationalen Wettbewerb zurückfallen. Die durchschnittliche Arbeitszeit in Deutschland gehört zu den niedrigsten im internationalen Vergleich. Nach OECD-Daten liegt die durchschnittliche jährliche Arbeitszeit in Deutschland bei den Vollzeitbeschäftigten deutlich unter dem OECD-Durchschnitt: So sind es 1 332 Stunden pro Jahr in Deutschland gegenüber 1 767 Stunden in den USA und oft über 2 000 Stunden in Ländern wie Mexiko oder Südkorea. Betrachtet man das durchschnittliche BIP-Wachstum der letzten 10 Jahre (2013 bis 2022) für die genannten Länder, so steht Deutschland bei 1,9 Prozent, die USA bei 2,2 Prozent, Mexiko bei 2,6 Prozent und Südkorea bei 3,2 Prozent. Zufall? Eher nicht, denn wer etwas erreichen möchte, muss sich reinhängen. So sagt Michelle Obama: »Es gibt keine Abkürzungen zum Erfolg. Man muss hart arbeiten, sich reinhängen und darf nie aufgeben.«

Die Situation wird noch bedenklicher, wenn man sich den massiven Fachkräftemangel aktuell in Deutschland vor Augen führt. Überall fehlt Personal. Gleichzeitig wird der Ruf nach erheblichen Arbeitszeitverkürzungen immer lauter. Doch das gefährdet unseren Wohlstand – zumindest zum jetzigen Zeitpunkt.

Aus meiner Sicht verliert Deutschland teilweise Power und den jahrelang aufgebauten Ruf. Auch im Ausland schwindet das Ansehen der Marke »Made in Germany«: Leistungsbereitschaft, Einsatz und Arbeitsqualität. Es besteht die Gefahr, dass wir dem internationalen Wettbewerb nicht mehr standhalten. In anderen Ländern, vor allem in Asien oder im Nahen Osten, haben die Menschen eine andere Einstellung. Dort herrscht die Motivation zum Arbeiten, besonders bei Frauen. Sie streben nach mehr Wohlstand, möchten ein besseres Leben führen und Zukunftsthemen mitgestalten.

Die Marke »Made in Germany« verliert ihre Kernwerte.

Die Türen waren noch nie so offen

Dabei eröffnet die aktuelle Situation gewaltige Chancen für diejenigen, die gegen diesen Trend ihre Karriere mit hoher Einsatzbereitschaft vorantreiben. Die augenblickliche Arbeitsmarktsituation erlaubt qualifizierten Arbeitnehmer:innen, sich ihre:n Arbeitgeber:in auszusuchen. Sie haben Aufstiegschancen wie nie zuvor. Es sollte wieder »in« sein, die Extrameile zu gehen. Denn Erfolg im Beruf lässt uns auch persönlich wachsen. Die gute Nachricht ist: Für die wirklich zielstrebigen Frauen bieten sich in diesem Klima sehr gute Chancen. In den vergangenen Jahren begleitete ich als Mentorin Anjas* Karriere, eine der wenigen weiblichen Top-Führungskräfte mit Background in den MINT-Fächern (Mathematik, Informatik, Naturwissenschaften und Technik). Es ist ermutigend zu sehen, dass sie ihre Karriere strategisch aufgebaut hat und heute die erste weibli-

Für Frauen, die sich richtig reinhängen, bieten sich gute Chancen.

che Country Managerin Deutschland für ein weltweit führendes IT-Unternehmen geworden ist.

Ich möchte nicht missverstanden werden. »Einsatz zeigen« heißt nicht, dass man sich für ein Unternehmen langfristig überarbeiten, aufopfern, seine Familie oder gar seine Gesundheit vernachlässigen soll. »Einsatz zeigen« heißt vielmehr, dass man bereit ist, für den Erfolg zu kämpfen und sich auf neue Herausforderungen einzulassen. Wer regelmäßig seine eigene Komfortzone verlässt, kann mit Erfolgserlebnissen rechnen und ein besseres Selbstwertgefühl entwickeln. Doch genau an diese Schritte trauen sich Frauen oft nicht heran. Das Thema hat somit zwei Facetten: Zum einen geht es darum, sich überhaupt auf neue Herausforderungen einzulassen und bei diesen dann den nötigen Einsatz zu zeigen. Dabei gilt es, sich von der Vorstellung der Perfektion in allen Lebensbereichen zu lösen. Weniger ist manchmal mehr. Du solltest zudem auch deine Selbstzweifel ablegen, denn diese bremsen dich sonst aus.

Bye-bye, Perfektionismus

Perfektionismus hat nützliche und hilfreiche Eigenschaften. Wenn er jedoch zum Stressfaktor wird, schadet er uns.

In der heutigen Zeit, in der Frauen sowohl beruflich als auch privat vielfältige Aufgaben übernehmen, überrascht es nicht, dass ein Gefühl der Überforderung entsteht. Die Rolle einer perfekten Führungskraft, Mutter, Partnerin und Freundin gleichzeitig auszufüllen, ist eine enorme Herausforderung. Mich plagte, während ich im Büro oft bis spät in die Nacht an Restrukturierungen und neuen Recruiting-Strategien arbeitete, das schlechte Gewissen, nicht meinen eigenen Ansprüchen als Partnerin und Mutter gerecht zu werden. Selbst zu Hause gelang es mir nicht immer, die Gedanken an die Arbeit beiseitezuschieben. Gloria Steinem, oft als »Alice Schwarzer der USA« bezeichnet, hat dieses Dilemma treffend formuliert: »Alles geht nicht. Kein Mensch kann einen Vollzeitjob machen, perfekte Kinder haben, drei Mahlzeiten am Tag zubereiten und bis zum Morgengrauen multiple Orgasmen haben. Superwoman ist die Gegenspielerin der Frauenbewegung.«

Wir dürfen uns nicht in der Selbstkritik verlieren. Perfektionismus wurzelt oft in der Kindheit, entstanden aus dem Bestreben, den Erwartungen der Eltern gerecht zu werden. Daher ist es wichtig, die eigenen Glaubenssätze zu überdenken und sich von überzogenen Perfektionsansprüchen zu verabschieden. Obwohl Perfektionismus für gutes Engagement und Leistungen hilfreich sein kann, ist die Erkenntnis, wann er nicht mehr dienlich ist, sondern nur den Stress erhöht und uns schadet, ebenso wichtig. Viel entscheidender ist es, klare Ziele zu setzen, Prioritäten zu definieren, sich zu fokussieren und auszuhandeln, wofür wir unsere wertvolle Zeit verwenden. Das betrifft nicht nur den Haushalt, sondern auch den Beruf. »Erledigt« ist meist besser als »perfekt«!

Selbstzweifel ablegen

Gesunder Selbstzweifel lässt Menschen wachsen und hilft auch bei der Reflexion, aber es kommt wie immer im Leben auf die Dosis an. In Extremfällen spricht man von dem Impostor-Syndrom – ein psychologisches Phänomen, bei dem Menschen von schweren Selbstzweifeln geplagt werden. Vor allem leistungsstarke Menschen sind davon betroffen, wobei es Frauen besonders schwerfällt, ihre eigene Leistung und ihren Erfolg zu akzeptieren. Sie glauben nicht an ihre eigenen Fähigkeiten, sondern erklären sich ihren Erfolg durch Quote, Glück, Zufall oder Sympathie.

Die Ursachen des Impostor-Syndroms sind komplex und noch unvollständig verstanden. Es wird jedoch vermutet, dass vor allem folgende Faktoren eine Rolle spielen können:

- **Perfektionismus:** Menschen mit dem Impostor-Syndrom haben oft hohe Ansprüche an sich selbst und sind nie zufrieden mit ihren Leistungen – daher auch gerade der erste Tipp »Bye-bye, Perfektionismus«;

- **Geschlechtsspezifische Rollenbilder:** Frauen werden in der Gesellschaft oft als weniger kompetent und selbstbewusst eingeschätzt, was zu Selbstzweifeln führen kann.

Wer kennt sie nicht: Eine tolle erfolgreiche Frau hadert mit sich selbst, stellt ihr Licht unter den Scheffel. Sie muss gedrängt werden, stärker in die Sichtbarkeit zu gehen. Viele Studien bestätigen leider, dass Frauen weniger Selbstbewusstsein und mehr Selbstzweifel haben. Die Pisa-Studie 2018 ergab, dass 15-jährige Mädchen ihre eigenen Talente im Schnitt schlechter einschätzten als Jungen im gleichen Alter. So gaben 42 Prozent der Mädchen an, dass sie »sehr intelligent« seien, während es bei den Jungen 51 Prozent waren. Eine Studie der Harvard Business School aus dem Jahr 2019 ergab, dass Frauen in Führungspositionen häufiger an ihrem eigenen Können zweifelten als Männer in ähnlichen Positionen. So gaben 70 Prozent der Frauen an, dass sie sich manchmal oder immer unsicher fühlten, ob sie die richtige Person für die Stelle seien, während es bei den Männern nur 50 Prozent waren. Eine Studie der Universität Mannheim aus dem Jahr 2022 ergab, dass Frauen im Vergleich zu Männern häufiger von Selbstzweifeln in der Karriere betroffen seien. So gaben 55 Prozent der Frauen an, dass sie sich bei Gehaltsverhandlungen unsicher fühlten, während es bei den Männern nur 45 Prozent waren.

Die gute Nachricht ist: Die Selbstzweifel werden mit zunehmendem Alter geringer. Nach einer Studie, die Teil der Always-Kampagne #DuBistDieAntwort ist, gaben 44 Prozent der befragten Frauen an, im Alltag durch Selbstzweifel verunsichert zu sein. Das ist fast jede zweite Frau. Besonders in der Gruppe der 18- bis 34-Jährigen sind Selbstzweifel an der Tagesordnung. Bei den 55-Jährigen sind es nur noch 33 Prozent. Dass vor allem junge Frauen von Selbstzweifeln betroffen sind, scheint nicht nur an Äußerlichkeiten zu liegen. Laut der Befragung verunsicherten Frauen vor allem die kritischen Kommentare (auch in den sozialen Medien) und die gesellschaftlichen Erwartungen. 41 Prozent der Befragten glaubten, die Gesellschaft würde von ihnen erwarten, die eigene Karriere für die Familie zu opfern. Wir müssen uns von diesen Selbstzweifeln lösen. Wir dürfen uns nicht von den mutmaßlichen Meinungen anderer treiben lassen. Hier sind einige konkrete Tipps, wie wir unsere Selbstzweifel überwinden können:

- **Notiere dir deine Stärken und Erfolge:** Nimm dir Zeit, um über deine positiven Eigenschaften und Leistungen nachzudenken. Schreibe diese auf und lies sie regelmäßig durch oder hänge sie dir klar sichtbar auf.
- **Umgib dich mit positiven Menschen:** Menschen, die an uns glauben und uns unterstützen, können uns helfen, unser Selbstvertrauen zu stärken.
- **Setze dir realistische Ziele:** Wenn du dir zu viel vornimmst, steigt die Gefahr des Scheiterns und damit auch der Selbstzweifel. Setze dir daher realistische Ziele, die du auch erreichen kannst.
- **Lerne aus deinen Fehlern:** Jede:r macht Fehler. Wichtig ist, dass du aus ihnen lernst und dich davon nicht entmutigen lässt.
- **Bringe dich selbst in Situationen, in denen du dich herausgefordert fühlst:** Wenn du dich in solche Situationen begibst, kannst du deine Fähigkeiten und dein Selbstvertrauen stärken.

Stay curious

Neugier hat immense Vorteile im Arbeitsleben und führt dazu, die Arbeit auch als Spaß zu sehen. Carol S. Dweck ist eine bekannte Psychologin, die für ihre Arbeit zum Konzept des »Mindsets« bekannt ist, vor allem in Bezug auf *Fixed Mindset* und *Growth Mindset*. Letzteres geht von einer Veränderbarkeit von Intelligenz, Fähigkeiten und Talenten aus. Menschen mit einem *Growth Mindset* glauben, dass sie durch Anstrengung, Lernen und Ausdauer ihre Fähigkeiten entwickeln und verbessern können. Sie betrachten Herausforderungen als Chancen, um zu wachsen, und lassen sich nicht von Rückschlägen entmutigen. Im Gegensatz dazu glauben Menschen mit einem *Fixed Mindset* eher, dass ihre Intelligenz und Fähigkeiten festgelegt sind und sich nicht wesentlich verändern lassen. Sie könnten sich daher eher vor Herausforderungen fürchten, um ihr bereits bestehendes Wissen und ihre Fähigkeiten nicht infrage zu stellen.

Mein Mentee Anja*, die ich oben bereits erwähnt hatte, repräsentierte genau dieses *Growth Mindset.* Der Prozentsatz von weiblichen Führungskräften in der Tech-Branche ist äußerst gering. Eine aktuelle McKinsey-Studie aus dem Jahr 2023 zeigt, dass nur 22 Prozent der Führungskräfte in diesem Bereich in Europa weiblich sind. Anja, die bereits vielen Herausforderungen gegenüberstand und sich auch in den Unternehmen stets beweisen musste, nahm das sportlich: Es sind nicht nur Hürden, sondern aufregende Möglichkeiten zur persönlichen Transformation. Meine Empfehlung also: Bleib neugierig und nimm immer wieder neue Herausforderungen an, zweifle nicht an dir und löse dich davon, überall perfekt sein zu müssen. Häng dich rein! Dann wirst du Erfolg haben, denn die Chancen waren nie größer. Eine wichtige Rolle für deinen Erfolg spielt dabei auch ein positives Mindset, dazu mehr im nächsten Kapitel.

KAPITEL – *kompakt*

- Es braucht als Frau eine hohe Einsatzbereitschaft für eine erfolgreiche Karriere. Wer sich richtig reinhängt und auch die Komfortzone verlässt, kann es ganz nach oben schaffen.
- Du musst dir verdeutlichen: Perfektionismus ist eine Falle, denn kein Mensch kann in allen Lebensbereichen gleichzeitig zu jeder Zeit volle Leistung bringen. 80-Prozent-Lösungen reichen in der Regel aus.
- Selbstzweifel können als Ansporn nützlich sein, aber irgendwann werden sie zum Showstopper.
- Ein *Growth Mindset* hilft, neue Herausforderungen anzunehmen und auch bei Rückschlägen nicht aufzugeben.

Millionen Menschen kennen Judith als souveräne Investorin aus *Die Höhle der Löwen*. Zu Beginn des Interviews fühlen wir uns kurz wie vor dem berühmten TV-Pitch. Auch wenn das Interview via Teams stattfindet, hat Judith sofort diese starke Präsenz: eine Powerfrau mit viel Humor, Empathie, Leidenschaft und Energie, die gern Geschichten erzählt und ihre Erfahrungen teilt. Sie ist *tough,* aber auch nahbar und authentisch. Man spürt, dass Judith nicht mit einem goldenen Löffel im Mund geboren wurde. Mehrmals musste sie lernen, alte Träume zurückzulassen, sich auf neue Wege einzulassen und vor allem: sich reinzuhängen!

Wie für die meisten Frauen ist es auch für Judith Williams besonders herausfordernd, Familie und Beruf unter einen Hut zu bringen. Sie will Frauen darin bestärken, ihren Visionen trotz aller Hindernisse zu folgen. Sie appelliert an die Politik, Infrastrukturen für Frauen zu verbessern und vor allem endlich Betreuungskonzepte und Bildungsreformen anzustoßen. Trotz ihres Wissens über die infrastrukturellen Probleme für Frauen hinterfragt sie als Businessfrau auch das deutsche Frauenbild und appelliert an uns alle, uns reinzuhängen und Leistungsbereitschaft zu zeigen. Für sie ist es an der Zeit, die alten weißen Männer nicht für alles verantwortlich zu machen, die Glasdecke viel aktiver zu durchbrechen und Männer bei den Frauenevents endlich mit an den Tisch zu holen.

MIRIAM: Du hattest eine außergewöhnliche Karriere: von einer Opernsängerin und Tänzerin zur Teleshopping-Queen, zur Unternehmerin, Investorin und Medienpersönlichkeit. Auch Schicksalsschläge haben deine Karriere mitbestimmt. Könntest du uns deine Geschichte erzählen?

JUDITH: Ich glaube, es ist elementar für einen Menschen zu schauen: Aus welcher Familie komme ich, welche Trigger setzt das in mir und welche Glaubenssätze trage ich dadurch in mir? Glaubenssätze, die ich vielleicht ablegen muss, an denen ich arbeiten kann und die ich reflektieren kann. Ich komme aus einer äußerst künstlerischen Familie. Mein Vater stammt aus dem US-amerikanischen Montana und wollte in Deutschland an der Musikhochschule studieren. Meine Eltern haben hier mit nichts angefangen, einen Pudelsalon in Perlach aufgemacht und dort die Hunde gewaschen und geföhnt. Und ich habe dann als kleines Mädchen gesehen, wie meine Eltern den ganzen Tag gearbeitet haben, und dachte: »*That's the way you do it.*«

Ich habe zudem auch die Leidenschaft für Kunst und Musik mitbekommen – hohe Emotionalität. Später habe ich an der Musikhochschule in Köln studiert und konnte sehr gut singen. Der Erfolg ist mir bis zu einem Tumor an der Gebärmutter zugeflogen. Eigentlich nichts Schlimmes, aber ich musste mich entscheiden, ob die Gebärmutter entfernt werden soll oder ich eine Hormontherapie mache, die zwar die Stimme verändert, aber mir die Chance auf Kinder lässt – ich war 24. Ich wählte Letzteres. Daraufhin veränderte sich meine Stimme komplett und ich verlor meine ganze Identität. Ich saß zu Hause bei meinen Eltern heulend auf der Couch, das weiß ich noch wie heute. Und dann sagte mein Vater: »Du, Schatz, ganz ehrlich, jetzt musst du aufstehen. Du fährst jetzt zurück nach Köln in deine Wohnung und suchst dir morgen einen Job.« So hatte ich ihn noch nie erlebt. Er war immer sehr warm, sehr empathisch, aber in diesem Moment relativ *straight*. Ich fand das super hart. Und an der Haustür hat meine Mutter mich dann noch sanft rausgeschoben. Diese Härte meiner Eltern in diesem Moment war rückblickend wichtig. Ich fing dann in einem Fitnessstudio an zu arbeiten, war für den Verkauf und Umsatz der Shakes & Co. zuständig … und den habe ich gerockt!

Irgendwann kam eine Freundin zu mir und sagte: »Geh doch mal zum Casting für Teleshopping, du hast echt ein Talent.« Da bin ich hin, nahm das überhaupt nicht ernst und bin natürlich durch dieses Casting gefallen. Sie haben wahrscheinlich gemerkt, dass ich es nicht ernst meinte. Aber ich erkannte, welches Potenzial QVC hatte, und habe wieder angerufen und gesagt: »Wissen Sie, ich habe einen riesigen Fehler gemacht, ich möchte unbedingt, dass Sie mich noch mal einladen. Geben Sie mir bitte noch eine Chance!« Das taten sie … aber waren immer noch nicht überzeugt. Ich aber war es! Dann habe ich sie dazu überredet, mich einzustellen. Ich bekam daraufhin einen befristeten Vertrag. Später wechselte ich zu HSE nach München und so langsam ging es Richtung Selbstständigkeit – aber das ist eine andere Geschichte.

MIRIAM: *(Judith ist eine fantastische Storytellerin, nicht nur im Produktverkauf. Ich fühlte mich wie nach einem Cliffhanger einer Netflix-Serie beziehungsweise der persische König bei Scheherazades Geschichten aus* 1001 Nacht. *Obwohl wir noch weitere Fragen und ein Zeitlimit hatten, konnte ich nicht anders und hakte nach.)* Und wie geht die Geschichte weiter?

JUDITH: Ich avancierte dann bei HSE schnell zur besten Verkäuferin. Wenn irgendein Produkt hohe Lagerbestände hatte und nicht lief, hieß es: »Letzter Versuch – gebt das mal der Williams.« Eine sehr lustige Geschichte ist hier der Eiffelturm-förmige Truthahngriller: Wir hatten 100 000 Stück auf Lager – keiner wollte das Teil haben! Ich nahm dann so eins mit nach Hause zu meiner Mama und sagte zu ihr: »*Mom, today we are going to roast the chicken differently.*« Jedenfalls war das Hähnchen ganz gut und dann haben wir die 100 000 Stück tatsächlich verkauft! Die von HSE konnten das nicht glauben, fanden das unfassbar und fragten, ob sie nachbestellen sollten. Ich lehnte vehement ab. Auf gar keinen Fall! Und dann habe ich mir gedacht, es muss doch für mich noch etwas anderes geben, als nur vor der Kamera die Sachen anderer Leute zu verkaufen. Also brachte ich mich in den Prozess der Produktentwicklung ein und hob einige Marken äußerst erfolgreich aus der Taufe. Danach war ich die Markenretterin. Obwohl ich erfolgreich wurde, fragte ich mich immer wieder, wie wohl mein Leben als Sängerin verlaufen wäre – das tue ich bis heute. Selbstreflexion zu leben, nicht in Form von Selbstkritik und Selbstzerstörung, sondern im positiven Sinne, hat mir immer geholfen. Ich habe mir selbst gesagt: »Hey, ich bin auf was Neues gestoßen, wie kann ich denn daraus noch mehr machen?«

Eines Tages wollten wir bei HSE Parfum verkaufen – im Fernsehen! Schon bekloppt! Man kann es schließlich nicht riechen. Ich wollte das unbedingt moderieren, aber sie hatten sich noch nicht entschieden, wer das übernehmen sollte. Also ging ich zu Hugendubel, setzte mich hin und las zwei Tage lang Bücher über Parfum. Wie konnte ich jemandem Düfte ohne Geruchsprobe erklären? Wie konnte ich Bilder malen, wie konnte ich Emotionalitäten hervorrufen? Wie konnte ich den Kund:innen bei einer Transformation durch Parfum helfen?

Mit dem Macher des Parfums habe ich mich eng angefreundet und kam dann auf die Idee zu meiner eigenen Kosmetik. Ich machte also einen *Deep Dive* in den gesamten Kosmetikmarkt, habe mir SPAs und die neuen Brands in den USA angeschaut. Mit meiner Kosmetikmarke schloss ich dann einen Lizenzvertrag mit der Firma Cura ab und wurde in dem Zuge auch Gesellschafterin. Wir produzieren nicht nur Judith Williams Cosmetics, sondern auch White Label Brands für Rossmann, Müller, dm, Douglas und Co. Ich war für 90 Prozent der Umsätze verantwortlich, wurde aber nur geringfügig beteiligt. Das empfand sogar die Bank als Risiko. Das war also der Moment, in dem ich mich mit Gründung und Gesellschaftsformen auseinandersetzte.

Ich hatte ja keine Ahnung, hatte kein BWL studiert. Also ging ich wieder zu Hugendubel! Setzte mich tagelang hin, las die typischen CEO-Schinken. So fing alles an. Irgendwann zog sich der Gründer raus und ich merkte an, dass ich in dieser Firma mehr als nur 2,5 Prozent verdiente. Heute halte ich über 80 Prozent.

MIRIAM: Es gibt ein Spannungsfeld in unserer deutschen Gesellschaft. Auf der einen Seite sind viele Menschen ausgepowert und streben nach weniger Arbeitszeit. Zum anderen ist unsere »deutsche Tugend« der Leistungsbereitschaft auf dem Rückmarsch, was unseren internationalen Wettbewerb einschränkt. Wie ist deine Perspektive hierzu? Sollten wir uns wieder mehr »reinhängen«?

JUDITH: Ja, das ist echt ein großes Thema. Das hat viel mit der Identität der Frauenrolle zu tun: Wer wir in der Gesellschaft sind und was wir uns für einen Status erarbeiten wollen oder eben nicht. Und bei Männern ist es einfach vorgegeben: Der Status ist der Erfolg, die Arbeit, das damit verbundene Geld et cetera. Bei uns Frauen ist es eben weniger offensichtlich. Bei Frauen ist es nach wie vor wichtig: In welchen Kreis heiratest du ein? Welche Beständigkeit in der Familie und so weiter kannst du da erschaffen? Und mit der Geburt von Kindern fallen die Frauen aus dieser beruflichen Karriere meist raus. Die Mutterrolle in Deutschland hat sich für mein Empfinden wenig weiterentwickelt. Ich mache mich jetzt mit dieser Aussage äußerst unbeliebt, wenn auch bei euch beiden wahrscheinlich nicht, aber bei vielen anderen. Ich sage es trotzdem: Overprotecting und Helikoptereltern tun weder der Mutter noch den Kindern gut, weil die Selbstständigkeit so lange hinausgezögert wird. Es wird auch dem Kind implizit gesagt: »Du kannst nicht selbst verantwortlich sein! Mama kann es besser!« Wir haben in Deutschland diese große Gruppe perfekter Mamas. Und dann hast du diese im Verhältnis wenigen Frauen, die etwas schaffen wollen. Heute kann man dank der besseren Netzwerkstruktur noch andere »Ähnlich-Denkende« finden. Als ich am Anfang war – das war wirklich *tough!* Ich war die Einzige mit Gründer-Arbeitspensum, denn alle anderen Mütter waren zu Hause.

Ich glaube, wir Frauen stecken in einer Identitätskrise, aber Männer übrigens genauso. Ich habe auf einem Vortrag kürzlich von einem schönen indianischen Bildnis gehört: Die beiden Geschlechter werden einem Vogel zugeordnet. Das weibliche Geschlecht ist der rechte Flügel und das männliche der linke. Wenn jetzt der weibliche Flügel weniger schlägt, muss der männliche Flügel so stark schlagen, dass er zu viel Muskulatur aufbaut und sie das Gleichgewicht verlieren. Dieses Bild finde ich so schön. Und es sagt: Pass auf, du männlicher, monströs muskulärer Flügel, ich komme jetzt dazu. Gib mir Zeit und hilf mir, dass ich den Rhythmus des Flügelschlags finde. Und dann kann ich dich entlasten und wir werden gemeinsam schlagen. Das wird ein ganz anderer Flug für unsere Gesellschaft. In Deutschland sehe ich leider immer noch dieses überdimensionale Bild der perfekten Mutter. Ich habe in letzter Zeit viel systemisches Coaching gemacht, um Aspekte meines Lebens zu verarbeiten. Und ich weiß, dass der ungesündeste Glaubenssatz für ein Kind ist: »Ich habe alles für dich geopfert.« Welche Bürde für das Kind! Ich würde mir für uns Frauen wünschen, dass mal jemand alle Fakten auf den Tisch legt: Wir haben eine totale Verarmung der Frauen im Alter. Ja, die ist in Deutschland eklatant – und ein Ergebnis unseres Frauenbilds.

REGINE: Ich bin eine Verfechterin von zwei Punkten: Bevor ich eine Ehe schließe, Kinder bekomme und aus dem Job rausgehe oder in Teilzeit arbeite, muss sichergestellt werden, dass ein Teil des Familieneinkommens für meine Rente zurückgelegt wird. Das Ehegattensplitting ist ein veraltetes Gesetz und nicht mehr zeitgemäß. Da werde ich jetzt richtig emotional.

JUDITH: Bravo! Bravo! Ja, absolut. Ich kenne einige sehr gebildete Frauen, die ein Leben auf hohem Niveau gelebt haben. Der Mann lässt sich scheiden und bleibt Millionär, aber die Frau steht mit wenig da. Das ist gar nicht lustig. Und ich glaube, dass wir (Frauen) auch eine gewisse Bequemlichkeit haben. Wir mögen es gern heimisch und schön zu Hause. Dann wird uns das quasi mit der Ehe angeboten und *we don't push any further* – das ist schlecht.

MIRIAM: Siehst du einen Unterschied zwischen dem deutschen und dem US-amerikanischen Rollenbild der Frau?

JUDITH: Absolut. Dieser Druck der perfekten Ehefrau und Mutter. Das ist die heilige Kuh, die keiner schlachten will. Es gibt eine genaue Vorstellung der perfekten Mama. Da ist das Pausenbrötchen abgemessen und perfekt zusammengepackt – darüber gibt es 1 000 YouTube-Tutorials. In Amerika ist das anders. Da gibt es eine Freude unter Frauen über Erreichtes, eine gegenseitige Unterstützung statt dieses Grundneids. Frauen, die Kinder bekommen haben … *they take the child, they go home, they start to work, they do their things.* Sie richten sich ein und das Leben geht weiter. Das Leben kommt nicht wegen eines Babys einfach zum Halten. Alle freuen sich über das Baby, aber es ist ein anderes Mindset dahinter. Ich will es auch für Amerika nicht pauschalisieren, aber es gibt dort mehr Frauen, die eine Lust an der Arbeit und der Unabhängigkeit haben.

REGINE: Du bist eine der bekanntesten Investorinnen Deutschlands. Die Zahl der weiblichen Gründerinnen sieht gar nicht schlecht aus und liegt bei 40 Prozent. Die meisten davon sind aber immer noch in der Soloselbstständigkeit. Wenn es dann zu Start-ups und Wagniskapital kommt, sind es nur noch 20 Prozent. Woran liegt das? Sind es die Investoren, die das Vertrauen nicht haben? Oder ist es, weil die Frauen risikoaverser sind?

JUDITH: Ich glaube, es ist wirklich ein Mix aus beidem. Gründen ist schon ein bisschen riskant. *You must have nothing to lose. Let's be a little bit crazy* und lasst uns einfach ein bisschen mehr Biss haben. Einfach sagen: Wer will ich sein? Die nette Mami mit dem kleinen Start-up in der Garage? *This leads to absolutely nowhere!* Man muss sich schon entscheiden. Die Wahrheit liegt immer auf dem Konto. Mit Umsatz bekommst du auch Fremdkapital.

Nach unserer Trennung erfuhr ich, dass ich schwanger war. Aber ich hatte ja meine Vorgeschichte, dass ich wahrscheinlich gar keine Kinder bekommen könne. Deshalb war ich völlig überwältigt. Ich wusste, dass es mit der Beziehung mit diesem Mann nicht funktionieren würde, aber da war sofort diese unbändige Freude. Ich kann ein Kind bekommen! Das war für mich unfassbar. Ich hatte meinen Gesang dafür aufgegeben. Trotz der Schwangerschaft traute ich mich zu kündigen, ging in die Selbstständigkeit. Ich wusste, wenn das jetzt nicht läuft, gibt es keinen Weg zurück mehr.

5

Positives Mindset

Erfolg beginnt bei dir

Ich sicherte mir meinen ersten Traumjob mit 29 Jahren: Produktmanagerin bei L'Oréal Luxe in Dubai. Dort war ich für verschiedene Marken wie Giorgio Armani, Kiehl's und Lancôme zuständig. Wer in großen Konsumgüterkonzernen arbeitet, weiß, wie wichtig der perfekte Launch für Brand Manager ist. Meine Chance kam mit dem des Lancôme-Parfums »La vie est belle«. Heute, zwölf Jahre später, ist es mit über 100 Millionen verkauften Produkten eines der drei erfolgreichsten Parfums der Welt. Ein besonders beeindruckender Moment ist immer der *reveal*, die Enthüllung. Ich sah den von Thierry de Baschmakoff entworfenen Flakon, einen lachenden Glasflakon. Der Duft wurde geschaffen, um in der Nase, den Köpfen und Herzen der Kundinnen ein Glücksgefühl hervorzurufen. Wer würde als Lancôme-Botschafterin da besser passen als Julia Roberts? Das Erste, woran man bei ihr denkt, ist ihr Lachen – es ist so ansteckend. Der Launch passte perfekt. Ich habe schon immer gern und viel gelacht, wenn auch nicht so schön und lukrativ wie Julia Roberts. Dennoch hätte ich mir nichts Besseres vorstellen können, als beim Happiness-Launch mitzuwirken. Und es wurde ein Erfolg, für Lancôme, L'Oréal und für mich. Nach dem Launch bekam ich ein neues Jobangebot. Hinter einem Storytelling von Unternehmen wie L'Oréal steckt immer ein großer Konsument:innenbedarf. Sie entwickeln Produkte für die Bedürfnisse der Kundin: Was braucht sie, wie möchte sie sein, wovon träumt sie? Das wird dann in eine Geschichte, ein Packaging, einen Duft transformiert.

Lachen ist ansteckend!

Sie verkaufen nicht nur Produkte, sondern Träume und Bedürfnisse. Positive Ausstrahlung und Lachen sind das, was wir Menschen lieben – auch in der Zusammenarbeit.

Stelle dir selbst die Frage, mit wem du lieber zusammenarbeiten würdest: mit jemandem, der alles negativ und überall Probleme sieht, oder mit jemandem, der voller positiver Energie ist und durch sein herzliches Lachen stets für gute Stimmung sorgt? Wichtig: Wir bewerten hier noch keinerlei fachliche Qualifikationen. Vielleicht ist der Griesgram sogar 10-mal so schlau. Wir umgeben uns trotzdem lieber mit positiven Menschen, die die Stimmung heben. Model-Ikone Heidi Klum meinte einst: »Ich glaube, dass Herzlichkeit und eine positive Ausstrahlung eine der wichtigsten Eigenschaften im Leben sind. Sie machen das Leben schöner und leichter. Und sie helfen einem auch beim Erfolg.« Positivität ist unserer Meinung nach auch im Business ein unterschätzter, wichtiger Erfolgsfaktor.

Was sagt die Karriereliteratur darüber? Werden dort eine positive Ausstrahlung, Herzlichkeit und Einsatz auch als wichtige Erfolgsfaktoren für beruflichen Erfolg gesehen? Im Zeitalter der Künstlichen Intelligenz baten wir Chat GPT und Google Bard um eine literaturbasierte Top-10-Liste der Erfolgsfaktoren. Während Chat GPT das Skill-Set in Form von kontinuierlichem Lernen ganz oben sah, war es bei Google Bard das Selbstbewusstsein, der Glaube an die eigenen Fähigkeiten. Positivität, Herzlichkeit und Einsatz kommen in den Top 10 der Erfolgsfaktoren leider nicht explizit vor. Klar, eine gute Kommunikation der eigenen Karrierevorstellungen, Selbstbewusstsein, die richtigen Qualifikationen, das Erkennen und Nutzen von Chancen, Selbstmarketing, Vernetzung: Das ist uns auch alles wichtig. Doch bevor es ans Selbstmarketing oder Networking geht, braucht es zuerst das positive Mindset, die Ausstrahlung und ein hohes Maß an Einsatzbereitschaft. Eines dürfen wir nicht vergessen: Frauen sind auf ihrem Karriereweg nach wie vor mit anderen und größeren Herausforderungen konfrontiert als Männer, und die »Karrierefrau« ist ungerechtfertigterweise negativ konnotiert. Was aber hindert uns Frauen an einem starken positiven Mindset und Humor, besonders in beruflichen Situationen?

Karrierefrauen sind erfolgreich und unsympathisch

Bei erfolgreichen Karrierefrauen gibt es immer noch Vorurteile: Wenn männliche Führungskräfte ihre Kolleginnen als »dezent weiblich« bezeichnen, ist das selten ein Kompliment. Ich habe auch schon das Wort »Mannsweib« gehört. Einem Mann, der selbstbewusst, kompetent und zielstrebig seine Karriere verfolgt und dabei auch mal andere ausbootet, unterstellt man »Biss«. Bei einer Frau mit ähnlichem Verhalten heißt es schnell, sie sei eine »intrigante Zicke« oder »karriereorientierte Rabenmutter«. Übrigens: Im Duden stand noch bis 2012 für »Karrierefrau« die Definition »Frau, die ohne Rücksicht auf ihr Privatleben ihren Aufstieg erkämpft hat«. Ich spare mir hier den Kommentar.

Wer als Frau Karriere machen will, hat nach wie vor mit Vorurteilen zu kämpfen.

Viele Menschen verbinden eine Frau mit erfolgreichem Job nicht mit den »typischen« weiblichen Stärken wie Intuition oder Empathie. Diese negativen Zuschreibungen führen unter dem Strich dazu, dass sich viele Frauen mit der Vorstellung, eine Leadership-Rolle zu übernehmen, nicht anfreunden können. Sie wollen nicht »androgyn« wirken, wollen nicht das Label »Karrierefrau« aufgeklebt bekommen. So hält sich ein negatives Klischee immer noch am Leben: Männer sind erfolgreiche, durchsetzungsstarke, sympathische Macher – und Frauen kümmern sich fürsorglich um Kinder und Familie, sind nett, bescheiden und freundlich. Damit hören die stereotypen Erwartungen aber nicht auf: Eine erfolgreiche Frau mit Karriere kann ja gar nicht nett sein. Ist sie noch nett und sympathisch, dann mit Sicherheit nicht kompetent und durchsetzungsstark. Das nennt sich *gender bias*, wie bereits erwähnt. Dieses Phänomen ist wissenschaftlich erwiesen, unter anderem in der »Heidi/Howard-Studie« der Harvard Business School. Die Professor:innen gaben ihren Student:innen den Lebenslauf der (echten) erfolgreichen Unternehmerin Heidi Roizen zu lesen. Sie sollten den Werdegang der Stanford-Absolventin und Tech-Investorin bewerten und anschließend ihren Charakter einschätzen.

Frauen in Führungspositionen werden häufiger kritisiert und negativer beurteilt als ihre Kollegen.

Spannend daran: Bei der Hälfte der Lebensläufe wurde der Name von Heidi Roizen auf Howard Roizen geändert – ansonsten war alles identisch! Das Ergebnis: Howard beschrieben die Student:innen als kompetent, selbstbewusst, entschlossen und effizient. Sie würden sogar mal ein Bier mit ihm trinken gehen. Heidi beurteilten sie zwar auch als kompetent, aber eben auch als egoistisch, aggressiv und unangenehm. Im Klartext: Für Männer gibt es keinen Abzug auf der Sympathieskala bei Ehrgeiz und Erfolg. Bei Frauen hingegen schon – sie haben mit negativen Stereotypen und Vorurteilen zu kämpfen, werden in Führungspositionen häufiger kritisiert und negativer beurteilt als ihre Kollegen. Die Erwartungen an sie sind (unterbewusst) andere: Sie sollen zurückhaltend, fürsorglich und kollaborativ sein. Der Prototyp einer Führungskraft ist also männlich und nicht weiblich. Im Umkehrschluss: Frauen können nicht gleichzeitig kompetent und sympathisch sein. Chefs haben Unternehmergeist, visionäre Kraft und sind selbstbewusst; Chefinnen hingegen inszenieren sich selbst und sind arrogant.

Es braucht einen bewussten Umgang mit Rollenklischees

Die »Heidi/Howard-Studie« liegt nun schon einige Jahre zurück. Hat sich seitdem etwas verändert? Schließlich leben wir im Hashtag-Zeitalter der 2020er Jahre! Aber selbst wenn das negativ besetzte Wort »Karrierefrau« nun oftmals durch Begriffe wie #workingmum oder #girlboss ersetzt wurde, dürfen wir uns nichts vormachen: Frauen und Mütter mit erfolgreicher Karriere stehen auch nach 2020 noch nicht so richtig gut da. Oder warum brauchen wir sonst eigens geschaffene Begriffe? Für Männer gibt es diese nicht. Die »Karrierefrau« hat kein männliches Gegenstück – das braucht es nicht. Dass Männer Karriere machen, gilt als normal. Frauen aber behaupten sich, »stehen ihren Mann«, machen Karriere, *obwohl* sie Frauen sind. Das ist anscheinend so außergewöhnlich und jenseits aller Rollenerwartungen, dass es dafür neue Kategorien braucht. Auch in meinem Alltag begegnet mir diese Haltung oft. Mein Mann wird immer wieder gefragt: »Wie ist das denn mit Miriam zusammen – sie ist doch so auf ihre Karriere fixiert?« Während ich wiederum gefragt werde: »Wie schaffst du das denn bloß mit den Kindern?« Männer werden also für eine Karrierefrau an ihrer Seite fast schon bedauert und Kinder sind nach wie vor Frauensache. Den Hashtag #workingmum gibt es auf Instagram mittlerweile mehr als eine Million Mal. Nur 70 000-mal hingegen den Hashtag #workingdad. Vermutlich nicht, weil es so viel mehr berufstätige Mütter als Väter gibt. Sondern weil es für Väter völlig normal ist, dass sie arbeiten gehen. *Welcome to the modern world!*

Wir alle wurden von diesen Rollenklischees geprägt. Aber nicht nur Männer tragen sie weiter, sondern auch Frauen selbst. Sie bezeichnen vollzeitarbeitende und ambitionierte Frauen mal als »Karrieremütter«, denen die eigene Karriere wichtiger ist als das Wohl ihrer Kinder. Dabei gibt es viele Beispiele von *Female Leaders*, die diesem Klischee nicht entsprechen.

Leadership macht mit positiver Kraft und Herzlichkeit viel mehr Spaß.

Deshalb möchte ich dieses Bewusstsein verändern – und das gelingt in meinen Augen am besten, wenn ich Gutes und Sympathisches von Frauen mit Karriere erzähle – wie in diesem Buch. Außerdem sollten wir Erfolgsfaktoren wie einen positiven Mindset stärker hervorheben. Der positive Drive, die Fähigkeit, in allem etwas Gutes zu erkennen und auch Wertschätzung auszudrücken, gelten als weibliche Sozialkompetenz und »emotionale Komponente«. Sobald wir jedoch in Führungsrollen gehen, gerät diese Seite aus dem Fokus und wird plötzlich viel weniger gewürdigt. Dieser verzerrten Wahrnehmung wollte ich schon immer entgegenwirken, indem ich meinen Job mit viel positiver Kraft und Herzlichkeit mache. Das entspricht nicht nur meiner Mission, sondern auch meiner Persönlichkeit. Vor allem jedoch: Leadership macht auf diese Art und Weise viel mehr Spaß – denn alle, denen ich in meinen Arbeitskontexten mit solch einer Haltung begegne, spiegeln mir mein Verhalten wider. Negativität und das Image von *Female Leaders* als arrogante Selbstinszeniererinnen haben keine Chance mehr. #Killthemwithkindness!

Erfolgsfaktoren Herzlichkeit und Positivität

Meiner Mutter und mir hat immer sehr geholfen, dass wir herzliche, positive Menschen sind, die andere mit ihrer Begeisterung anstecken können. Das gilt nicht gerade als typisch deutsch – wie wir in unseren internationalen Arbeitsumfeldern schnell feststellen durften. Wir Deutsche haben im Ausland eher den Ruf als Spaßbremsen, die zum Lachen in den Keller gehen. Umso überraschter waren die Menschen in anderen Ländern, wenn sie uns dann erlebten. Denn wir lachten viel mit ihnen, waren herzlich, zeigten uns interessiert und begeistert, konnten so die Vorurteile schnell widerlegen. Eine solche Haltung kann wahre Wunder bewirken – nicht nur am Arbeitsplatz, sondern auch im Privatleben. Menschen sind nun mal Menschen. Wir mögen es, wenn andere uns mit Herzlichkeit und Begeisterung begegnen, wenn wir ein echtes Interesse an uns verspüren – an uns als Mensch, nicht an unserer Rolle, unserer Funktion, unserer Aufgabe oder unserer Macht. Mit solchen Menschen unterhält man sich lieber, hört ihnen gern zu und folgt ihnen auch bereitwilliger in ihrem Handeln. Das ist als Leader eine riesige Chance. Und für uns *Female Leaders* gilt dies noch mehr. Wir sind so nicht nur erfolgreicher, sondern sorgen auch dafür, dass sich das Image von Karrierefrauen langsam, aber sicher bessert. Sheryl Sandberg unterstreicht diese Einschätzung: »Ich glaube, dass Herzlichkeit ein wichtiger Faktor für beruflichen Erfolg ist. Mit Freundlichkeit und Hilfsbereitschaft bauen wir Beziehungen zu anderen Menschen auf. Diese Beziehungen können uns helfen, neue Chancen zu erhalten und im Beruf voranzukommen.«

Durch Positivität, Begeisterung und Herzlichkeit kann man Menschen für sich gewinnen.

Gerade auch in Jobinterviews ist eine positive Haltung wichtig. Die ersten Sekunden entscheiden darüber, ob dich dein Gegenüber mag oder nicht. Wer sich hier positiv und herzlich verhält, hat deutlich bessere Chancen, den gewünschten Job zu ergattern beziehungsweise gute Kandidat:innen für sein Unternehmen zu rekrutieren. Im Businessalltag verschafft dir Herzlichkeit sogar Vorteile gegenüber der Konkurrenz. Als Geschäftsführerin von Sephora Deutschland habe ich beispielsweise die Neueröffnung zahlreicher Shops verantwortet. Meine eigene Begeisterung habe ich immer weitergegeben: In den neu eröffneten Shops habe ich mich mit allen Mitarbeiter:innen unterhalten – denn sie kennen die Kund:innen am besten. Dabei habe ich viel darüber erfahren, wie wir unsere Kund:innen noch besser zufriedenstellen und uns gegenüber der Konkurrenz klarer positionieren können. Gleichzeitig konnte ich durch meine offene Art auch meine Teams besser motivieren. Man möchte von seiner Chefin nicht ständig hören, was alles schiefläuft, sondern mit positiven Vibes angesteckt werden. Bewusst gelebte Positivität überträgt sich schnell auf andere. Positivität ist auch für Kritik in bestimmten Situationen wichtig. Herzlichkeit und Humor lassen keinen Zweifel daran, dass sich negatives Feedback nicht auf den Menschen bezieht, sondern nur auf das Verhalten oder die Performance. Ein wirksames Tool.

Sei herzlich, aber bestimmt

Wichtig ist jedoch: Herzlichkeit allein reicht nicht. Du sollst es nicht immer allen recht machen. Denn sonst wird, in Annahita Esmailzadehs Worten, aus *Everybody's Darling* schnell *Everybody's Depp*. Es geht darum, herzlich, aber bestimmt zu sein. Durch Herzlichkeit und Positivität gewinnen die Menschen einen positiven Eindruck von dir, sie entscheiden damit, ob sie gern mit dir interagieren. Jetzt wirst du vielleicht sagen: »Ich bin aber eher introvertiert, sachlich – überaus positiv liegt nicht in meinem Naturell.« Doch. Du warst sogar mit hoher Wahrscheinlichkeit schon einmal voller Positivität – als Kind. Wusstest du, dass Kinder schätzungsweise 400-mal am Tag lachen, Erwachsene dagegen nur 15-mal? Dass Kinder meist freundlicher und hilfsbereiter als Erwachsene sind und aufgrund ihrer Neugier auch offener und interessierter an anderen Menschen? Du sollst natürlich nicht wieder zum Kind werden, aber du solltest wissen, dass die Natur dir zunächst ein positives Mindset mitgegeben hat. Dieses gilt es nun zu reaktivieren. Probiere es aus – zum Beispiel beim nächsten

Eine positive Grundhaltung lässt sich erlernen und üben – so wird sie ganz normaler Bestandteil des Lebens.

Besuch deines Lieblingsrestaurants. Wenn jemand bei dir die Bestellung aufnehmen will, schau nicht emotionslos in die Speisekarte und zähle deine Wünsche auf. Sondern begrüße die Person erst einmal mit einem freundlichen Lächeln und netten Worten. Frag nach, wie es ihr geht. Ja, ernsthaft! Dann lobst du die Vielfalt auf der Speisekarte, die Einrichtung des Gastraums oder irgendetwas anderes, das dir positiv aufgefallen ist. Erst dann bestellst du. Wetten, dass der Service an diesem Abend ganz anders als sonst sein wird? Durch deine herzliche, positive Art hast du das Servicepersonal für dich gewonnen.

Positivität wurzelt tief in der Art und Weise, wie wir die Welt um uns herum wahrnehmen und darauf reagieren. Zwar lässt sie sich nicht per Knopfdruck herbeizaubern, aber mit täglicher Pflege kann sie zu einer konstanten, bereichernden Präsenz in unserem Leben werden. Für ein positives Mindset solltest du Folgendes beachten:

- **Achte auf deine Gedanken:** Negative Gedanken führen zu negativen Emotionen und Handlungen. Wenn du dich auf das Negative konzentrierst, wirst du auch negative Ergebnisse erzielen.
- **Sei geduldig und halte durch:** Erfolg braucht Zeit und Mühe. Wenn du aufgibst, bevor du deine Ziele erreicht hast, wirst du nie wissen, was möglich gewesen wäre.
- **Konzentriere dich auf die positiven Aspekte:** Jede Situation bietet etwas Positives. Wenn du dich darauf konzentrierst, wirst du auch positiver denken und handeln.
- **Lerne aus deinen Fehlern:** Jede:r macht Fehler. Wichtig ist, dass du aus ihnen lernst und dich weiterentwickelst.
- **Akzeptiere, dass du nicht alles kontrollieren kannst:** Es gibt Dinge im Leben, die wir nicht beeinflussen können. Der Fokus darauf wird dich nur frustrieren.

Es ist klar, was das bedeutet: Negatives Denken bei positiven Erwartungen wird nicht funktionieren. Nur positives Denken und der feste Glaube an dich selbst bringen dich zum Erfolg. Dafür brauchst du positive Glaubenssätze und musst sie täglich wiederholen. Täglich! Denn nur dann haben sie eine Chance, sich dauerhaft in deinem Unterbewusstsein zu verankern und zu deiner neuen Realität zu werden. Lass deine dich limitierenden Glaubenssätze los, löse quasi die Handbremse in deinem Kopf. Denn wenn du wirklich fest an eine positive Entwicklung in deinem Leben und deiner Karriere glaubst, strahlst du genau das aus – und wirst die ebenfalls positiv eingestellten Menschen anziehen. Hier sind einige effektive Strategien, um einen positiven Mindset zu entwickeln und zu bewahren:

- **Praktiziere Dankbarkeit:** Nimm dir jeden Abend einen Moment Zeit, um in einem Notizbuch drei Punkte festzuhalten, für die du an diesem Tag dankbar bist. Das kann deine Wertschätzung für die positiven Aspekte deines Lebens stärken.
- **Sieh die Welt durch eine rosarote Brille:** Deine Perspektive ist entscheidend. Versuche, in jeder Herausforderung etwas Positives zu sehen, und konzentriere dich darauf. Diese Übung kann deinen Blickwinkel täglich erweitern.
- **Lachen ist die beste Medizin:** Lache möglichst oft. Es verbessert nicht nur deine Stimmung, sondern bietet auch gesundheitliche Vorteile wie Stressabbau und Unterstützung im Umgang mit Depressionen und Angst.
- **Erstelle eine Erfolgsliste:** Schreibe alle deine bisherigen Erfolge auf. Dies hilft dir, dich auf deine Errungenschaften zu konzentrieren und deine Selbstachtung zu stärken.
- **Setze dir große Ziele:** Sei kühn und sorgenfrei bei der Zielsetzung. Glaube fest an deine Fähigkeiten und gehe entspannt und methodisch an die Zielerreichung heran.
- **Fake it until you make it:** Selbst wenn du dich nicht stark oder zuversichtlich fühlst, verhalte dich dennoch so. Lächle, halte dich aufrecht und sei freundlich. Dein Körper und Geist werden dir folgen, deine Stimmung verbessern und dir neue Energie geben. Indem du dich wie die Person verhältst, die du sein möchtest, beginnt dein Gehirn, sich in diese Richtung zu entwickeln.
- **Positive Selbstgespräche:** Beginne jeden Morgen mit positiven Affirmationen vor dem Spiegel, wie: »Ich bin kompetent und kann alles erreichen, was ich mir vornehme!«

KAPITEL – *kompakt*

- Erfolg ist das Ergebnis von Positivität, Herzlichkeit und unermüdlichem Einsatz.
- Ein positives Selbstbild und Selbstwertgefühl sind essenziell. Frauen sollten lernen, sich von negativen Stereotypen und Vorurteilen zu befreien, und ihre Karrierewege selbstbewusst gestalten.
- Ein positives Mindset ist eine Schlüsselkomponente für Erfolg, besonders in von Männern dominierten Berufsfeldern.
- Herzlichkeit und Positivität im Geschäftsumfeld können zu besseren Beziehungen, größerem Erfolg und einer Verbesserung des Frauenbildes in Führungspositionen beitragen.
- Positivität ist eine erlernbare Fähigkeit. Praktiken wie Dankbarkeitsübungen, das Finden von positiven Aspekten in schwierigen Situationen, das Setzen großer Ziele, positive Selbstgespräche und die *»Fake it until you make it«*-Methode sind effektive Werkzeuge, um einen positiven Geisteszustand zu kultivieren und zu bewahren.

Leonie Hanne, geboren 1989 in Hamburg, hat sich im Laufe der letzten Jahre zu einer der führenden Influencer:innen Deutschlands entwickelt und steht unangefochten an der Spitze. Mit einer beeindruckenden Follower:innen-Zahl von 4,7 Millionen auf Instagram und einem geschätzten Markenwert von 10,9 Millionen Euro hat sie sich nicht nur als Modeikone, sondern auch als Unternehmerin einen Platz in der internationalen Fashion-

Szene gesichert. Das liegt aber auch an ihrem sogenannten High-End-Following: Leonie kann ihren Account monetarisieren und schafft mit ihren Posts relevante Umsätze mit ihren Kooperationen.

Leonies Weg begann nach ihrem Betriebswirtschaftsstudium als Unternehmensberaterin. Ihre Begeisterung für Mode und der Wunsch nach Selbstverwirklichung führten 2013 mit ihrem Lebens- und Businesspartner Alex Galievsky zur Gründung ihres eigenen Mode- und Reise-Blogs *Ohh Couture*. Dieser entwickelte sich rasant zu einem beachtlichen Erfolg und eröffnete Leonie den Eintritt in die Welt der Influencer:innen oder *talents*, wie es im US-Amerikanischen heißt. Es sind vor allem ihre Authentizität und ihr persönlicher Stil, die Leonie von vielen anderen abheben. So gewährt sie in ihrem Blog und auf Instagram nicht nur Einblicke in glamouröse Momente, sondern teilt auch die unperfekten Augenblicke ihres Lebens. Sie spricht über ihre Selbstzweifel, die sie besonders zu Beginn ihrer Karriere hatte. Diese Offenheit macht sie zu einem Role Model, insbesondere für junge Frauen, die in ihr nicht nur eine erfolgreiche Unternehmerin, sondern auch eine Persönlichkeit sehen, die mit Talent, Fleiß und Leidenschaft alles erreichen kann. Die Anerkennung für Leonies Leistungen geht weit über die Grenzen der Social-Media-Welt hinaus. Im Jahr 2020 wurde sie von *Forbes* als eine der »30 einflussreichsten Frauen unter 30 in Deutschland« ausgezeichnet. Trotz ihres beachtlichen Erfolgs und ihrer globalen Bekanntheit bleibt Leonie Hanne bodenständig und ihren Werten verbunden. Sie hat bewiesen, dass Erfolg nicht nur mit äußerer Schönheit, sondern auch mit Talent und Authentizität einhergehen. Leonie ermutigt ihre Community, die eigenen Träume zu verfolgen und Herausforderungen anzunehmen.

MIRIAM: In einem Artikel über dich haben wir gelesen: »Ihr positives Charisma und ihre bodenständige Art machen sie zu einer beliebten Kooperationspartnerin für Modehäuser und einer Interviewpartnerin für große Magazine.« Wenn wir deine Beiträge sehen, fallen uns dein strahlendes Lächeln und die fröhliche, herzliche Art ins Auge. Glaubst du, dass diese positive Einstellung und Wärme besondere Erfolgsfaktoren für dich sind?

LEONIE: Was für eine schöne Frage und Einleitung, vielen Dank! Ich glaube an die Kraft der Positivität, der richtigen Einstellung und daran, gute Stimmung an andere Menschen und das Universum zu senden. Ich denke, dass Menschen, wenn es um das Teilen von Inhalten geht, sich lieber als Teil einer Geschichte fühlen. Deshalb versuche ich immer, die Leute einzuladen und ihnen das Gefühl zu geben, willkommen zu sein.

MIRIAM: Mit diesem Buch wollen wir vor allem Vorbilder erfolgreicher deutscher Frauen in den Mittelpunkt stellen – »Das Gesicht einer modernen Feministin«, ähnlich wie Emma Watson oder Sheryl Sandberg vor zehn Jahren. Wie hast du es geschafft, die bedeutendste deutsche Fashion-Influencerin beziehungsweise Content-Creatorin zu werden? Welchen Rat gibst du Frauen für Erfolg und Unabhängigkeit?

LEONIE: Am Anfang bestand mein Traum nur darin, diesen kreativen Job in Vollzeit ausüben zu können – das meiste in den letzten acht Jahren übersteigt alles, was ich mir hätte vorstellen können. Ich glaube an harte Arbeit, Hingabe, die Kraft großer Träume, das Eingehen von Risiken und das Verlassen der Komfortzone, um diese Träume Wirklichkeit werden zu lassen. Magie passiert eigentlich nur außerhalb der Komfortzone …;) Und genau das möchte ich anderen Frauen auch vermitteln.

REGINE: Die Marke Leonie Hanne verbindet man in erster Linie mit dir. Wenn man dir jedoch einen längeren Zeitraum lang folgt, wird schnell klar, dass dein Partner Alex gleichermaßen zu deinem Erfolg beiträgt. Wir möchten Frauen ermutigen, Partner zu suchen, die sie unterstützen. Wie lebt ihr eure Partnerschaft?

LEONIE: Mein Geschäfts- und Lebenspartner Alex und ich haben uns an der Universität kennengelernt. Schon damals war ich sehr ehrgeizig und fleißig, was auf manche Männer vielleicht ein wenig einschüchternd wirkte … nicht auf Alex. Er war mehr als stolz, wenn ich die besten Noten oder einen gelungenen Businessplan hatte, er unterstützte immer alle meine Ideen. Es geht aber in beide Richtungen. Ich kenne und schätze seine unglaublichen Fähigkeiten und Arbeitsmentalität, und wir legen beide großen Wert darauf, für uns selbst und füreinander das Beste zu sein. Wir coachen uns sogar gegenseitig. Ich glaube also wirklich, dass das meiste, was passiert ist, darauf zurückzuführen ist, dass ich so einen starken Partner an meiner Seite habe – wir sind so sehr zusammengewachsen!

MIRIAM: Deine Philosophie ist es, dass man Erfolg haben kann, wenn man seinen Job liebt und bereit ist, sich voll und ganz zu engagieren. Das Leben einer Influencerin ist oft mit leicht erarbeitetem Erfolg und einem Jetset-Lebensstil verbunden. Die harte Arbeit sieht man selten. Wie sieht dein Leben hinter der Kamera aus?

LEONIE: Deine Frage beinhaltet schon den Kern der Sache: Der Großteil der harten Arbeit ist unsichtbar, hinter der Kamera. Es geht darum, ein Unternehmen zu führen, ein Team zu leiten, unzählige geschäftliche und persönliche Beziehungen zu verwalten, über Trends, Mode und Technologie auf dem Laufenden zu bleiben und viel mehr. Ich bin überaus dankbar für mein Leben und all meine Möglichkeiten, aber ich habe hart dafür gearbeitet. Die Leute unterschätzen definitiv, dass Influencer größtenteils selbstständig sind und wie die meisten Selbstständigen rund um die Uhr arbeiten. Das liegt aber hauptsächlich daran, dass es schwer ist, damit aufzuhören, wenn man seinen Traum verfolgt. Ich würde es nicht anders wollen!

REGINE: In deinen Beiträgen stellst du oft auch vegane Food-Kreationen vor. Wie wichtig sind für dich die Themen Selbstfürsorge, gesunde Ernährung und Sport?

LEONIE: Ich bin sehr intuitiv und höre sorgfältig auf meinen Körper und Geist. Ich denke, es ist wichtig, auf beide zu hören. Meinen Körper zu bewegen, Sport zu treiben und glücklich zu essen (was für mich vegan ist), sind Selbstverständlichkeiten, und Essen ist tatsächlich meine größte Leidenschaft! Ich gehe ins Bett und träume von meinem Frühstück … ;)

6

Shine on

Sei sichtbar und werde zur Marke

Wenn man zurückblickt auf ältere Fotos von mir und meinen Kolleg:innen, fällt immer ein farbiger Akzent auf: Ich! Obwohl ich Design und Mode nicht zu meinem Beruf machen durfte, blieb meine Leidenschaft dafür bestehen. Über viele Jahre hinweg befand ich mich hiermit in einer einzigartigen Position: die einzige Frau auf einem Bild, der einzige Farbtupfer. Die Männer in den dominierenden Führungsetagen kleideten sich in Grau, Dunkelblau, Braun und Schwarz – manchmal wurden diese Farben sogar in den internen Dresscodes festgelegt. In den letzten Jahren hat sich dieser allmählich verändert. Dynamische Männer nutzen Sneakers, um sich anders zu präsentieren, und Frauen tragen mit Absicht bunt. Spätestens seit der Business-Influencer-Bewegung sind bunte Hosenanzüge zu einem Ausdruck für Vielfalt und Diversität in Banken, Wirtschaft und Politik geworden.

Farbe tut der Wirtschaft gut

Letztes Jahr waren Miriam und ich Teilnehmerinnen in einem Panel beim European Economic Forum an der führenden Business School ESMT in Berlin. Das EEF wird von der *Frankfurter Allgemeinen Zeitung* durchgeführt und ähnelt dem World Economic Forum in Davos. Dort werden zentrale wirtschaftliche und gesellschaftspolitische Themen diskutiert. Unser Panel, das »Female Leadership Panel«, war schon optisch ein Highlight: Alle Panel-Teilnehmerinnen, einschließlich Elke Heitmüller (Head of Diversity VW Konzern), Tanja Gönner (Geschäftsführerin des BDIs), Miriam und mir, erschienen – ohne Absprache – in vier verschiedenen Shades of Pink! Selbst der Moderator Johannes Pennekamp, Ressortleiter Wirtschaft bei der *FAZ*, war überrascht. Er fragte meine Tochter, ob die Fülle von Schmink-Tutorials der Generation Z die Frauenbewegung zurückwerfe. Miriam antwortete souverän mit einem Zitat von Tijen Onaran: »Lippenstift lässt unser Gehirn nicht schrumpfen.« Der Saal und vor allem die jungen und internationalen ESMT-Studentinnen applaudierten. Und das bringt es auf den Punkt: Farbe tut der Wirtschaft gut. Sie dient als Symbol und Markenzeichen für den Wandel zur Vielfalt – und beweist: Vielfalt und wir Frauen müssen stärker sichtbar werden – *let's be loud!*

Aufgewachsen bin ich jedoch mit einer ganz anderen Botschaft:

»Sei wie das Veilchen im Moose
bescheiden, sittsam und rein,
nicht wie die stolze Rose,
die immer bewundert will sein.«

Dieses kleine Gedicht stand in meinem Poesiealbum – das war die seinerzeit beliebte Form der heutigen Freundschaftsbücher. Darin beantworteten wir allerdings keine Fragen zu unseren Hobbys, Lieblingsspeisen und Wunschberufen, sondern wir schrieben ein passendes Gedicht oder einen Sinnspruch hinein, um der Freundin oder dem Freund etwas mit auf den weiteren Lebensweg zu geben. Wir luden auch unsere Lehrer:innen, Tanten und Onkel, Omas und Opas dazu ein. Sie machten damals überall die Runde und stapelten sich auf so manchen kleinen Kinderschreibtischen wie unerledigte Reisekostenabrechnungen. »Nicht wie die stolze Rose …« – das war also eine der Botschaften, mit denen wir groß wurden. Immer schön bescheiden bleiben, kein großes Aufheben um sich selbst machen und auch nicht um die eigenen Fähigkeiten. Doch Selbstmarketing ist genau das Gegenteil: Es geht darum, sich ins Spotlight zu stellen und zu präsentieren. Im Zeitalter von Social Media existiert eine Flut an Informationen. Gleichzeitig müssen wir aus scheinbar unzähligen Optionen eine Wahl treffen und verbinden Sichtbarkeit sogar mit einer Kompetenzvermutung.

Warum fällt Frauen Selbstmarketing so schwer?

Aktuelle Forschungsergebnisse zeigen: Frauen rücken sich am Arbeitsplatz viel weniger ins Licht als Männer. Eine im *Journal of Personality and Social Psychology* veröffentlichte Studie fand beispielsweise heraus, dass Frauen mit einer deutlich geringeren Wahrscheinlichkeit als Männer Selbstmarketing betreiben. Mehr noch: Sie fühlen sich dabei häufig unwohl, da sie mehr oder weniger unbewusst davon ausgehen, dass Frauen ein zu offensives Selbstmarketing negativ ausgelegt werde. Genauso erwiesen ist es jedoch, dass Selbstmarketing – und damit eine hohe Sichtbarkeit – eine überaus wichtige Voraussetzung für den beruflichen Erfolg ist. Internationale Studien und Umfragen unter Headhuntern haben ergeben, dass unsere Fachkompetenz nur zu 10 Prozent über unsere Karriere entscheidet! Unser Image spielt zu 30 Prozent eine Rolle – und zu sage und schreibe 60 Prozent unser Bekanntheitsgrad. Das bedeutet keineswegs, dass wir fachlich keine Ahnung haben müssen, um es trotzdem zu etwas bringen zu können. Es heißt nur, dass Fachkompetenz so etwas wie ein vorausgesetzter Hygienefaktor ist. Im Klartext: Fachkompetenz allein schafft keinen positiven Mehrwert für den beruflichen Aufstieg. Fleiß und Loyalität sowie gewissenhaftes Arbeiten fördert das berufliche Vorankommen nur bedingt. Sicher: Es kann Lebenssituationen geben, in denen es völlig in Ordnung ist, seine eigene Positionierung nicht ganz so aktiv zu gestalten, beispielsweise in Krisen- oder Umbruchsituationen. Es kann sogar spannend sein, einfach mal abzuwarten, was andere einem zutrauen und entsprechend an einen herantragen. Oder welche Chancen der Zufall so schafft. Hier besteht jedoch die Gefahr, dass Menschen zu lange darauf warten, dass andere sie »entdecken«, ohne selbst aktiv zu werden.

Selbstmarketing und eine hohe Sichtbarkeit sind wichtige Erfolgsfaktoren für deine Karriere.

Die Genderforschung kennt einen Begriff für diese abwartende Haltung: »Tiara-Syndrom«. Zum ersten Mal stieß ich darauf in Sheryl Sandbergs Buch *Lean in*. Dieses Syndrom zeigen Frauen, die vollen Einsatz bringen und hoffen, dass ihre Chef:innen ihre Leistung von selbst entdecken, um sie zum Dank mit einer Tiara zu krönen – wie in

Form einer Gehaltserhöhung oder Beförderung. Dies geschieht jedoch äußerst selten. Was nur einen Schluss zulässt: Es braucht mehr Selbstmarketing und den Mut, Leistungen und errungene Erfolge zu zeigen. Warum ist es für uns Frauen immer noch oft eine Herausforderung, für uns selbst einzustehen und selbstbewusst von unseren Leistungen zu berichten? In meiner Generation herrschte noch ein traditionelles Frauenbild. Ich musste dann während meiner langjährigen Arbeit als HR-Direktorin feststellen, dass dieses Rollenbild auch in den folgenden Generationen noch ausgeprägt war. Nicht mehr so stark wie früher – zum Glück! Aber in meinen Augen immer noch viel zu sehr.

Deshalb ist Selbstmarketing so wichtig

Viele Frauen halten sich nach wie vor sehr zurück – in jeder Hinsicht. Ist eine Frau erfolgreicher als ein Mann oder stellt sie sich selbstbewusst in den Mittelpunkt, gilt sie immer noch häufig als unsympathisch, besserwisserisch oder unweiblich. Im Englischen heißt es dann schnell: »*She is too much of everything*« – zu laut, zu fordernd, zu schrill, zu ehrgeizig et cetera. Tijen Onaran, deren Instagram-Account ich nur empfehlen kann, parodiert dieses stereotype Bild. Sie ermutigt Frauen ausdrücklich, »*too much*« zu sein! Von diesem Mut brauchen wir mehr, denn effektives Selbstmarketing hat keine Geschlechternorm. Es ist weder arrogant, unsympathisch noch unweiblich. Es zielt vielmehr auf ein selbstbewusstes Auftreten ab, um seinen Kompetenzen und Leistungen die nötige Sichtbarkeit zu verleihen. Eine eigene persönliche Marke aufzubauen, effektiv zu netzwerken und für sich selbst einzutreten, ist wesentlich für deine Sichtbarkeit, deine Glaubwürdigkeit und deinen Einfluss im Unternehmen.

Während meiner beruflichen Laufbahn habe ich viele talentierte Frauen auf ihrem beruflichen Weg begleitet und unterstützt. Hier möchte ich dir zwei von ihnen vorstellen: Sarah* und Kate*, beide herausragende Mitarbeiterinnen im selben Unternehmen und junge Mütter von Kindern im Kita- und Grundschulalter. Die Situation der beiden war sehr ähnlich, aber sie legten den Fokus ihrer Karriere unterschiedlich. Sarah gab stets alles, häufig sogar mehr als das. Ihre Projekte managte sie auch trotz verkürzter Deadlines mit Bravour. Sie war eine beliebte Führungskraft und hatte stets ein offenes Ohr für ihr Team. Ihre professionelle Art machte sie zu einer wertvollen Bereicherung unseres Management-Teams. Doch sie sprach nie über ihre Erfolge, nahm weder an internen noch externen Konferenzen teil. Sie priorisierte und konzentrierte sich auf ihre operative Arbeit und ihr Team, in stiller Annahme, dass ihre Leistung erkannt und gewürdigt würde. Kate hingegen, die in einer Supply-Chain-Funktion arbeitete, unterschied sich in zwei wesentlichen Punkten von Sarah. Erstens kommunizierte sie klar, wenn ein Projekt nicht machbar war oder Fristen verschoben werden mussten. Zweitens verteilte sie ihre Arbeitszeit anders: 90 Prozent widmete sie ihren Projekten und ihrem Team, den Rest nutzte sie zur Steigerung ihrer Sichtbarkeit inner- und außerhalb des Unternehmens. Sie trat häufig als Rednerin auf Konferenzen auf, vernetzte sich mit externen Kolleg:innen und teilte ihr Wissen. Gleichzeitig sorgte sie dafür, ihre Leistungen in internen Meetings zu präsentieren und ihre Erfolge bewusst zu feiern. Als ich eines Tages unsere Top-Talente, auch Sarah und Kate, unserem internationalen Board vorstellte, kannte sowohl unser COO als auch der CEO Kates Namen. Von Sarah hatten sie vor dem Meeting noch nie gehört. Zwei Jahre später wurde eine Senior-Leadership-Position neu vergeben. Beide bewarben sich für die Rolle und brachten auch die Erfahrungen und Expertise dafür mit. Es überrascht nicht, dass Kate den Job bekam.

Sarahs und Kates Geschichte zeigt: Selbstmarketing und der Aufbau einer eigenen Marke hilft der eigenen Karriere enorm. Und das ist keine Geheimwissenschaft. Im Grunde sind es eine Hand voll Techniken, die du gut erlernen und üben kannst. Wie bei allen anderen Vorhaben auch, kommt es darauf an, diese Techniken auch tatsächlich anzuwenden statt sie nur theoretisch zu wissen. Deine starke eigene Marke, deine Personal Brand, erschaffst du, indem du deine Stärken und Erfahrungen klar benennst und immer wieder herausstellst. Metaphorisch kannst du dir deine Personal Brand als dein Signature-Parfum vorstellen. Wo immer du auftauchst, bleibst du anderen mit deinen ganz persönlichen Kompetenzen in Erinnerung.

Selbstmarketing lässt sich gut anwenden und üben – es ist keine Geheimwissenschaft.

Selbstmarketing: Schritt für Schritt

Hier zehn konkrete Tipps, wie du deine Marke aufbauen kannst – du musst nicht alles sofort umsetzen, gehe Schritt für Schritt vor. Zweifle nicht zu stark an dir: Ecken und Kanten gehören dazu und machen dich aus. Niemand soll perfekt sein. Eine Personenmarke braucht Zeit und entsteht nicht über Nacht.

1. Kenne deine Stärken – mache eine Liste

Nimm dir Zeit, um deine wahren Talente und Fähigkeiten zu reflektieren: In welchen Bereichen siehst du deine Stärken oder bekommst positives Feedback von anderen? Welche Themen begeistern dich leidenschaftlich? Definiere deine Ziele, Werte und überlege, wie du von anderen in Erinnerung behalten werden möchtest. Erstelle zuerst eine Liste mit mindestens 50 Stärken. Das klingt erst mal viel, aber wir haben alle mindestens so viele. Oft fällt es uns Frauen leichter, unsere Schwächen zu listen. Dieser Fokus auf Defizite kann hilfreich sein, doch das Bewusstmachen und Fördern der eigenen Stärken ist nicht nur motivierend, sondern auch effektiver. Wenn deine Liste fertig ist, diskutiere sie mit ausgewählten Personen. Bitte um Feedback von Kolleg:innen, Freund:innen oder Coach:innen und Mentor:innen. Vielleicht können sie dir helfen, bisher unbekannte Stärken ans Licht zu bringen. Es zählt nicht nur dein Blick auf dich, sondern die Wahrnehmung anderer.

Ein wichtiger Schritt ist es dann, deine Stärken klar und selbstbewusst zu kommunizieren. Das ist anfangs nicht leicht, aber man kann es gut üben. Mit der Zeit wird es dir immer natürlicher erscheinen, über deine Stärken zu sprechen.

2. Entwickle deinen eigenen Stil und Positionierung – wofür stehst du?

Deine Auftritt und dein Erscheinungsbild spielen eine entscheidende Rolle in der Wahrnehmung anderer. Ein charakteristischer Signature

Look kann hierbei ein einfaches, aber wirkungsvolles Mittel sein – wie bei mir, die sich bewusst für bunte Kleidung bei Business Events entschied. Die Bedeutung der Kleidung in der heutigen Kommunikation darf nicht unterschätzt werden. Kleidungsstile und Looks werden häufig stereotyp kategorisiert, und gerade Frauen in hohen politischen und wirtschaftlichen Positionen müssen sich darauf einstellen, dass ihre Kleidung und Frisur oft Thema sind – ein Aspekt, der bei Männern unfairerweise selten zur Sprache kommt. Doch dein Stil und deine Positionierung sind so viel mehr als dein äußeres Erscheinungsbild. Sie reflektieren deine Art, deine Arbeitsweise, Zuverlässigkeit und vieles mehr. Sie erstrecken sich ebenso auf deine Internetpräsenz und Social-Media-Profile. Eine erfolgreiche Marke ist konsistent in ihrem Erscheinungsbild. Gleiches gilt für deine Personal Brand. Dein Onlineprofil, deine Kommunikation und Handlungen sollten kohärent wirken, hier sind besonders Vertrauen und Konsistenz entscheidend für den Erfolg.

3. Formuliere deine Botschaft – kurz und knackig auf den Punkt gebracht

Nachdem du deine Stärken identifiziert und deinen persönlichen Stil definiert hast, entwickelst du deine Positionierung und daraus eine prägnante Botschaft. Dies erreichst du mit einem präzisen und kurzen Elevator Pitch. Fasse darin drei bis fünf deiner Kernkompetenzen zusammen. Du solltest ihn so verinnerlicht haben, dass du ihn jederzeit, auch unerwartet, mühelos widergeben kannst. Nutze deinen Elevator Pitch in unterschiedlichsten Situationen, um dich kurz und wirkungsvoll vorzustellen: bei Veranstaltungen, Netzwerktreffen, Meetings mit neuen Kontakten und sogar in kurzen Momenten wie einer Aufzugsfahrt – daher auch der Name. Das Beherrschen dieser knackigen Selbstpräsentation hat einen weiteren Vorteil: Sie erleichtert es dir, zielgerichtete und relevante Inhalte für deine Stakeholder oder Zielgruppen zu kreieren, die du dann in den sozialen Netzwerken teilen kannst. Eine klare Struktur ist für einen effektiven Elevator Pitch hilfreich. Beginne mit den Antworten auf grundlegende Fragen:

Die eigene Botschaft schnell und überall anbringen können – darauf kommt es an.

- Wer bist du und wer ist deine Zielgruppe?
- Welches Problem löst du oder welches Bedürfnis befriedigst du mit deiner Arbeit?
- Wie gehst du dabei vor?
- Welches Ergebnis erzielst du?
- Was macht dich einzigartig im Vergleich zu anderen?

Diese Fragen orientieren sich an den sogenannten »W-Fragen«, die auch im Journalismus für die zentrale Erfassung von Informationen verwendet werden. Aus deinen Antworten entwickelst du einige prägnante Sätze, wie: »Ich bin die Digitalisierungsexpertin, die Manager und Führungskräfte in die Zukunft katapultiert. Mein Job? Teams fit für die Zukunft zu machen, indem ich ihnen zeige, wie sie mit innovativen Technologien ihren Arbeitsalltag effektiver gestalten können. Meine Superkräfte? Komplexes einfach erklären zu können und meine absolute Begeisterung für alles rund um Tech! *Let's digitize!* 🚀💻«

4. Werde zur Storytellerin – Menschen lieben Geschichten

Eine persönliche Geschichtensammlung unterstützt das Selbstmarketing immens.

In vielen Kulturen ist es gängig, offen über eigene Erfolge zu sprechen und sie in persönliche Geschichten einzubetten. In Deutschland hingegen wird dies weder in der Schule noch im Studium ausreichend gelehrt. Geschichten verleihen deinen Aussagen Lebendigkeit und bleiben im Gedächtnis. Je mehr sich andere in deiner Geschichte wiederfinden, desto leichter kannst du eine Verbindung zu ihnen aufbauen. Erstelle eine Sammlung von Erlebnissen, die du jederzeit einbringen kannst. Falls dir spontan nichts einfällt, helfen die folgenden Fragen:

- Was war dein größtes Erfolgserlebnis?
- Was war deine härteste Niederlage und wie hast du dich davon erholt?
- Wann warst du zuletzt besonders stolz auf dich?

- Was war dein schönstes Erlebnis im letzten Job?
- Wann hattest du das letzte Mal das Gefühl, dass du unfreiwillige Protagonistin bei »Versteckte Kamera« warst? Wie hast du die Situation gerettet?

5. Finde passende (Online-)Plattformen für deine Marke – werde zu einer Voice

Es ist entscheidend, dass du auf allen Plattformen deine persönliche Marke (Personal Brand) und deine Botschaften konsistent vermittelst. Regelmäßige Wiederholungen sorgen dafür, dass du im Gedächtnis bleibst. Obwohl auch analoges Marketing seine Berechtigung hat, spielt sich der Großteil des Selbstmarketings heute online ab. Entscheide also bewusst, welche Kanäle für dich relevant sind und auf welchen du aktiv sein möchtest. Kontinuität ist beim Posten wichtig – sporadische Beiträge alle paar Monate sind wenig effektiv. Beginne daher mit einer realistischen Frequenz und konzentriere dich auf ein oder zwei Kanäle. Scheue dich nicht, deine Stimme für die Sichtbarkeit zu erheben. Perfektion ist dabei nicht immer erforderlich. Vielmehr ist es wichtig, dass du deinen Posts und deiner Selbstdarstellung Authentizität verleihst. Ein selbstgemachtes Video kann oft mehr Persönlichkeit vermitteln als eine überproduzierte Werbung. Dein Onlineauftritt sollte vielmehr im Einklang mit deinem realen Leben stehen.

Für Sichtbarkeit in der Öffentlichkeit brauchst du Mut und musst für deine Ideen eintreten. Diesen Mut baust du auf, indem du regelmäßig und aktiv deine Meinung und Perspektive einbringst. Beginne ruhig behutsam und wage dich schrittweise vor. Zeige auf, wie du andere unterstützen kannst und welchen Mehrwert dein Wissen und deine Fähigkeiten bieten. Mit der Zeit wirst du feststellen, dass die Menschen um dich herum dich wahrnehmen und Interesse an deiner Kompetenz zeigen. Diese Sichtbarkeit steigert wiederum dein Selbstbewusstsein – es entsteht eine positive Dynamik. Scheue dich nicht, deine eigenen Leistungen anzuerkennen und auch von anderen anerkennen zu lassen. Hebe deine Erfolge hervor, wenn es angebracht ist, und sei stolz darauf. Feiere sie gemeinsam mit deinem Team, denn das stärkt das

Gemeinschaftsgefühl und fördert zusätzlich deine Marke. Achte aber stets darauf, dass du deinen Worten auch Taten folgen lässt. Erfolge basieren auf tatsächlicher Leistung.

6. Gelegenheiten suchen und wahrnehmen – teile deine Erfahrungen

Nutze die Chancen für Projekte und Herausforderungen aktiv, die sowohl deine persönliche Entwicklung als auch deine berufliche Sichtbarkeit fördern. Das können Aufgaben sein, die dein fachliches Spektrum erweitern, oder Projekte, in denen du Prozesse in deinem Arbeitsbereich optimierst. Auch Weiterbildungen oder Zusatzqualifikationen sind hervorragende Mittel zur Wissensvertiefung. Nutze diese Chancen nicht nur, um intern in deinem Unternehmen zu wachsen, sondern teile deine Erfahrungen und Erkenntnisse auch mit deinem Netzwerk in den sozialen Medien. Dadurch stärkst du deine Präsenz und zeigst, dass du aktiv an deiner beruflichen Entwicklung arbeitest.

7. Netzwerken – du bist nicht allein

Es ist wichtig, sowohl innerhalb deines Unternehmens als auch in der Branche ein starkes professionelles Netzwerk aufzubauen. Beteilige dich aktiv an Branchen-Events, nimm an Seminaren und Konferenzen teil und trage als Expertin in deinem Fachgebiet vor. Nutze diese Gelegenheiten, um Menschen aus deiner Branche kennenzulernen und Ideen auszutauschen. Dabei solltest du die Initiative ergreifen und auf andere zugehen, statt darauf zu warten, angesprochen zu werden. Effektives Netzwerken bedeutet jedoch nicht, immer die letzte Person auf einer Veranstaltung zu sein oder besonders extrovertiert auftreten zu müssen. Vielmehr geht es darum, Kontakte strategisch zu knüpfen und Beziehungen langfristig zu pflegen. Jede:r hat die Fähigkeit zum Kontakteknüpfen, sich nach den Bedürfnissen anderer zu erkundigen, ebenso

Extravertiert und introvertiert: Jede:r bringt die Kompetenz zum Netzwerken mit.

wie um Unterstützung zu bitten, wenn es notwendig ist. Bei der Netzwerkarbeit sind deine Sichtbarkeit und Positionierung von großer Bedeutung. Stelle sicher, dass die Menschen in deinem Netzwerk verstehen, wofür du stehst und welchen Nutzen du ihnen bieten kannst.

Eine hilfreiche Richtlinie für Netzwerkarbeit bietet die 70-20-10-Regel des US-amerikanischen Coachs und Beraters Mike Sansone: Nutze 70 Prozent deiner Netzwerkzeit, um anderen zu helfen – mit Wissen, Tipps und Einblicken. Verwende 20 Prozent für die Selbstpräsentation – erzähle von deiner Arbeit, deiner Motivation und deinem Business. Die verbleibenden 10 Prozent solltest du dazu nutzen, um gezielt um Unterstützung zu bitten. Diese Regel spiegelt das Prinzip »Erst geben, dann nehmen« wider. Indem du mehr gibst als nimmst, stellst du sicher, dass du Unterstützung erhältst, wenn du sie wirklich benötigst.

8. Eine:n Mentor:in oder Sponsor:in finden – lass dich unterstützen

Für deine berufliche Sichtbarkeit sind Mentor:innen und Sponsor:innen von unschätzbarem Wert. Diese Personen sind speziell darauf ausgerichtet, dich gezielt und strukturiert in deiner Karriereentwicklung zu unterstützen, und viele Unternehmen bieten dafür eigene Programme an. Mentor:innen öffnen dir Türen und begleiten dich in der Regel langfristig auf deinem Karriereweg. Sie teilen mit dir umfassendes Geschäftswissen, interne Einsichten und Erfahrungen. Jedes Unternehmen hat seine eigenen, oft unausgesprochenen Regeln, Beziehungsnetzwerke und eine eigene Kommunikationskultur. Mentor:innen können deine Entwicklung enorm fördern und dein Selbstvertrauen stärken.

Professionelle Fürsprecher:innen steigern die Chancen auf eine erfolgreiche Karriere.

Sponsor:innen hingegen agieren als Fürsprecher:innen und setzen sich gezielt für deine zukünftigen Erfolge ein. Sie sprechen hinter den Kulissen für dich, heben deine Stärken hervor und empfehlen dich für wichtige Aufgaben oder Projekte. Durch ihre Unterstützung wirst du im Unternehmen sichtbarer und hast bessere Chancen auf begehrte Positionen oder prestigeträchtige Projekte. Sie vertreten deine Interessen aktiv und nachdrücklich – das kann ein entscheidender Erfolgsfaktor sein.

9. Corporate Influencing und Selbstmarketing – eine Verbindung schaffen

Ich habe die Bedeutung von Selbstmarketing zu Beginn meiner Karriere stark unterschätzt. Erst später positionierte ich mich als Unternehmensrepräsentantin, eine Rolle, die man heute als Corporate Influencerin bezeichnet – Menschen, die positiv über das Unternehmen sprechen. Jahrzehntelang schenkte ich jedoch den Themen Sichtbarkeit und Selbstmarketing kaum Beachtung. Ich konzentrierte mich auf meine sehr guten Leistungen. Zudem war mir die Zeit mit meinem Team wichtig – ähnlich wie Sarah*. Meine wenige Freizeit wollte ich mit meiner Familie verbringen. Daher lehnte ich in dieser Karrierephase fast alle Einladungen zu Events, Vorträgen oder Netzwerkveranstaltungen ab und überlegte nicht, wie ich mich intern oder extern besser positionieren könnte. Heute würde ich das anders angehen. Glücklicherweise hatte ich damals einen Chef, der mich unterstützte. Irgendwann entschied ich mich, die Themen Sichtbarkeit und Selbstmarketing bewusst anzugehen. Ich begann, Firmenevents in sozialen Netzwerken zu posten, und motivierte meine Mitarbeiter:innen dazu, ebenfalls Positives über unser Unternehmen zu teilen. Ich legte fest, dass Kommunikation und Vermarktung in jedem Projektplan hohe Priorität haben sollten.

Dein Selbstmarketing hilft auch deinem Unternehmen.

Die Entscheidung, mit der internationalen Organisation Great Place to Work (GPTW) zusammenzuarbeiten, war für das Unternehmen und mich in Bezug auf Sichtbarkeit von unschätzbarem Wert. Jährlich bewertet GPTW Tausende Unternehmen weltweit anhand von Cultural Assessment und anonymen Mitarbeiter:innenbefragungen. Diese Bewertungen zielen auf die Erfassung der Wahrnehmung der Mitarbeiter:innen hinsichtlich Glaubwürdigkeit, Respekt, Fairness, Stolz, Teamgeist und Unternehmenskultur ab. Meine spannende Aufgabe bestand darin, Projekte zur Förderung der

Unternehmenskultur zu entwickeln, Vielfalt zu fördern, die Entwicklung der Mitarbeiter:innen zu stärken und weltweit Initiativen für Anerkennung sowie Gesundheit und Wohlbefinden umzusetzen. Dank der positiven Resonanz konnten wir kontinuierlich die Zufriedenheit steigern und wir wurden nach fast zehn Jahren schließlich mit dem ersten Platz belohnt. Ich hatte mich in dieser Zeit zur Corporate Influencerin entwickelt. Ich war als Rednerin und Repräsentantin nach innen und außen sehr sichtbar. Dies führte zu einer Win-win-Situation: Mein Arbeitgeber profitierte von mir als Markenbotschafterin, es stärkte aber auch meine persönliche Positionierung.

10. Wer nicht sichtbar ist, fällt weg

Die direkte und humorvolle Art des Keynote-Speakers Hermann Scherer hat mich in den letzten zwei Jahren begeistert und motiviert – besonders in Bezug auf das Thema Selbstmarketing: »Es ist wichtig, jetzt sichtbar zu werden – wer nicht sichtbar ist, fällt weg. Perfekt ist man nie, und Schwäche zeigen heißt auch Stärke zeigen.« Diese Worte hallen nach und werden auch von meiner Karriere bestätigt. Neben meiner zeitlichen Restriktion hatte ich oft das Gefühl, meine Leistungen seien oftmals unvollendet oder nicht gut genug, um sie öffentlich zu kommunizieren. Er hat absolut Recht: In einer zunehmend chaotischen Welt mit wachsender Konkurrenz und sich stetig vermehrenden Möglichkeiten und Chancen muss man sich abheben und als unverwechselbare Marke etablieren. Wenn du dir nicht selbst eine Marke schaffst, werden es andere tun.

Mit meinen persönlichen Erfahrungen möchte ich heute alle Frauen ermutigen, selbstbewusst und möglichst früh aktiv in ihre eigene Sichtbarkeit zu investieren. Damit meine ich nicht, dass sie zusätzlich zu ihrer Arbeitszeit private Zeit dafür aufbringen sollten. Vielmehr sollte Selbstmarketing zu einem integralen Bestandteil der alltäglichen Arbeitsroutine werden. Sichtbarkeit ist die Währung unserer Zeit.

KAPITEL – *kompakt*

- Selbstmarketing ist die Art und Weise, wie du dich als Marke präsentierst. Es geht darum, deine einzigartigen Fähigkeiten, Stärken und Erfahrungen für einen guten Ruf zu nutzen.
- Frauen fällt gezieltes Selbstmarketing immer noch schwer – es ist jedoch eine der wichtigsten Voraussetzungen für eine erfolgreiche Karriere. Darauf zu hoffen, dass Leistung allein ausreichen würde, reicht nicht. Es braucht Sichtbarkeit der eigenen Stärken und Kompetenzen.
- Die eigenen Leistungen mehr ins Rampenlicht zu stellen, gelingt mit konkretem Handwerkszeug. Dazu gehören beispielsweise eine Analyse der eigenen Stärken, gezielte Gestaltung des Außenauftritts, bewusste Positionierung, Storytelling, Präsentation in den Social-Media-Profilen, Authentizität und Glaubwürdigkeit, Netzwerken und die Zusammenarbeit mit einzelnen oder mehreren Sponsor:innen.
- Warum ist es so wichtig? In einer komplexen Welt, in der Konkurrenz, Wettbewerb, aber auch Chancen immer stärker werden, muss man sich von anderen abheben und eine unverwechselbare Marke erschaffen. Wenn du dir nicht selbst eine Marke bildest, machen es andere.

DR. CHARLOTTE DE BRABANDT

»Build your community around people that inspire you.«

Mit Networking und Selbstmarketing tun sich die meisten Frauen schwer – manche gehen darin jedoch richtig auf. Zu Letzteren gehört Charlotte de Brabandt. Sie hat einen bemerkenswerten Werdegang hinter sich: Als Expertin für Supply Chain Management agiert sie als Frau in einer Männerdomäne. Mit Fokussierung auf Digitalisierung und Innovation machte sie sich zunächst in Deutschland einen Namen. Danach zog sie in die USA und schaffte es dort schnell, Sichtbarkeit zu erreichen. Sie hat zudem Bücher über Verhandlungsführung verfasst, tritt regelmäßig als Keynote-Speakerin und Moderatorin bei unzähligen Veranstaltungen auf. Charlotte führt als Kapitänin ein erfolgreiches Frauenfußballteam und leitete als Bergführerin Kletterer auf den Mont Blanc. Ihre Versatilität ließ sie eine starke Personenmarke und ein starkes Netzwerk mit Tausenden Unterstützer:innen und *Opinionleadern* ihrer Branche aufbauen. Im Frühjahr 2023 kam eine dramatische Wende: Im Alter von 35 Jahren erhielt sie die Diagnose Brustkrebs. Statt sich zurückzuziehen, zeigt Charlotte ihre unermüdliche Kämpfernatur. Sie engagiert sich jetzt in neuen Netzwerken, spricht über andere Zahlen und setzt sich für die Früherkennung und neue Forschungsmethoden ein. Sie spricht offen über ihre Krankheit, weil sie Mut machen möchte und zeigen möchte, dass Frauen mit der Diagnose nicht allein sind.

MIRIAM: Liebe Charlotte, vielen Dank für dieses Interview. Frauen tun sich meist schwer in der Selbstvermarktung. Was sind deine Tipps für den Aufbau einer starken Marke?

CHARLOTTE: Eine positive Ausstrahlung ist wichtig. Zeige authentische Begeisterung für das, was du tust, und kommuniziere auch mit einer solchen Begeisterung, denn das steckt an. Und umgib dich mit den richtigen Leuten. Mit inspirierenden und motivierenden Menschen, die Ziele haben. Diese Menschen können nicht nur als Mentor:innen und Unterstützer:innen dienen, sondern auch neue Perspektiven und Möglichkeiten eröffnen.

MIRIAM: Wie hast du dir deinen Expertinnenstatus und deine Sichtbarkeit aufgebaut?

CHARLOTTE: Beides habe ich durch kontinuierliche Weiterentwicklung aufgebaut. Eine eigene Marke entsteht nicht von heute auf morgen. Du musst, um als Expertin wahrgenommen zu werden, in dem Bereich, für den du brennst, eine fundierte Expertise erarbeiten. Das ist eine kontinuierliche Aufgabe. Bis zum heutigen Tag nehme ich an zahlreichen Fortbildungen und Konferenzen teil, um Wissen zu gewinnen und zu teilen. Denn das ist ein wesentlicher Aspekt beim Aufbau wertvoller Netzwerke. Jemand, der aus einer Verbindung immer nur Wissen und Vorteile zieht, aber selbst nichts beiträgt, wird nie ein wichtiger Partner sein. Es geht um das Geben und Nehmen. Am Anfang muss man erst einmal etwas geben. Gleichzeitig haben mir meine Authentizität und Leidenschaft für mein Fachgebiet auch geholfen, schnell an Sichtbarkeit zu gewinnen. Denn du musst auffallen, damit Leute über dich reden und dann auch für Konferenzen, Panels oder Ähnliches buchen.

MIRIAM: Networking spielt sich heute online und offline ab. Wie wichtig ist für dich virtuelles Netzwerken versus persönliche Treffen? Welchen Tipp hast du zum Netzwerkaufbau?

CHARLOTTE: Beim Thema Networking setze ich auf eine ausgewogene Mischung aus virtuellem und persönlichem Austausch. Ersteres bietet Reichweite, während Letzteres eine tiefere Dimension schafft. Netzwerke sind für mich essenziell, besonders in der schnelllebigen Geschäftswelt. Empfehlen kann ich branchenspezifische Plattformen und lokale Netzwerkveranstaltungen. Frauen am Anfang ihres Netzwerkaufbaus empfehle ich, authentische Beziehungen aufzubauen, aktiv in relevanten Netzwerken präsent zu sein und Social Media strategisch zu nutzen. Scheut euch nicht, eure Stärken zu zeigen, und sucht euch Mentor:innen für Unterstützung und Rat.

MIRIAM: Welche Rolle spielen für dich Social-Media-Kanäle?

CHARLOTTE: Social Media hat für mich eine große Bedeutung. LinkedIn ist zentral für berufliche Sichtbarkeit, Instagram vermittelt einen persönlichen Einblick und Facebook bietet eine breitere Reichweite.

MIRIAM: Wie schaffst du es, neben deinem Job als Führungskraft auch noch Autorin, Moderatorin, Speakerin und Expertin zu sein?

CHARLOTTE: Hier gibt es zwei Aspekte: Zunächst einmal erfordert ein Tanzen auf mehreren Hochzeiten ein strukturiertes Zeitmanagement und klare Prioritäten. Darüber hinaus auch effizientes Arbeiten und die Fähigkeit, Aufgaben zu delegieren. Doch das ist nur ein Teil. Der andere Teil ist, dass man die unterschiedlichen Tätigkeiten idealerweise so gestalten sollte, dass der Arbeitgeber auch davon profitiert. Wenn ich über erfolgreiche Verhandlungen ein Buch schreibe, profitiert mein Arbeitgeber bei der Aushandlung des nächsten Deals davon. Wenn ich als Moderatorin oder Speakerin auftrete, mache ich das meist als Vertreterin meines Unternehmens, das heißt, ich generiere positive Awareness für meinen Arbeitgeber.

MIRIAM: Bei dir wurde im Frühjahr 2023 ein aggressiver Brustkrebs diagnostiziert, im Alter von 35 Jahren. Du gehst in die Öffentlichkeit und sprichst über deine Diagnose. Warum ist dir das wichtig?

CHARLOTTE: Ich möchte damit zeigen, dass ich mich nicht verstecke, sondern meine Träume weiterleben möchte, ja sogar muss. Ich möchte anderen Mut machen und die Tabus rund um die Krankheit brechen. Netzwerke sind in diesem Kontext von unschätzbarem Wert, um Erfahrungen zu teilen und emotionale Unterstützung zu finden. Jede Frau soll wissen, dass sie nicht allein ist.

7

Job Affairs

Nimm deine Karriere selbst in die Hand

Mit 35 Jahren Berufserfahrung blicke ich zurück auf meine Karriere, in der das Thema Frauen in Führungspositionen zwar immer ein Herzensanliegen, aber nur eines von vielen Themen war. Als Frau im Berufsleben habe ich selten über mein biologisches Geschlecht nachgedacht, doch es war immer ein unsichtbarer Begleiter – manchmal ein unerwarteter Vorteil, manchmal eine unerklärliche Hürde. Trotz erkennbarer Fortschritte für Frauen bleibt die Tatsache bestehen, dass unter den CEOs der 40 DAX-Unternehmen bis heute nur eine einzige Frau vertreten ist – einige Unternehmen, wie Adidas und Porsche Holding, haben nicht mal eine Frau im Vorstand. Dies sind Zahlen aus dem Jahr 2023. Sie erfüllen mich einerseits mit Ärger, andererseits wecken sie in mir eine starke Motivation, mich intensiv für Gleichstellung und Chancengleichheit einzusetzen. Verstärkt wird diese, wenn ich in Tageszeitungen und News-Magazinen Überschriften lese wie »Scheitern Frauen in Vorständen häufiger als Männer?« oder »Frauen in Führungspositionen: Zu still, zu laut, zu ehrgeizig«. Das sind Headlines führender Medien unseres Landes. Teilweise sind die Artikel selbst facettenreicher, aber die Wahl der Headline legt den Schluss nahe, dass Frauen eben doch nicht so gut für Vorstandspositionen geeignet seien. Ich hätte mir eine positivere Berichterstattung gewünscht. Studien lassen mit ihren Prognosen erkennen, dass die Arbeitswelt durch die fortschreitende Digitalisierung einen Wandel erfahren wird. Das World Economic Forum geht in seinem Bericht *Future of Jobs* davon aus, dass sich in den nächsten fünf Jah-

ren fast 50 Prozent der Kernkompetenzen verändern werden. Nach Einschätzung des Instituts für Arbeitsmarkt- und Berufsforschung (IAB) werden bis 2040 5,3 Millionen Jobs wegfallen – aber auch 3,6 Millionen neue entstehen. Dies resultiert in einer bedeutsamen Lücke von 1,7 Millionen Arbeitsplätzen. Mit einer strategischen Planung kann man nicht nur dem Fachkräftemangel entgegengewirken, sondern auch den sich wandelnden Bedürfnissen der Gen Z nach mehr Flexibilität und kürzen Arbeitszeiten gerecht werden. Mit Weitsicht und innovativen Ideen können so Chancen für einen zukunftsfähigen Arbeitsmarkt geschaffen werden.

Frauen haben Kernkompetenzen für Future-Leadership-Herausforderungen.

In diesem Kontext verdient insbesondere die Frage nach einer besseren Vereinbarkeit von Karriere und Familie mehr Aufmerksamkeit. Meiner Meinung nach kann die Einführung flexiblerer und teilweise reduzierter Arbeitszeiten speziell Frauen den Weg zu größerer Chancengleichheit ebnen. Dies setzt allerdings voraus, dass sich insbesondere Frauen schon heute mit den in der Zukunft nötigen Fähigkeiten auseinandersetzen, am besten auf drei Ebenen:

- **Grow yourself:** Investiere in deine Weiterentwicklung, um deine Fähigkeiten und Kenntnisse auszubauen. In Kombination mit deiner Positionierung im Berufsleben trägt dies wesentlich zu deinem Erfolg bei.
- **Grow as a Female Leader:** Als Führungskräfte sind Frauen oft wegen ihrer hervorragenden Fähigkeiten im Beziehungsmanagement, der Selbstreflexion und Teammotivation gefragt.
- **Develop new Female Leaders:** Dies gilt insbesondere für Führungskräfte, weitere potenzielle weibliche Talente im Unternehmen sichtbar zu machen, weiterzuentwickeln und zu stärken.

Grow yourself

Mit unserem Fokus auf fünf Kernbereiche möchten wir aufzeigen, worauf du bei deiner Weiterentwicklung achten solltest.

1. Weiterbildung: Am Ball bleiben durch lebenslanges Lernen

Nur wer seine Kompetenzen und Skills permanent weiterentwickelt, macht Karriere.

Das Angebot an unternehmensinternen sowie -externen Weiterbildungsprogrammen ist vielfältig. 94 Prozent der Deutschen haben bereits erkannt, dass Weiterbildung in der heutigen Zeit notwendig ist. 48 Prozent möchten sich gern weiterbilden, haben aber entweder nicht genug Zeit oder Geld – Letzteres wird mehrheitlich von Frauen angeführt. Während Männer mehr technisches Wissen und Führungskompetenzen erwerben wollen, sind Frauen mehr an Sprachen und Softskills interessiert – man sollte hierbei immer die individuellen Karrierewünsche, aber auch die nachgefragten Future Skills im Auge behalten. Der technologische Fortschritt und die Digitalisierung erfordern von Arbeitnehmer:innen die Anpassung an sich immer schneller verändernde Prozesse und Unternehmenswelten. Technologische Fähigkeiten – wie Big Data, KI oder Automatisierung – verursachen oftmals gerade bei Frauen eine gewisse Unsicherheit. Laut einer Umfrage der Hans-Böckler-Stiftung aus dem Jahre 2023 fühlen sich Frauen mit 34 Prozent schlechter auf die vernetzte Technologie vorbereitet als Männer mit 48 Prozent. Noch größer wird der digitale Rückstand mit dem Faktor Teilzeitarbeit. Es ist erfreulich festzustellen, dass die Beteiligung von Männern und Frauen an Weiterbildungsmaßnahmen nahezu gleich ist. Jedoch gibt es einen besorgniserregenden Trend, der die traditionellen Rollenklischees verstärkt: Insbesondere Frauen investieren nach der Geburt ihrer Kinder signifikant weniger in ihre berufliche Weiterbildung, während Männer die Weiterbildungsaktivitäten nur vorübergehend einschränken. Ein Großteil der Mütter arbeitet dann in Teilzeit, reduziert die beruflichen Ambitionen, was langfristig die Chancen auf Beförderungen reduziert.

In meiner Position als HR-Direktorin fragte ich mich: Warum sind es eigentlich so viel öfter die Männer, die ihre Weiterentwicklungsambitionen klar formulieren? Wenn du dir diese Frage auch schon gestellt hast, entwickele deinen eigenen Plan, der auch Teil des Entwicklungsgespräches als Mitarbeiterin sein sollte. Hier einige Vorschläge:

- Definiere bei der Weiterbildungsplanung klar dein Ziel. Soll es darum gehen, deine fachlichen Kompetenzen zu erweitern oder dich auf den nächsten Karriereschritt vorzubereiten? Bedenke auch deine methodischen Fähigkeiten und Softskills.
- Nutze das 70–20–10-Modell: 70 Prozent *On the Job*-Lernen durch praktische Herausforderungen, 20 Prozent Lernen von und mit anderen und 10 Prozent *Off the Job*-Lernen durch formelle Bildung wie Seminare oder Workshops.
- Bereite dich auf die Digitalisierung vor, insbesondere auf das *Upskilling* in KI. Welche konkreten Future Skills benötigst du, um deine eigene Beschäftigungsfähigkeit in der Arbeitswelt von morgen zu erhalten? Der Umgang mit KI wird einer der wichtigsten Voraussetzungen für Erfolg und Effizienz in der Zukunft sein.
- Bedenke, dass viele Weiterbildungen flexibel als Online- oder E-Learning-Kurse angeboten werden.
- Nutze außerdem Mentoring und Coaching, um deine Fähigkeiten individuell zu entwickeln und Netzwerke zu erschließen.

2. Auslandsaufenthalt: Wichtig für deine Karriere und dich

In der zunehmend vernetzten digitalen Welt wird es immer wichtiger, kulturelle Unterschiede zu verstehen und zu respektieren. Bei einer Podiumsdiskussion wurde ich einmal gefragt, was ich rückblickend in meiner Karriere anders gemacht hätte. Die Antwort fiel mir leicht: »Leider habe ich mich erst spät für internationale Einsätze interessiert.« Als ich kurz nach meinem Wechsel zu DHL nach Brüssel und anschließend in den Nahen Osten ging, befand ich mich schon in der zweiten Hälfte meiner Karriere. Umso mehr liebte ich es: Brüssel kannte ich bereits als Touristin. Doch als ich dort mit der Arbeit begann und in der Nähe des Europäischen Parlaments wohnte, erlebte ich die Stadt aus einer neuen Perspektive. Dies war mein erster längerer Auslandsaufenthalt und ich fühlte mich, obwohl Brüssel nur eine kurze Flugstunde entfernt lag, anfangs wie eine Fremde. Das Arbeitsumfeld unterschied sich stark von dem, was ich bei der Telekom gewohnt war: Großraumbüros, diverse Teams und Sprachbarrieren stellten mich vor neue Herausforderungen. Es war aber die hervorragende Vorbereitung auf meinen nächsten Auslandseinsatz: Mit Schließung des Regionalbüros in Brüssel stand ein Umzug nach Dubai an. Vorab unternahm ich eine private Reise dorthin, da ich bis dahin noch nie im Nahen Osten gewesen war. Meine anfängliche Zurückhaltung und Skepsis gegenüber der Stadt waren geprägt von Bedenken bezüglich der Frauenrechte in der Region. Ich wollte Dubai erleben und beurteilen, ob ich mir ein Leben dort vorstellen könnte.

Um es kurz zu machen: Dubai wurde für mich zu einem Höhepunkt meiner Karriere. Das Leben und Arbeiten in der für mich völlig fremden Kultur, die Erweiterung meines Horizonts und das Widerlegen vieler Vorurteile stellten eine Bereicherung für mich dar, die ich nicht mehr missen möchte. Es gibt so viele unvergessliche Erlebnisse: die herausragende Gastfreundschaft und Hilfsbereitschaft, das soziale Miteinander, der Customer-Centric Mindset, der in Dubai in jedem Street-Food-Lokal gelebt wird – um nur einige zu nennen. Natürlich gab es auch die »andere« Seite: So musste mir mein Mann das Autofahren in Dubai offiziell erlauben. Nach Saudi-Arabien konnte ich nur in Begleitung eines Arbeitskollegen, der »offiziell« mein Verwandter war. Mittlerweile wurde glücklicherweise vieles liberalisiert.

Besonders gut erinnere ich mich an die Zusammenarbeit mit Samira*, einer Iranerin, die ich kurz nach meiner Ankunft in Dubai kennenlernte. Sie – sehr gut ausgebildet, intelligent, eloquent, kopftuchtragende Muslimin – war damals für eine Headhunter-Firma tätig, die DHL mit der Rekrutierung von Mitarbeiterinnen beauftragt hatte. Ich konnte sie zum Wechsel zu DHL überzeugen und es begann eine intensive Zusammenarbeit. Sie öffnete mir in Dubai viele Türen. Ein Role Model für viele andere Frauen war sie nicht zuletzt deshalb, weil sie mir später mit ihrer Familie nach Deutschland folgte. Leider musste ich erleben, dass Deutschland in Sachen Gastfreundschaft und Offenheit noch einiges nachzuholen hat. Zudem war es für sie schwierig, eine gute Betreuung für ihre zwei kleinen Kinder zu finden. Heute lebt sie in London und arbeitet als globale HR-Chefin für ein internationales Unternehmen. Ihr Beispiel zeigt: Es müssen Rahmenbedingungen geschaffen werden, die es ermöglichen, Spezialisten und Leader von einem Leben in Deutschland zu überzeugen. Wir brauchen solche Menschen für die wirtschaftliche Weiterentwicklung unseres Landes.

Derzeit liegt der Anteil der weiblichen Expats in Deutschland bei 32 Prozent. Dennoch sieht die klassische Expat-Situation immer noch so aus, dass die Frauen als Partnerinnen mitgehen und im Ausland selten einen adäquaten Arbeitsplatz für sich finden. Sie geben somit ihre eigene Karriere zugunsten ihres Mannes auf. Deshalb möchte ich dich dazu motivieren, deinen eigenen Auslandsaufenthalt zu planen. Oftmals bieten Unternehmen gute Programme dafür an – inklusive der Unterstützung für die Kinderbetreuung und Arbeitsplatzsuche für deinen Partner. Durch Auslandsaufenthalte und internationale Erfahrungen erweiterst du deine Kultur- und Sprachkenntnisse, entwickelst Weltoffenheit. Durch das Eintauchen in andere Kulturen wirst du zum Cultural Fit für viele Unternehmen. Hier ein paar Punkte zur Unterstützung deiner Planung und Realisierung:

Ein Auslandsaufenthalt wird deine Karriere beflügeln! Du wirst zum Cultural-fit für Unternehmen.

- Welche Möglichkeiten kann dein Unternehmen dir für einen Auslandsaufenthalt bieten? Frage dies am besten bereits während des Bewerbungsgesprächs. Gibt es dafür strukturierte Programme?
- Welche Unterstützung bekommst du für den Fall, dass deine Familie mit dir ins Ausland umzieht? Übernimmt dein Unternehmen die Kosten für die Betreuung und Schule deiner Kinder?

- Wie sehen die arbeitsvertraglichen Regelungen aus? Welche Benefits bekommst du? Wie sehen die steuerrechtlichen Gegebenheiten aus?
- Überwinde Vorurteile bei einem angebotenen exotischen Auslandsaufenthalt. Informiere dich eigenständig über die Kultur des Ziellandes und tausche dich mit Personen aus, die bereits dort gelebt haben.

3. Job-Interviews: Tritt selbstbewusst auf

In meinen vielen Jahren im HR-Bereich habe ich weltweit Hunderte von Bewerbungsgesprächen geführt. Trotz der unterschiedlichen Orte, Jobs und Rahmenbedingungen fiel mir ein Muster auf: Frauen zögern oft mehr als Männer, sich für attraktive Positionen zu bewerben. Diese Beobachtung wird auch von einer LinkedIn-Studie aus dem Jahr 2019 gestützt. Diese zeigt, dass Frauen besonders dann mit der Bewerbung zögern, wenn sie nicht jede in der Stellenausschreibung geforderte Qualifikation erfüllen. Männer hingegen lassen sich davon in der Regel nicht abschrecken. Sie betrachten fehlende Qualifikationen eher als Chance zur persönlichen Weiterentwicklung. Bei Vorstellungsgesprächen fällt auf, dass Frauen, wenn sie nach ihren Erfolgen gefragt werden, oft zu bescheiden antworten. Typische Antworten sind: »Ich war erfolgreich dank meines Teams«, »Ich hatte Glück« oder »Die Marktbedingungen waren günstig«. Bei Fragen zu Stärken neigen sie zur Zurückzuhaltung, während sie hervorragend über ihre Schwächen reflektieren können. Männer hingegen präsentieren sich in solchen Situationen meist selbstbewusster. Sie neigen dazu, ihre Erfolge direkt und unmissverständlich darzustellen. Auf die Frage nach ihren Schwächen reagieren sie oft überrascht und nennen Punkte wie »Ich bin manchmal zu leistungs- und zielorientiert« oder »Ich bin zu ungeduldig«, wobei sie solche Eigenschaften eher als Zeichen ihrer Dynamik betrachten. Diese unterschiedlichen Herangehensweisen führen oft dazu, dass Männern in Unternehmen mehr zugetraut wird. Deshalb ist es wichtig, dass du dir als Frau diese Verhaltensmuster bewusst machst, dich gezielt auf

Für Frauen ist es wichtig, ihre Stärken zu kennen und präsentieren zu können.

Job-Interviews vorbereitest und das Verhalten in solchen Situationen trainierst.

- Die Vorbereitung ist ein wichtiger Schritt für ein erfolgreiches Vorstellungsgespräch. Informiere dich gründlich über dein potenzielles neues Unternehmen. Sammele auch Informationen über deine Interviewpartner sowie deine zukünftige Führungskraft. Sei dir über die Anforderungen und Erwartungen der Stelle im Klaren. Versuche einen Einblick in die Unternehmenskultur zu erhalten, um zu sehen, ob das Unternehmen auch zu dir passt.
- Bereite eine Selbstpräsentation mit prägnanten Beschreibungen deiner Erfolge vor. Beleuchte auch die für den neuen Job relevanten Fähigkeiten und Qualifikationen.
- Sei dir deiner Stärken und Schwächen bewusst und untermauere sie mit konkreten Beispielen. Dies zeigt Selbstkenntnis und Reflexionsvermögen.
- Mache dir Gedanken über dein Auftreten. Dein Erscheinungsbild ist ein wichtiges persönliches Markenzeichen und signalisiert, wie du wahrgenommen werden möchtest.
- Tritt selbstsicher auf und bereite dich auf Begrüßung und Small Talk zu Beginn des Interviews vor. Innerhalb von Sekunden entsteht der erste Eindruck. Achte auf deine Körpersprache und deine Stimme. Nur ein kleiner Teil der aufgenommenen Informationen stammt aus den Inhalten, denn die meisten werden durch Mimik, Gestik und Stimmlage vermittelt. Wer lächele, werde besser bewertet, laut dem Wissenschaftler Arnaud d'Argembeau.

4. Gehaltsverhandlungen: Kenne deinen Wert

In Deutschland besteht nach wie vor ein Gender-Pay-Gap von 18 Prozent. Einer der Gründe liegt auch darin, dass Frauen oft zurückhaltender bei Gehaltsverhandlungen auftreten. In den vielen Jahren meiner Leadership-Erfahrung habe ich oft Frauen als sehr leise in ihren Gehaltsforderungen erlebt. Männer sind hier aktiver und fragen regelmäßig gezielt nach Erhöhungen. Die Frauen hingegen vertrauen auf eine gerechte Bezahlung durch das Unternehmen – sie gehen stillschweigend davon aus, dass sie allein aufgrund ihrer erbrachten Leistung mehr Geld angeboten bekommen. Zudem sind sie aufgrund ihrer Sozialisation bescheidener und oftmals unsicher, ob ihre Leistung tatsächlich mehr Geld wert sei. Bei der Verhandlung geht es um angemessen honorierte Leistung fürs Unternehmen. Hier einige Tipps:

Hoch qualifizierte Frauen verkaufen sich oft unter Wert, deshalb gilt: Steh selbstbewusst für dich und deine Leistung ein.

- Informiere dich eingehend über die Gehaltsstrukturen in deinem Unternehmen sowie über dessen wirtschaftliche und gesamtunternehmerische Situation. Kenne deinen eigenen Marktwert. Was verdienen andere Menschen mit deiner Qualifikation in deiner Rolle?
- Schaffe dir ein Bewusstsein deiner eigenen Performance – mache dir klar, wie wichtig du für das Unternehmen bist. Wenn du dir deine eigenen Erfolge durchgängig übers Jahr aufschreibst, dann hast du schon eine gute Basis dafür geschaffen. Ein gesundes Selbstbewusstsein ohne Überheblichkeit ist bei den Verhandlungen essenziell.
- Gehe, auch wenn dir Gehaltsverhandlungen unangenehm sind, mit einer positiven Einstellung in das Gespräch.
- Ergreife im Gespräch selbst die Initiative und sprich über deine hervorragenden Leistungen und Fähigkeiten. Damit begründest du nicht nur deine Gehaltserhöhung, sondern öffnest die Tür für zukünftig noch spannendere Aufgaben.
- Rechne damit beziehungsweise kalkuliere im Vorfeld ein, dass eine Gehaltserhöhung nicht die einzige Möglichkeit der besseren Honorierung deiner Leistungen darstellt. Zusatzleistungen wie eine Weiterbildung, betriebliche Altersvorsorge, flexiblere Arbeitszeiten, Boni oder ein Firmenwagen sind ebenfalls attraktive Vorteile.

5. Mitarbeiter:innenentwicklungsgespräch: Nutze deine Chance

In der heutigen Arbeitswelt, die zunehmend von agilen Methoden, Homeoffice und flexibleren Arbeitszeiten geprägt ist, nehmen persönliche Begegnungen ab. Dies macht Feedback- und Mitarbeiter:innengespräche umso wichtiger. Auch wenn diese Gespräche nicht immer bei Führungskräften und Mitarbeiter:innen beliebt sind, spielen sie eine entscheidende Rolle für die Bindung Letzterer und die Anerkennung deren Leistungen. Sie bieten eine wertvolle Gelegenheit, sowohl die Erwartungen des Unternehmens als auch die der Mitarbeiter:innen zu klären. Dabei ist die Selbsteinschätzung von großer Bedeutung, um ein umfassendes Verständnis für die persönliche Entwicklung und Ziele zu schaffen.

Bevor wir fortfahren, möchte ich einen wichtigen Aspekt hervorheben, der uns Frauen besonders zugutekommt – sowohl in Führungspositionen als auch in herausfordernden Situationen wie Jobinterviews, Gehaltsverhandlungen oder Mitarbeiter:innengesprächen: Frauen haben laut einer globalen Studie der Korn Ferry Hay Group aus dem Jahr 2016, an der über 55 000 Beschäftigte aus 90 Ländern teilnahmen, eine bessere Selbsteinschätzung als Männer. Diese Studie zeigt auch, dass Frauen mit 74 Prozent höherer Wahrscheinlichkeit durchgängig empathisches Verhalten an den Tag legen. Es liegt an uns, diese Stärken zu nutzen. Das gelingt, indem du dich in deine Gesprächspartner hineinversetzt und deine Interessen auf eine Weise vertrittst, die nicht auf Widerstand stößt, sondern positive Resonanz erzeugt. Ich habe in vielen Entwicklungsgesprächen erlebt, dass sich Frauen wesentlich besser darauf vorbereiten als Männer – das ist für alle Seiten hilfreich.

Frauen nehmen sich selbst richtig wahr und zeigen ein durchgehend empathisches Verhalten.

- Bereite dich auf dein Entwicklungsgespräch vor – was willst du erreichen? Mach dir während des laufenden Jahres Notizen. Was lief gut und wo siehst du Potenzial?
- Notiere dir auch, welche Ziele aus deiner Sicht für dich und deinen Arbeitsbereich kurz- und langfristig wichtig sind. Welche Verände-

rungen hältst du für notwendig? Welche Unterstützung wünschst du dir für die Zukunft?

- Wie sieht es mit deiner persönlichen Weiterentwicklung aus? Wurden die versprochenen Maßnahmen in den letzten zwölf Monaten umgesetzt? Was sind deine Erwartungen an deine Führungskraft? Ist ein Auslandsaufenthalt für dich sinnvoll? Verabrede einen konkreten Entwicklungsplan.
- Beschränke dich nicht vorher schon in deiner Karriere. Sprich erst über die Vereinbarkeit von Familie und Beruf, wenn das Thema tatsächlich ansteht. Ich habe mehr als einmal erlebt, dass dies noch vor der Familiengründung angesprochen wurde.
- Gehe mit einem positiven Mindset ins Gespräch: Das ist eine gute Basis für ein erfolgreiches Gesprächsergebnis und lässt dich offen für konstruktives Feedback sein.
- Nutze die Zeit vor Ort unbedingt für dein internationales Netzwerk. Es wird dir noch unschätzbar wertvollen Nutzen bringen!

Workbook

In unserem Workbook, das du dir per QR-Code downloaden kannst, erhältst du detaillierte, weiterführende Informationen & Tipps zur erfolgreichen Führung der Bewerbungsgespräche, Gehaltsverhandlungen und Entwicklungsgespräche.

Grow as a Female Leader

Ob unsere ehemalige Bundeskanzlerin Angela Merkel, Belén Garijo López, Vorsitzende der Geschäftsleitung der Merck KGaA, oder Melanie Kreis: Es gab und gibt zahlreiche Frauen in einflussreichen Positionen, die Erfolg, Willenskraft und Durchsetzungsvermögen verkörpern. Gleichwohl sind Frauen im Top-Management unterrepräsentiert.

Frauen zeigen erwiesenermaßen mehr Eigeninitiative, Belastbarkeit, Ergebnisorientierung, Integrität und Ehrlichkeit.

In politisch und wirtschaftlich wichtigen Führungsebenen bilden Männer immer noch die Mehrheit. Dabei haben Frauen oft die besseren Leadership-Kompetenzen, wie eine Auswertung Tausender sogenannter 360-Grad-Beurteilungen und Feedbacks von Beschäftigten, Vorgesetzten, Kolleg:innen und Kund:innen zeigt. In 17 von 19 Leadership-Kompetenzen schnitten Frauen besser ab, insbesondere in punkto Eigeninitiative, Belastbarkeit, Selbstentwicklung, Ergebnisorientierung sowie Integrität und Ehrlichkeit. Frauen und Männer führen unterschiedlich. *Female Leader* legen unter anderem mehr Wert auf Empathie, soziale Kompetenz, Kommunikation, Teamorientierung und Diversität. Vor allem im Management von Komplexität, Innovation und Transformation haben sie somit die Nase vorn. Gute Führungskräfte brauchen in Zukunft kreatives Denken innerhalb komplexer und disruptiver Arbeitssysteme. Im Vordergrund stehen gut funktionierende Teams, dafür bringen Frauen schon aufgrund ihrer Sozialisation viele Kompetenzen mit.

Es gibt ein Projekt, das mich bis heute mit viel Stolz erfüllt: »DHL4her«. Dieses Frauenprogramm ist mehr als nur eine Initiative – es ist ein Vorreiter für Gleichberechtigung und Chancengleichheit im Beruf. Es war motivierend, wie viele Frauen hiermit eine großartige Karriere bis hinauf in weltweite Top-Führungspositionen schafften. Und es war ermutigend für mich, mich weiter für andere Frauen einzusetzen. So war in Saudi-Arabien im Jahre 2008 eine Karriere für Frauen fast unmöglich. Dennoch konnten wir durch ein gezieltes Programm unter Beachtung der örtlichen Gesetze viele Frauen erstmals einstellen. Wir mieteten zusätzliche Räume an und achteten darauf, dass unsere Mitarbeiterinnen unter sich blieben, was damals eine Voraussetzung dafür war. Aufgrund der speziellen Sichtbarkeit, der *Management Attention* und ihrer hervorragenden Leistungen schafften es vier von ihnen bis in die Spitze des Country Management Boards. Ein toller Erfolg!

Keine Führungskraft wird als solche geboren. Jede:r CEO musste es lernen. Führung ist ein *People Business*, komplex und spannend. Wir könnten ein eigenes Buch über die wichtigsten Führungskompetenzen und allgemeinen Entwicklungen füllen. Unser Fokus hier liegt auf einer Auswahl von sechs Kompetenzen, die insbesondere für Frauen in Führungspositionen heute und in Zukunft von Bedeutung sind. Denn für Leader:innen spielt es eine wichtige Rolle, das Team mit den notwendigen Zukunftskompetenzen auszustatten.

Female Leadership Style ist zukunftsrelevant.

1. Visionen

Menschen möchten an etwas Großem teilhaben. Es braucht Visionen, um dieses »Große« zu beschreiben und aufzuzeigen. Eine Vision erweckt ein Zugehörigkeitsgefühl und gibt der täglichen Arbeit sowohl einen höheren Sinn als auch eine klare Richtung. Menschen wollen etwas Bedeutsames leisten, mehr als nur Stunden gegen ein Gehalt ableisten. Es ist die Aufgabe einer Führungskraft, Visionen zu entwickeln und zu vermitteln, um die Motivation und Loyalität zu steigern. »Eine Vision dient als Nordstern«, wie Lea-Sophie Cramerin ihrem Interview so treffend sagte. Dabei ist es nicht wichtig, ob man diese auch wirklich erreicht. Sie stellt den Traum dar, den du hast. Das können beeindruckende finanzielle Ziele sein. So träumte Miriams Chef, der Geschäftsführer Sephora Middle East, bei ihrem ersten Treffen von der Marktführung – da besaß Sephora gerade 5 Prozent Marktanteil. Sieben Jahre später hatten sie es geschafft.

Visionen können auch nachhaltige oder soziale Ziele sein. Vor einigen Jahren hatte ich ein weltweites Programm mit dem Namen »DHL's Got Heart« ins Leben gerufen. Wir wollten einen sozialen Beitrag zur Gesellschaft leisten und es sollte ein Dank an unsere Mitarbeiter:innen für ihr soziales Engagement sein. Die hoch engagierten Mitarbeiter:innen wurden zu einem internationalen Event eingeladen, damit die Menschen hinter diesem bemerkenswerten Engagement persönlich kennengelernt werden konnten. Es berührte uns alle, was manche unserer Mitarbeiter:innen im Privaten leisteten: Einige halfen obdachlosen Frauen in Südamerika, die nur auf der Straße schlafen konnten, während ihre Kinder im Krankenhaus behandelt wurden. Andere reisten jedes Wochenende in entlegene Gebiete Afrikas, um dort Kinder zu unterrichten. Oder junge Frauen in Slowenien, die in einem Hospiz für Kinder arbeiteten, um den Eltern die dringend benötigte Auszeit zu verschaffen. Die Liste der inspirierenden Taten war endlos. Aus dem Programm entwickelte sich eine tiefe Bindung unserer Mitarbeitenden. Uns wurde klar, dass es mehr gibt als Umsatz und Gewinn: Menschlichkeit und die Verantwortung von Unternehmen zum gesellschaftlichen Beitrag. Projekte wie dieses zeigen die Sinnhaftigkeit der eigenen Arbeit auf – ein Teil dessen zu sein, die Welt ein Stück zum Besseren zu verändern. Dies ist wohl die stärkste Vision, die es gibt.

2. Emotionale Intelligenz und Resilient Leadership

Wer schätzt es nicht, wenn gerade in schwierigen Zeiten von Unsicherheit und Veränderung die Chef:innen die Ruhe bewahren und Stabilität und Vertrauen im Team fördern. Es stärkt das Wohlbefinden und die Zufriedenheit der Mitarbeiter:innen, wenn auf ihre Ängste eingegangen und ihre Bedürfnisse mit Empathie gestärkt werden. Führungskräfte, die ihre eigenen Gefühle verstehen und regulieren, aber auch die Emotionen ihres Teams einfühlsam wahrnehmen, legen den Grundstein für den zukünftigen Erfolg. Die gute Nachricht: Frauen wird tendenziell mehr Kompetenz bei Empathie und sozialen Fähigkeiten zugesprochen.

3. Entscheidungsfähigkeit

Als Führungskraft ist es unerlässlich, fundierte Entscheidungen zu treffen und dabei Risiken sowie Chancen für das Team und das Unternehmen zu bewerten. Täglich treffen wir unzählige Entscheidungen. Viele schieben sie jedoch auf, was zu ungelösten Fragen führt, die zwischen Kopf, Herz und Bauch schwirren. Dies kann Zeit und Energie kosten. Es erleichtert die Arbeit und das Leben, wenn man Entscheidungen rasch fällen und umzusetzen kann. Interessant ist die Frage, warum gerade Frauen bei bestimmten Entscheidungen zögern, sie denken dann eher eingehend über die Optionen nach, hegen mehr Selbstzweifel und machen sich zu viele Gedanken über mögliche Konsequenzen. Besonders einfache, umkehrbare Entscheidungen können in Eigenverantwortung schnell getroffen werden. Bei solchen mit komplexen Folgen sollte zweimal nachgedacht und mit Dritten gesprochen werden.

4. Konfliktfähigkeit

Konflikte im Arbeitsumfeld sind unvermeidbar. Es ist daher eine wichtige Führungskompetenz, wenn man Konflikte effektiv managen und lösen kann. Konflikte sind ein natürlicher Bestandteil des beruflichen Lebens und können sich negativ auf Produktivität, Beziehungen und teaminterne Zusammenarbeit auswirken. Ein konkretes Beispiel aus unserer Arbeit als Coaches in einem kleinen Unternehmen verdeutlicht dies. Dort sollten wir in einem klassischen Konfliktfall zwischen zwei Führungskräften vermitteln. In einer Abteilung arbeiteten Anna*, die Marketingmanagerin, und Julia*, die Vertriebsmanagerin, zusammen. Die beiden Frauen unterschieden sich stark: Anna war extrovertiert und optimistisch, Julia eher introvertiert und analytisch. Ein Konflikt entstand nach Annas Vorschlag einer kurzfristigen, neuen Marketingkampagne, die Julia für unnötig hielt. Die Diskussion zwischen ihnen eskalierte und sie stoppten ihre direkte Kommunikation, was sich negativ auf das Unternehmen und die anderen Teammitglieder auswirkte. Wir organisierten zur Problemlösung ein Meeting, bei dem wir sie ermutigten, gemeinsam eine Lösung im Interesse des Unternehmens zu finden. Wir nutzten die Methode des Perspektivenwechsels: »Wenn du an ihrer Stelle wärst, was würdest du tun?« Die beiden Managerinnen hörten aufmerksam zu und versuchten, die Standpunkte der anderen zu verstehen. Nach einer ausführlichen Diskussion einigten sie sich schließlich darauf, die Marketingkampagne zu einem späteren Zeitpunkt durchzuführen, um ausreichend Zeit für die Planung zu haben. Dadurch konnte der Konflikt beigelegt werden.

In Bezug auf das Konfliktmanagement sind einige wichtige Punkte zu beachten. Zunächst einmal muss genau zugehört werden, um den Kern des Konflikts zu identifizieren. Man sollte zwischen sachlichen und zwischenmenschlichen Aspekten unterscheiden können, da Letztere eine besondere Herangehensweise erfordern. Es sollte zudem unbedingt die Ruhe bewahrt werden statt impulsiv zu reagieren. Nicht jeder Reiz erfordert eine sofortige Reaktion. Stattdessen ist es hilfreich, die Worte des Gegenübers auf sich wirken zu lassen. Der Perspektivenwechsel, bei dem man sich in die Lage der anderen Person versetzt, kann zu einem besseren Verständnis der Standpunkte führen und die Kompromissbereitschaft fördern. Es kann in einem Konflikt sinnvoll sein, eine neutrale Person hinzuzuziehen.

5. Delegieren

In Führungspositionen ist Delegation eine Schlüsselkompetenz. Nicht mehr deine individuelle Leistung steht im Vordergrund, sondern deine Führung des Teams hin zu Bestleistungen. Mit der Delegation komplexer Themen könnt ihr als Team schneller Fortschritte erzielen. Ein geschicktes Delegieren von Aufgaben steigert die Effektivität, fördert die Teamproduktivität und Entwicklung. Dies ähnelt dem physikalischen Hebelprinzip: Kleine Kräfte bewegen größere Lasten. Beim Delegieren überträgst du Aufgaben auf Teammitglieder, um Effizienz zu erhöhen. Ownership an Mitarbeiter:innen zu übergeben, bedeutet, ihnen Freiheiten und Verantwortung für ihre Bereiche zu geben, um so auch ihre Zufriedenheit zu steigern. Gerade die junge Generation fordert es verstärkt ein.

6. Feedbackkompetenz

Das Geben und Erhalten von Feedback ist ein Geschenk. Nicht viele Menschen können effektiv Feedback geben, dabei ist es entscheidend für die Förderung der Leistung und Entwicklung anderer. Ich bin eine Verfechterin von ehrlichem und offenem Feedback. Natürlich muss es konstruktiv und respektvoll sein, aber Verbesserungsmöglichkeiten sollten klar herausgearbeitet und positive Leistungen anerkannt werden. Dabei ist eine gute Atmosphäre und eine sachliche Konversation immer wichtig. Feedback sollte zeitnah gegeben und mit konkreten

Beispielen belegt werden. Dabei sollte der Fokus auf einer Verbesserung in der Zukunft liegen. Feedback ist keine Einbahnstraße, sondern sollte den Dialog fördern.

Develop new (Female) Leaders

Stell dir vor, was du alles in deiner Führungsrolle verändern und welche Wege du für andere Frauen ebnen kannst. Mit den fünf folgenden ausgewählten Maßnahmen erschaffst du eine Umgebung mit Chancengleichheit als gelebte Realität:

1. Karriereentwicklung fördern

Wie die Schauspielerin Jessica Alba schon sagte: »*If you have a seat at the table, open the door and let ten more in.*« Es geht um viel mehr als nur um Weiterbildungsmaßnahmen, Leadership-Trainings oder Networking-Events. Es geht um die Schaffung von Möglichkeiten, in denen Frauen wachsen, lernen und sich vernetzen können. In Deutschland werden reine Female-Leadership-Programme gelegentlich kritisiert, während sie international bereits weit verbreitet sind. Aus meiner Sicht bieten sie eine Basis für den Austausch von Frauen in ähnlichen Situationen in einem Safe Space. Des Weiteren werden in der Personalentwicklung sogenannte Allyship-Programme gefördert, bei denen Männer und Frauen gemeinsam an Programmen teilnehmen, um die Förderung von Geschlechterdiversität und inklusivem Leadership zu unterstützen. Welche Programme auch immer präferiert werden: Sie müssen als »Gender Diversity«-Ziel fest in der Unternehmenskultur und -strategie verankert sein und mit konkreten und messbaren Zielen (KPIs) getrackt werden.

2. Interne Talent Pools aufbauen

Wir sollten einem Phänomen besondere Aufmerksamkeit schenken: dem »Vorstandsschwund« bei Frauen. Während im mittleren Management die Zahl der Frauen wächst, ist die Anzahl der Vorständinnen immer noch gering. Teilweise verlassen sie selbst die Position oder das Unternehmen trennt sich, so bei SAP, Infineon und Allianz geschehen. Die Gründe hierfür sind vielfältig. Ein wesentlicher ist, dass Top-Managerinnen von außen rekrutiert werden, weil es intern vermeintlich an entsprechenden Talenten mangelt. Die klare Botschaft: Wir müssen interne Talent Pools aufbauen und fördern. Und: Wenn für die erste Führungsebene extern rekrutiert wird, müssen unterstützende Onboarding-Programme für die Kandidatinnen designt werden, um die Erfolgschance zu erhöhen.

3. Mentoring und Coaching

Als Führungskraft sind wir, insbesondere als Frauen, nicht nur Vorbilder, sondern auch aktive Wegbereiterinnen. Wenn wir unsere eigenen Geschichten, Herausforderungen und Erfolge teilen, eröffnen wir anderen Frauen Wege zum beruflichen und persönlichen Wachstum. Wir, die wir uns bereits in unserer Karriere etabliert haben, sind nun gefragt, Türen zu öffnen und Brücken zu bauen. Es geht nicht darum, Positionen um jeden Preis mit Frauen zu besetzen. Vielmehr geht es um Chancengleichheit und darum, die gläserne Decke zu durchbrechen. Durch Coaching und Mentoring können wir für andere Frauen im Unternehmen ein vertrauensvolles Umfeld schaffen, in dem jede Frau ihr volles Potenzial entfalten kann. Eine erfahrene weibliche Führungskraft als Mentorin, die ihre Erfahrungen teilt und zuhört, ist jungen Leaderinnen oftmals eine große Hilfe.

4. Flexibilität und Work-Life-Balance ermöglichen

Als Frauen in Führungspositionen verstehen wir, dass die Schaffung flexibler Arbeitsbedingungen und einer ausgewogenen Work-Life-Balance nicht nur eine unternehmerische Verantwortung, sondern auch eine individuelle Anstrengung ist. Dabei sollten weibliche Talente unbedingt sehen können, wie diese Flexibilität von den Frauen (und auch Männern) in Senior-Management-Positionen tatsächlich gelebt wird. Unternehmen müssen zu erkennen geben, dass Flexibilität keine Einbahnstraße ist – sie erfordert Planung und Kompromisse beider Seiten. Die Einrichtung von Jobsharing-Modellen auch auf Führungsebene ist häufiger machbar als gedacht, wenn auch in Top-Positionen schwieriger.

5. Chancen für die zweite Chance

Es wird viel über Fachkräftemangel gesprochen, dabei gibt es so viele talentierte Frauen, die nach einer Pause wieder ins Berufsleben einsteigen wollen! Bei der Suche nach Fachkräften werden sie oft übersehen. Maßgeschneiderte Wiedereinstiegsprogramme von Unternehmen können nicht nur Fähigkeiten auffrischen, sondern auch das Selbstvertrauen der Frauen stärken. Flexibilität in der Arbeitsgestaltung, sei es durch flexible Arbeitszeiten oder Homeoffice-Optionen, ist entscheidend, um berufliche Ambitionen mit familiären Verpflichtungen in Einklang zu bringen. Karriereentwicklung und Aufstiegsmöglichkeiten sollten selbstverständlich sein, um gleiche Chancen für diese Frauen zu gewährleisten.

Wenn Frauen in Führungspositionen beginnen, diese Schritte zu unternehmen und andere Frauen aktiv zu unterstützen, können sie eine positive Veränderung bewirken und eine Kultur der Gleichberechtigung und Förderung von Frauen in der Organisation etablieren.

KAPITEL – *kompakt*

- Frauen sind keinesfalls weniger gut für Leadership-Aufgaben geeignet als Männer, sie haben es jedoch stärker mit traditionellen und durch Sozialisierung erworbenen Denkmustern zu tun – auch in den eigenen Köpfen.
- Wenn du als Frau deine eigene Karriere in die Hand nehmen möchtest, findest du dafür mehrere Spielfelder zur guten Positionierung: Weiterbildung, Jobinterviews, Gehaltsverhandlungen, Entwicklungsgespräche und Auslandsaufenthalte. Für all diese gilt: gut vorbereitet sein, den eigenen Wert kennen, Selbstbewusstsein zeigen, Chancen und Möglichkeiten erkennen und ergreifen.
- Bei den Leadership-Kompetenzen haben Frauen durchaus die Nase vorn, vor allem in Sachen Empathie, Kommunikation, Teamorientierung und Diversität. Das hilft gerade in unseren transformativen Zeiten.
- Wenn du selbst *Female Leader* werden möchtest, kommt es darauf an, dass du dich stetig weiterentwickelst, dir ein starkes Netzwerk aufbaust und Mentor:innen findest, die dich auf deinem Weg unterstützen.
- Wenn du schon *Female Leader* bist, kannst du durch dein Engagement für Chancengleichheit andere Frauen fördern, indem du Gleichberechtigung vorlebst, selbst Netzwerke für Frauen schaffst und eine inklusive Unternehmenskultur mitgestaltest.

Melanie war nicht nur eine der ersten DAX-Vorständinnen unseres Landes. Sie findet sich auch seit Jahren auf der vom renommierten US-Wirtschaftsmagazin *Fortune* erstellten Liste der 100 mächtigsten Frauen weltweit. Sie wurde 2023 auf dem 61. Platz geführt und ist eine von nur zwei Deutschen auf der Liste. Aufgrund ihres herausragenden Rufs im Kapitalmarkt wurde sie im Mai 2023 einstimmig als neue Präsidentin des Deutschen Aktieninstituts gewählt. Als damals einzige Frau im Vorstand der Deutschen Post AG, heute DHL Group, setzte sie zunächst als Personalvorständin, dann als Finanzvorständin wegweisende Standards. Sie zeichnet sich als strategische, inspirierende Führungskraft aus, die mit Empathie und klarer Zielorientierung leistungsstarke Teams entwickelt. Ihre beeindruckende Karriere, gepaart mit ihrem Familienleben als zweifache Mutter, macht sie zum eindrucksvollen Role Model. Trotz ihrer immensen Arbeitsbelastung bleibe sie ihrem Freundeskreis aus Jugendtagen treu, wie sie uns im Interview verrät. Sie betont, dass der Versuch, alles im Beruf und Privatleben gleichzeitig ohne Abstriche zu meistern, eine große Herausforderung darstelle, die ihrer Meinung nach nicht immer gelingen könne. Ihre bodenständige und realistische Perspektive macht sie zu einer Inspirationsquelle und Ermutigung insbesondere für Frauen weltweit.

REGINE: Melanie, du bist 2014 in den Vorstand der DHL Group berufen worden – ein DAX-Unternehmen und der weltweit größte Logistikkonzern. Damals warst du eine der ersten Frauen in einem DAX-Vorstand. Wie hast du das geschafft?

MELANIE: Rückblickend könnte ich es so darstellen, als hätte ich meinen Lebensweg zielstrebig auf die Vorstandsrolle in einem DAX-Unternehmen ausgelegt, als wäre jeder Schritt logisch und konsequent aus dem vorherigen hervorgegangen. Dies war jedoch nicht der Fall. Mein roter Faden war das Streben nach Tätigkeiten, die mir Freude bereiten und denen ich mit echter Leidenschaft nachgehen kann. Ein weiterer entscheidender Faktor war meine Bereitschaft, neue Gelegenheiten zu ergreifen, auch wenn sie sich überraschend ergaben und sich außerhalb meines unmittelbaren Blickfeldes befanden. Ich war immer bereit, einen Sprung ins Unbekannte zu wagen und etwas Neues auszuprobieren.

Während meines Physikstudiums wollte ich mein Leben zunächst der Wissenschaft widmen. Über eine Kommilitonin lernte ich dann zufällig die Arbeit in einer Unternehmensberatung kennen. Ich begann, fasziniert von ihrer Beschreibung der vielfältigen Aufgaben, ein Praktikum bei McKinsey. In diesen zwei Monaten lernte ich mehr Neues als in den letzten zwei Studienjahren und besonders die Arbeit mit Menschen machte mir viel Freude. So begann ich nach dem Studium meine Karriere bei einer Unternehmensberatung. Ähnliche glückliche Zufälle brachten mich später zu einer Private-Equity-Firma in London. Investitionsmöglichkeiten zu prüfen und Unternehmen zu bewerten, waren spannende und herausfordernde Aufgabenfelder. Wie schon während meines Studiums war ich hier als Frau eher in der Minderheit. Ein weibliches Role Model auf Partnerlevel gab es nicht. Mein damaliger Freund wohnte in Bonn und wir wussten, dass wir eine Familie gründen wollten. So kam der überraschende Anruf von einer Headhunterin sehr gelegen: Die Deutsche Post suchte eine Führungskraft für den Bereich M&A. Für mich war das die perfekte Gelegenheit, meine vielfältigen Erfahrungen bei einem renommierten globalen Unternehmen einzusetzen – und nach Bonn zu ziehen, was für meine Familienplanung perfekt war. So kam ich dann zur Post.

Es waren diese speziellen Momente in meinem Leben: Gelegenheiten, bei denen ich erkannte, dass Aufgaben interessant und herausfordernd sein und mir Freude bereiten können, selbst wenn sie nicht in meinem ursprünglichen Karriereplan vorgesehen waren. Daher mein Rat an jüngere Frauen im Business: Seid euch eurer Kompetenzen bewusst und darüber im Klaren, was euch berufliche Erfüllung und Freude bringen könnte. Nur mit dieser Klarheit könnt ihr echte Zufriedenheit erlangen und eure beruflichen Ziele mit Leidenschaft und Engagement verfolgen. Überlegt euch, welche Wege mit euren Fähigkeiten und Interessen möglich sind. Und wenn sich euch dann eine entsprechende, wenn auch unerwartete Gelegenheit bietet und sie erfolgversprechend und inspirierend klingt: Probiert es aus und nutzt sie. *Just do it!*

Eine berufliche Entscheidung wird oft auch durch persönliche Umstände ausgelöst, denn schließlich gilt es immer, einen Weg zu finden, um Privates und Berufliches erfolgreich zu gestalten und in die Balance zu bringen – ohne diese können wir nicht langfristig glücklich werden. Meine Tätigkeit in der Private-Equity-Firma war faszinierend und hat mir inhaltlich viel Freude gemacht, aber die Arbeitszeiten ließen sich kaum mit einem Familienleben vereinbaren, schon gar nicht an zwei verschiedenen Orten. Daher war ich zu diesem Zeitpunkt offen für Veränderungen. Die Möglichkeit, bei einem großen deutschen Konzern in Bonn – in der Nähe meiner Familie, meines damaligen Freundes und späteren Ehemannes – zu arbeiten und dennoch anspruchsvolle M&A-Projekte zu leiten, stellte die ideale Lösung für mich dar.

MIRIAM: Wie ging es dann weiter?

MELANIE: Ich fing 2004 bei der Deutschen Post an und hatte das Glück, bald danach die Projektleitung der größten Akquisition des Unternehmens übernehmen zu dürfen: dem Kauf von Exel im Jahr 2005. Und just zu Beginn dieses Projektes wurde ich schwanger. Ich fragte mich, wie mein damaliger Chef Frank Appel, unser Vorstandsmitglied für Logistik, darauf reagieren würde. Mit der Aussage »Schwangerschaft ist keine Krankheit und du bist die Beste für diese Aufgabe« ermutigte er mich, mir die Projektleitung trotz Schwangerschaft zuzutrauen. Diese Rolle habe ich dann auch bis zum Beginn meines Mutterschutzes ausgeübt. Nach meiner Rückkehr übernahm ich die Leitung des Integrationsteams in England, während mein Mann ein Jahr in Elternzeit ging. Das war zu dieser Zeit eher eine Seltenheit.

Dann kam das Jahr 2008: Vor dem Hintergrund der heraufziehenden Finanzkrise und nach einem abrupten Wechsel des Vorstandsvorsitzenden – der neue wurde der ehemalige Logistikvorstand Frank Appel – leitete ich zusammen mit einem Kollegen den Verkauf der Postbank. Genau zu diesem Zeitpunkt wurde ich wieder schwanger – perfektes Timing. Mein Chef unterstützte mich aber erneut, und am Ende hatten wir zudem das manchmal erforderliche Quäntchen Glück: Wir unterschrieben den Verkaufsvertrag am Tag vor dem Zusammenbruch der Lehman Brothers, und es war gleichzeitig der erste Tag meines zweiten Mutterschutzes. Ich hatte mir allerdings gesundheitlich zu viel zugemutet und war über die nachhaltige Belastungsgrenze hinausgegangen – die Konsequenz war eine Lungenentzündung mit Rückfall kurz nach der Geburt meines zweiten Kindes. Das war eine wichtige Lektion für mich. Auch wenn man glaubt, die Energieressourcen seien unerschöpflich – sie sind es nicht. Ich habe gelernt: »*Protecting the Assets*« fängt bei mir selbst an.

Nach meiner Rückkehr aus der zweiten Elternzeit 2009 wechselte ich in den Finanzbereich und wurde Anfang 2013 Finanzvorstand der Express-Division, wo wir zwei uns ja auch kennenlernten. Das war wieder eine große Herausforderung, unter anderem wegen der vielen

Reisetätigkeiten – ich war für 220 Länder zuständig. In den Vorstand der DHL Group wurde ich 2014 berufen. Unglaublich, nächstes Jahr bin ich bereits zehn Jahre im Vorstand.

REGINE: Melanie, während unserer Zusammenarbeit habe ich dich als Role Model und als inspirierende Leaderin gesehen. Wie können wir mehr Frauen motivieren, führen zu wollen?

MELANIE: Ich möchte Frauen ermutigen, sich neuen Herausforderungen zu stellen, die eigene Komfortzone zu verlassen, Neues zu wagen und sich auch zuzutrauen. Das ist nicht einfach, und ich hatte damit auch so meine Schwierigkeiten. Das Sprechen vor einem großen Publikum gehört zum Beispiel nicht zu meinen angeborenen Stärken. Ich erinnere mich noch genau an meinen ersten Auftritt als neue CFO der DHL Express Division – ich sollte vor mehr als 2 000 Führungskräften bei unserer DHL-Express-Konferenz in Dubai im Januar 2013 sprechen – eine nervenaufreibende Erfahrung für einen eher introvertierten Menschen wie mich. Ich habe aber gelernt, dass man, wenn man sich einer solchen Herausforderung stellt und positives Feedback für seine Bemühungen erhält, eine positive Dynamik in sich selbst entfachen kann. Es erfordert Mut, diesen ersten Schritt zu gehen. Aber nur wenn man sich dazu überwindet, kann man sich weiterentwickeln und sich selbst damit überraschen, welches Potenzial in einem steckt. Und dann auch andere begeistern und mitnehmen. Gerade in komplexen Situationen ist es unsere Aufgabe als Führungskraft, Menschen zu inspirieren und für gemeinsame Ziele zu gewinnen – ohne dies sind Unternehmenserfolge langfristig nicht machbar.

MIRIAM: Welche alternativen Arbeitszeitmodelle sollten Unternehmen einführen, die sowohl Frauen als auch Männern helfen, Arbeit und persönliche Verpflichtungen besser miteinander zu vereinbaren?

MELANIE: Wie schon Fontane bemerkte: »Das ist ein weites Feld.« Da gibt es keine Patentlösung, aber es ist auch kein neues Thema. Meine Mutter, Juristin in einem Bonner Ministerium, teilte sich in den 80er Jahren erfolgreich die Leitung eines Referats mit einer Kollegin – damals ein Pilotprojekt. Es funktionierte gut, doch leider sind auch heute – 40 Jahre später – solche Shared-Leadership-Lösungen nicht überall einfach umsetzbar. Man muss genau prüfen, wo es möglich ist. Dank moderner Kommunikationstools ist heute mehr Flexibilität in der Arbeitsgestaltung und der Arbeitszeit möglich. Es gibt allerdings kein Allheilmittel; jede Situation erfordert eine individuelle Betrachtung.

Wenn ich meinen Freundeskreis anschaue, haben sich viele meiner Freundinnen für eine Teilzeittätigkeit entschieden, besonders solange die Kinder noch klein waren. Sie wollten zu dieser Zeit nicht so viel arbeiten wie ich, was ich sehr gut nachvollziehen kann. Es gibt keine universelle Lösung – es ist immer eine individuelle Entscheidung. Wichtig ist, dass Frauen nach einer Auszeit oder einer Phase mit reduzierten Arbeitszeiten Chancen zur Rückkehr in Vollzeit erhalten und an ihre alten Karrierepfade anknüpfen können. Unternehmen sollten in Anbetracht des aktuellen Fachkräftemangels die ungenutzten Potenziale der Frauen bedenken. Voraussetzung für einen erfolgreichen Wiedereinstieg ist aber auch der Erhalt des Kontakts zur Arbeitswelt, zum Beispiel während der Elternzeit, und kontinuierliche Weiterbildung für einen leichteren Wiedereinstieg.

MIRIAM: Bist du eine Befürworterin der Quote?

MELANIE: In jüngeren Jahren war ich klar gegen die Quote, doch inzwischen sehe ich es differenzierter. Unternehmen verfolgen den Fortschritt in Umsatz, EBIT und bei anderen wichtigen Parametern mit quantitativen Kennzahlen, für die Ziele gesetzt und Maßnahmen erarbeitet werden. Warum also nicht den Fortschritt im Ziel »Anzahl von Frauen in Führungspositionen« mit Zielen belegen und nachverfolgen? Natürlich braucht es ambitionierte, aber auch intelligente, an die jeweilige Unternehmenssituation angepasste Ziele. Starre gesetzliche Quoten halte ich immer noch für ungeeignet, da sie branchenweit dieselben Zahlen vorschreiben, was aus meiner Sicht keinen Sinn ergibt. Also nicht: »*One size fits all*«, aber eben auch nicht der Verzicht auf quantitative Ziele und Tracking. Ich denke, wir alle sind uns einig, dass es wichtig ist – also brauchen wir ehrgeizige und messbare Ziele. Insgesamt glaube ich, die gesellschaftliche Debatte hat dem Thema Auftrieb verliehen.

REGINE: Frauen haben vielfältige Verantwortlichkeiten, besonders mit eigener Familie. Wie gelingt dir bei einem so zeitintensiven Job der Ausgleich zwischen Karriere und Familie?

MELANIE: Schwierig! Das Gleichgewicht zwischen Karriere, Kindern, Partnerschaft, Freundschaften und Gesundheit zu finden, ist unbestritten eine Herausforderung, die offen angesprochen werden muss. Die oft vermittelte Vorstellung, dies sei mühelos möglich, steht im Gegensatz zur Realität, besonders mit kleinen Kindern. Es ist eine immense Mehrfachbelastung, und man muss sich bewusst machen, dass man nicht immer in jedem Lebensbereich perfekt sein kann. Manchmal muss etwas hintanstehen – das ist in Ordnung, und man ist damit nicht allein, auch wenn teilweise ein anderes Bild vermittelt wird.

Ein weiterer entscheidender Aspekt ist das Outsourcing von Aufgaben, wo immer es möglich ist. Man sollte sich dabei nicht unter Druck gesetzt fühlen. Die Auslagerung bestimmter Tätigkeiten, wie beispielsweise das Backen von Geburtstagskuchen, macht niemanden zu einer schlechteren Mutter. Sich selbst klare Prioritäten zu setzen, ist eine Grundvoraussetzung, denn es ist schlichtweg unmöglich, alles gleichzeitig zu bewältigen. Es wird Zeiten geben, besonders wenn die Kinder älter sind, in denen sich Prioritäten wieder verschieben. Aber in den Kleinkindjahren erfordert es eine ständige Ausbalancierung und Anpassung. Jede Frau, jedes Paar, jede Familie muss einen eigenen Weg für diese Herausforderungen finden. Es geht um ein Gleichgewicht, das sowohl den eigenen Bedürfnissen als auch den Anforderungen des Familien- und Berufslebens gerecht wird. Dies erfordert oft Kompromisse, Flexibilität und die Bereitschaft, Hilfe anzunehmen und eigene Grenzen zu erkennen. Letztendlich muss man einen Weg finden, der für die individuelle Situation funktioniert und dabei das Wohlbefinden aller Beteiligten im Auge behält.

MIRIAM: Woher nimmst du deine Energie über die letzten zehn Jahre? Wie bleibst du fit?

MELANIE: Meine anhaltende Begeisterung für meine Arbeit gibt mir viel Kraft, auch wenn ich mir manchmal weniger Termine wünsche. Es macht mir Spaß, anders wäre die Arbeitsbelastung nicht möglich.

Ich bin unendlich dankbar für meine zwei Töchter, eine unerschöpfliche Energiequelle. Sport spielt für einen Ausgleich zu meinem beruflichen Alltag eine große Rolle, insbesondere das Laufen im Wald für den Stressabbau und die Ordnung meiner Gedanken. Selbst als meine Kinder noch klein waren, ermutigten sie mich oft, doch erst einmal eine Runde joggen zu gehen – sie wussten, dass ich danach entspannter war. Leider gehöre ich zu den Menschen, die relativ viel Schlaf benötigen, das steht auf meiner Wunschliste für mein nächstes Leben: mit weniger Schlaf auskommen können. Mir wurde nach meiner Lungenentzündung nach der Geburt meiner zweiten Tochter sehr bewusst, dass ich auf mich selbst achten muss. Diese Erfahrung hat mir die Wichtigkeit vor Augen geführt, dass es ein gesundes Gleichgewicht in meinem Leben braucht, was nicht immer einfach ist.

Der regelmäßige Austausch mit meinen engen Freundinnen hat mir sehr geholfen. Als berufstätige Mütter standen wir alle vor ähnlichen Herausforderungen, um den Alltagswahnsinn zu bewältigen. Mit einem gemeinsamen Glas Sekt am Ende einer anstrengenden Woche auf unser Durchhaltevermögen anzustoßen und uns gegenseitig zu motivieren, hat nicht nur einmal gutgetan. Ich bin dankbar für diese Momente der Gemeinschaft, der Verbundenheit und des gegenseitigen Verständnisses, nicht allein mit den alltäglichen Herausforderungen zu sein. Sie haben mir gezeigt, dass man, wie herausfordernd die Umstände sein mögen, immer irgendwie Kraft schöpfen und weitermachen kann.

REGINE: Welche drei konkreten Tipps würdest du Frauen mit auf den Weg geben?

MELANIE:

- Es gibt keinen Standardweg! Man muss für sich selbst herausfinden, wer man ist und was einem Freude bereitet. Denn nur mit Zufriedenheit kann man auch beruflich erfolgreich sein. Finde deinen eigenen Weg! Immerhin gibt es mittlerweile zahlreiche Biografien von beruflich erfolgreichen Frauen, die zeigen, dass fast alles möglich ist.
- Habe den Mut, von ambitionierten Zielen zu träumen, und glaube daran, dass sie erreichbar sind.

- *Last, but not least:* Sei selbstbewusst, probiere es einfach aus und gehe auch mal einen etwas steinigeren Weg. Es ist nicht immer einfach, aber »*YOU CAN DO IT*«.

Ich möchte der nächsten Generation gerne Mut machen. Jede:r wird gebraucht, die Welt jeden Tag ein wenig zu verbessern. Als Gesellschaft sollten wir weiter danach streben, dass es selbstverständlich ist, Karriere und Familie zu ermöglichen. *(Melanie wendet sich an Miriam.)* Deine Kinder sind jetzt noch klein. Ich bin dagegen nunmehr in der Phase, dass ich wieder mehr Zeit neben den Kindern habe. Es ist ein Prozess in mehreren Phasen. Man muss für jede Phase die richtige Balance finden. Das ist nicht einfach. Es ist schließlich keine mathematische Formel.

8

Your own business

Verwirkliche deine eigenen Wünsche

Seit meinem Umzug nach Dubai im Alter von 28 Jahren ziehen sich zwei zentrale Themen durch meine Vita: Innovation und Unternehmertum. Meine Hauptaufgaben waren die Eröffnung von Märkten, der Aufbau von Teams oder die Leitung von Expansionen. Als junge Frau im Nahen Osten boten sich mir faszinierende Herausforderungen, und ich konnte früh eigenverantwortlich Projekte in den Vereinigten Arabischen Emiraten, Saudi-Arabien, Katar oder Kuwait leiten. Während meiner sieben Jahre bei Sephora baute ich als COO ein Team mit 500 Mitarbeiter:innen auf und das von mir verantwortete Umsatzvolumen belief sich auf fast eine halbe Milliarde Euro. Nach meiner Zeit als Geschäftsführerin für Sephora Deutschland wollte ich mein Leben überdenken. Ich merkte dank einer gründlichen Selbstanalyse und der Teilnahme an Weiterbildungen an der NYU Stern sowie der Harvard Business School, dass ich selbstständig arbeiten wollte – aber dann kam die Pandemie. Das Risiko erschien mir zu groß. Stattdessen eignete ich mir digitale Kompetenzen bei Amazon und Mytheresa an. Anfang 2023 war es dann so weit: Ich wollte mit unserer Firma, Woman 360, einen gesellschaftlichen Beitrag leisten und gleichzeitig selbstbestimmt arbeiten. Parallel ging meine Mutter in den Ruhestand und wollte aber nicht untätig werden. Wir beschlossen also eine gemeinsame Firmengründung: Frauen sollten bei ihrem beruflichen Erfolg unterstützt werden – im Einklang mit Familie, Freund:innen und Gesundheit.

Warum Frauen mehr gründen sollten

Frage mal einen Mann, warum er seine eigene Firma gründen möchte: Es werden meist wirtschaftliche Gründe angeführt. Männer wollen ein erfolgreiches Unternehmen aufbauen und ein hohes Einkommen erzielen. Frauen haben eine vielfältigere Motivation. Zusätzlich zu dem wirtschaftlichen Aspekt ist für uns der Purpose der Unternehmensgründung wichtig. Cathie Wood, Star-Investorin und Gründerin und CEO von ARK Invest, meint: »Frauen haben einen anderen Blick auf die Welt. Wir sind oft kreativer und innovativer als Männer. Wir können mit unseren Unternehmen die Welt zu einem besseren Ort machen.« Natürlich geht es uns auch um wirtschaftliche Unabhängigkeit. Verena Pausder, Vorstandsvorsitzende des Startup-Verbands, sagte über ihre erste Gründung: »Ich wollte mein eigenes Ding machen. Ich wollte meine eigenen Entscheidungen treffen und mein eigenes Leben gestalten.«

Männer gründen, weil sie Wachstum und Expansion erreichen wollen – bei Frauen steht oft auch der Purpose im Vordergrund.

Der Anteil von Gründerinnen in Deutschland

Laut dem Deutschen Gründerreport 2023 gibt es in Deutschland 17,2 Prozent Gründerinnen. Das bedeutet, dass Frauen hier nach wie vor deutlich unterrepräsentiert sind. Auch wenn der Anteil in den letzten fünf Jahren leicht angestiegen ist, gibt es noch viel zu tun für eine Gleichstellung von Frauen und Männern in der Start-up-Wirtschaft. Für den immer noch geringen Anteil an sogenannten Fempreneurs gibt es verschiedene Gründe. Ein erstes Problem ist die fehlende Infrastruktur rund um die Kinderbetreuung, die es Frauen erschwert, ausreichend Zeit für eine eigene Unternehmung zu finden. Denn während es in großen Unternehmen oft Betreuungsstrukturen für Kinder gibt, fällt dies bei der eigenen Gründung komplett weg. Weiterhin fehlt auch die generelle Unterstützung durch Mentor:innen und dadurch auch Sichtbarkeit, denn die Szene ist stark von Männern dominiert.

Damit verbunden ist schließlich auch der wohl wichtigste Punkt: die fehlende finanzielle Unterstützung. So konnte die Boston Consulting Group (BCG) ermitteln, dass von Männern geführte Start-ups im Schnitt 10,6 Millionen Euro einsammeln konnten, bei Gründerinnen lediglich 3,5 Millionen. Der im 3. Kapitel thematisierte *unconscious bias* dürfte dabei wieder eine Rolle spielen, denn es gibt ein gewisses Vorurteil, dass für eine Gründung eher männlich konnotierte Eigenschaften gefragt sind wie Durchsetzungsstärke, Risikobereitschaft und Führungsstärke. Diese werden Frauen weniger häufig zugeordnet und dementsprechend werden Frauen-Start-ups von Investoren unterschätzt. Erschwerend kommt hinzu, dass es noch zu wenige Investorinnen gibt. Nur 4 Prozent der Partner:innen von deutschen Venture-Capital-Firmen sind laut BCG weiblich. Das bringt wieder den *affinity bias* ins Spiel, dass Männer lieber ihresgleichen unterstützen. BCG-Partnerin Katharina Hefter zieht daraus den richtigen Schluss: »Den Mechanismus, dass Männer Männern Geld geben, müssen wir durchbrechen, indem wir die Kapitalseite diversifizieren.« Dafür muss ein stärkeres Investoreninteresse an »weiblichen« Themen geweckt werden. Tijen Onaran, die einen Risikokapitalfonds für Frauen ins Leben gerufen hat, bringt es auf den Punkt: »Technik- und Finanz-Start-ups haben ein gutes Image. Dagegen haben Femtech-Start-ups, die sich auf Themen der weiblichen Gesundheit konzentrieren, oft ein schlechtes Image. Männer als Investoren können nichts damit anfangen.« Diese Erfahrung musste auch die Ex-McKinsey-Beraterin Kati Ernst, die Gründerin von ooia, Deutschlands erstem Anbieter von Periodenunterwäsche, in der Gründungsshow *Höhle der Löwen* machen. Die damals männlich dominierte Jury lehnte trotz attraktivem Business Case ein Investment ab.

Frauen-Start-ups werden häufig von Investoren unterschätzt.

Frauen-Start-ups sind erfolgreich(er)

Trotz aller Zweifel männlicher Investoren: Studien zeigen, dass Start-ups mit Frauen erfolgreicher sind. Eine weitere Studie von BCG von 2018 fand heraus, dass Start-ups mit Frauen in der Führungsebene im Durchschnitt 2,6-mal schneller wachsen als ohne. Dieselbe Studie zeigt auch, dass Gründerinnen in den USA aus jedem finanzierten US-Dollar 78 Cent Umsatz generierten – bei Gründern waren es nur 31 Cent. In dieselbe Richtung geht eine weitere Studie der Universität Oxford von 2020. Sie ergab, dass Start-ups mit Frauen mehr Umsatz erzielen und mehr Arbeitsplätze schaffen als solche ohne. Diese Studien legen nahe, dass Gründerinnen einen positiven Einfluss auf den Start-up-Erfolg haben können, denn sie bringen oft vorteilhafte andere Perspektiven und Stärken für die Unternehmensgründung mit. Es wäre schön, wenn dies auch mehr Kapitalgeber realisieren würden. Doch zum Glück gibt es immer mehr von Frauen aufgesetzte Finanzierungs- und Mentoring-Initiativen für Gründerinnen. So ist es das Ziel von Encourage Ventures, Gründerinnen und Investorinnen zusammenzubringen und mit Geld, Kontakten sowie Networking zu unterstützen. Claire Siegerts und Viktoria Arnolds Gründerinnen-Netzwerk Businettes unterstützt Frauen bei ihren Business Cases und bietet ein deutschlandweites Netzwerk. Auch eine von Deutschlands bekanntesten Gründerinnen, Lea-Sophie Cramer, unterstützt mit ihrer Beteiligungsgesellschaft pink capital gezielt von Frauen gegründete Start-ups. Verena Hubertz, die wir im 2. Kapitel als Role Model vorgestellt haben, war die Co-Gründerin von Kitchen Stories und setzt sich heute in der Politik für Gründerinnen ein, denn: »Wir brauchen mehr Unternehmerinnen als Vorbilder. Ich versuche, jungen Menschen mitzuteilen, dass der Weg in die Selbstständigkeit sehr schön sein kann. Gerade wenn niemand an einen glaubt, kann dieser Weg der direkteste sein, um allen zu zeigen, was man draufhat.« Auch wir möchten dich motivieren, darüber nachzudenken, ob du nicht dein eigenes Unternehmen gründen möchtest. Für dessen Erfolg haben wir einen 10-Punkte-Plan erstellt.

Mit dem 10-Punkte-Plan zur erfolgreichen Gründung.

1. Positives Mindset: Glaube an dich

Im 5. Kapitel ging es um das positive Mindset. Wenn du ein eigenes Unternehmen gründen möchtest, dann musst du das selbstbewusst angehen. Erkenne deine einzigartigen Fähigkeiten und wie du diese in deinem Unternehmen einsetzen kannst. Arbeite dabei auch an deinem Mindset, um die für uns Frauen so typischen Selbstzweifel zu überwinden. Ich selbst zweifelte an meinen Fähigkeiten als Rednerin. Dennoch drängte mich mein Mann, eine intensive Rednerausbildung bei Hermann Scherer, einer Ikone in der Speaker-Szene, zu durchlaufen, und meldete mich an. Und bevor ich es realisieren konnte, waren meine Mutter und ich für eine Masterclass am New Yorker Lee Strasberg Institute, der weltweit führenden Schule zur Schauspielausbildung, angemeldet. Skeptisch betrat ich die Veranstaltung, doch dann kam der Wendepunkt: die »Silent Battle«. Ich stand mit anderen Redner:innen auf der Bühne und wir hielten jeweils einen zweiminütigen Vortrag zu einem selbst gewählten Thema – gleichzeitig. Die Zuhörer:innen entschieden, wem sie zuhören wollten, erkennbar an der Farbe der Lampe ihres Headsets. Zu meiner Überraschung und Freude wechselten die Farben eine nach dem anderen zu meiner: Ich gewann die »Silent Battle«! Diese Erfahrung lehrt: Selbstzweifel sind natürlich, doch sie sollten dich nicht von deinen Träumen abhalten. Glaube an dich und deine Fähigkeiten, denn oft sind sie größer, als du denkst.

2. Geschäftsidee: Verwirkliche deine Leidenschaften

Die beste Geschäftsidee passt zu deinen Leidenschaften und Fähigkeiten.

Die Geschäftsidee ist der Grundstein jedes Unternehmens, macht dein Unternehmen einzigartig und bringt dir den Erfolg. Daher solltest du dir viel Zeit für deren Entwicklung nehmen. Die beste Geschäftsidee passt zu deinen Leidenschaften und Fähigkeiten. Wenn du etwas tust, was du liebst und worin du gut bist, wirst du mehr Spaß an deiner Arbeit haben und damit auch erfolgreicher sein. Mach dir also Gedanken darüber, was dich interessiert, was du gern machst und wo deine Talente liegen. Ich habe in meiner Karriere immer wieder festgestellt, dass ich stets außergewöhnliche Bewertungen für mein Mentoring bekam. Kein Wunder – ich hatte mega viel Spaß dabei! Ich lebte diese Leidenschaft als Gastprofessorin und Betreuerin von Bachelorarbeiten weiter aus. Ich wollte mehr davon: Menschen coachen, sie voranbringen. Mein Herz schlägt außerdem für *Female Empowerment*. Seit Jahren setze ich mich dafür ein – auch bei Sephora in Saudi-Arabien. Bei meiner Mutter sah es ähnlich aus, nur dass sie aus einer anderen Generation stammt. Auch sie war immer eine gute Mentorin gewesen und setzte sich immer für Frauen ein. So war unsere gemeinsame Geschäftsidee geboren: Als Coach und Keynote-Speaker zum Thema *Female Empowerment* und Leadership aufzutreten, mit einem generationenübergreifenden »Woman 360«-Ansatz. Darüber hinaus finde ich es wichtig, dass Frauen das Thema früh in ihrem Leben aufgreifen. Aufgrund unserer Erziehung und Sozialisierung haben wir Frauen noch immer eine andere Rolle inne, ich wollte also *Female Empowerment* auf die Agenda an Schulen sowie Hochschulen und Universitäten bringen.

3. Marktanalyse: Gibt es deine Idee schon?

Sobald deine Geschäftsidee steht, solltest du dich über die Marktchancen informieren: Gibt es deine Geschäftsidee schon? Wie stark ist der Wettbewerb? Dass *Female Empowerment* ein heißes Thema ist, zeigt der tägliche Blick in die Presse. Doch wie sieht der Coaching-Markt in diesem Bereich aus? Es gibt unzählige, meist auf ein bestimmtes Thema fokussierte Coaches, wie für Karriere, Gesundheit, Beziehungen und Familienthemen. Nur wenige bieten jedoch einen ganzheitlichen Ansatz an. Keynote-Speaking ergänzt zudem unsere Geschäftsidee. Ein Marktcheck zeigte, dass Top-Speakerinnen in Deutschland unterrepräsentiert sind, so sind bei der German Speaker Association ein Drittel Frauen, und auf Plattformen wie dem XPERT Marketplace sind unter den Top-100-Speaker:innen gerade einmal knapp 20 Prozent weiblich. Ergebnis unserer Marktanalyse: Eine riesige Marktlücke wartet darauf, gefüllt zu werden! Das Tolle daran ist auch, dass wir uns für ein so wichtiges Thema gemeinsam mit vermeintlichen Mitbewerber:innen zusammenschließen können. Denn dieses Thema bedarf eines gemeinschaftlichen Kraftakts und eines großen Netzwerks.

4. Businessplan: Was bringt die Zukunft?

Ein Businessplan ist ein wichtiger Schritt zur Konkretisierung deiner Geschäftsidee sowie zur Überzeugung von Investor:innen oder Förder:innen. Darin solltest du deine Geschäftsidee, deine Vision, das Marktpotenzial, die Finanzplanung und das Managementteam vorstellen. Er ist aber auch wichtig, um für dich selbst einen mehrjährigen Finanzplan zu erstellen. Nur so kannst du etwaigen Finanzierungsbedarf ermitteln und weißt, wie du deine Ressourcen einteilen musst. Gleichzeitig hat ein Businessplan auch etwas Motivierendes, denn er gibt dir die Geschwindigkeit vor: Willst du aggressiv wachsen oder moderat expandieren? Das zeigt dir auch sofort den Bedarf an zusätzlichen Mitarbeiter:innen auf. Wir erstellten einen Fünf-Jahres-Plan, inklusive bestimmter definierter Meilensteine, wie das Schreiben eines Buches.

5. Netzwerke und Mentor:innen: Kontakte sind Gold wert

Ein starkes Netzwerk ist für die Gründung eines Unternehmens unerlässlich. Networking hilft dir, neue Kontakte zu knüpfen, potenzielle Kund:innen und Geschäftspartner:innen zu finden, bei denen du auch Unterstützung erhalten kannst. Wie wir bereits im 6. Kapitel sagten: Netzwerken ist unverzichtbar für das Selbstmarketing. Du musst präsent und sichtbar sein. Seit unserer Geschäftsidee sind wir regelmäßig auf Veranstaltungen, als Teilnehmerinnen in Panels oder als Rednerinnen. Wir kooperieren mit Hochschulen, nutzen Events gezielt zum Netzwerken und kommen in Kontakt mit zahlreichen inspirierenden Frauen. Unterstützer:innen sind essenziell, denn persönliche Empfehlungen sind Gold wert bei der Gewinnung von Kund:innen. Zeige Präsenz in den sozialen Medien und hole dir Ratschläge von Mentor:innen, die hinter deiner Geschäftsidee stehen.

6. Finanzierung: Die zentrale Herausforderung

Jedes Business muss finanziert werden, denn die wenigsten Geschäftsideen sind ab dem ersten Tag profitabel. Typischerweise kommt der Break-even erst nach ein paar Jahren. Bis dahin musst du dich also über Wasser halten. Die Finanzierung ist eine der größten Herausforderungen für Gründerinnen, denn Frauen haben es in der Gründungsszene noch immer schwerer als Männer, an Kapital zu kommen. Es gibt verschiedene Möglichkeiten der Start-up-Finanzierung, die wichtigsten sind:

- **Eigenkapital:** Das ist das eigene Geld der Gründerinnen. Dies kann aus eigenen Ersparnissen, Krediten von Freund:innen oder Familie stammen.
- **Fremdkapital:** Das ist Geld Dritter, wie von Banken oder Investor:innen. Fremdkapital muss in der Regel zurückgezahlt werden – mit Zinsen.
- **Fördermittel:** Das sind finanzielle Unterstützungen von öffentlichen oder privaten Organisationen, wie in Form von Zuschüssen, Darlehen oder Beteiligungen.
- **Crowdfunding:** Das ist eine Möglichkeit, Geld von vielen Menschen zu sammeln. Solche Kampagnen werden über Onlineplattformen gestartet.

Du solltest bei der Suche nach deiner Start-up-Finanzierung Folgendes beachten:

- **Recherchiere deine Finanzierungsmöglichkeiten.** Informiere dich gut über die Vor- und Nachteile der für dich passenden verschiedenen Finanzierungsmöglichkeiten.
- **Baue ein starkes Netzwerk auf.** Networking ist wichtig, um potenzielle Investor:innen und Förder:innen kennenzulernen. Gehe auf Veranstaltungen, triff dich mit anderen Gründerinnen und knüpfe Kontakte zu Menschen aus der Wirtschaft.
- **Sei gut vorbereitet.** Wenn du Investor:innen oder Förder:innen von dir überzeugen möchtest, solltest du einen soliden Business-

plan haben, der deine Geschäftsidee, das Marktpotenzial und die Finanzplanung klar darstellt.

- **Sei selbstbewusst.** Um Investor:innen oder Förder:innen von dir zu überzeugen, solltest du selbstbewusst auftreten und deine Geschäftsidee überzeugend präsentieren.

Der Einstieg in die Start-up-Welt war auch für uns finanziell eine enorme Veränderung. Ich musste mich von meiner regelmäßigen Geschäftsführer- beziehungsweise Director-Vergütung und meine Mutter von ihrer Board-Vergütung verabschieden. Plötzlich standen wir ohne festes Einkommen da – eine echte Herausforderung. Deshalb sind ein solider Businessplan und eine Strategie zur Überbrückung finanzieller Engpässe unerlässlich.

Ein solider Businessplan ist ein wichtiger Baustein für die Überbrückung finanzieller Engpässe.

7. Marketing und Branding: So treibst du deine Umsätze nach oben

Marketing und Branding sind ein zentraler Aspekt, um Kund:innen für dein Unternehmen zu gewinnen. Bei Ersterem geht es darum, potenzielle Kund:innen über dein Unternehmen sowie deine Produkte oder Dienstleistungen zu informieren und sie davon zu überzeugen. Du hast viele Marketingkanäle zur Verfügung, um deine Zielgruppe zu erreichen:

- **Online-Marketing:** Dazu gehören unter anderem Suchmaschinenoptimierung (SEO), Suchmaschinenmarketing (SEM), Social-Media-Marketing und E-Mail-Marketing.
- **Offline-Marketing:** Dazu gehören unter anderem Print-, Radio- sowie Fernsehwerbung, PR und Konferenzen.

Für ein erfolgreiches Marketing solltest du die folgenden Tipps beachten:

- **Kenne deine Zielgruppe:** Wer sind deine potenziellen Kund:innen? Was sind ihre Bedürfnisse und Wünsche?
- **Setze klare Ziele:** Was möchtest du mit deinem Marketing erreichen?

- **Wähle die richtigen Marketingkanäle:** Welche erreichen deine Zielgruppe am besten?
- **Erstelle ansprechende Inhalte:** Sie sollten deine Zielgruppe interessieren und überzeugen.
- **Miss deine Ergebnisse:** Tracke deine Marketingaktivitäten und analysiere die Ergebnisse, um zu sehen, was funktioniert und was nicht.

Die Vermarktung deiner Produkte ist deutlich einfacher, wenn du eine starke und unverwechselbare Marke aufgebaut hast – sie hilft dir dabei, dich von der Konkurrenz abzuheben und bei deinen Kund:innen Vertrauen und Loyalität zu schaffen.

Für eine starke Marke solltest du die folgenden Tipps beachten:

- **Entwickle eine klare Markenidentität:** Wofür steht deine Marke? Was macht sie einzigartig?
- **Erstelle ein konsistentes Markenbild:** Das sollte in allen deinen Marketingmaterialien und auf allen Kanälen konsistent sein.
- **Investiere in deine Marke:** Branding ist ein Prozess, der Zeit und Mühe erfordert. Sei zu dieser Investition bereit.
- **Baue eine Community um deine Marke:** Brand Communities, in denen die Fans deiner Marke interagieren, sind das Beste, was deiner Marke passieren kann. Denn Mitglieder der Community sind loyal und empfehlen deine Marke weiter.

Eine starke und engagierte Community hat enorme Power – sie ist die Basis einer jeden starken Marke.

Ein Paradebeispiel für den Aufbau einer starken Marke und einer engagierten Community lieferte Delia Lachance, die erfolgreiche Gründerin von Westwing, einem innovativen Interior-Design-Unternehmen. Delia hat das Unternehmen mit einer emotionalen Marketingstrategie geprägt, die sich zielgerichtet an die Bedürfnisse und Wünsche von Frauen richtet. Sie hat Westwing als eine Art »Wohn-Community« positioniert, die ihren Kund:innen nicht nur exklusive Produkte zu attraktiven Preisen bietet, sondern sie auch in eine lebendige Welt von Events und Aktionen einbindet.

8. Perfektionismus: Mach dir das Leben nicht unnötig schwer

Im 5. Kapitel beleuchteten wir bereits, wie Perfektionismus zum Hindernis werden kann. Tatsächlich kann übermäßiger Perfektionismus sich als Gift für die Unternehmensgründung erweisen, da er zu folgenden Schwierigkeiten führen kann:

- **Verzögerungen in Entscheidungsprozessen:** Bei der Unternehmensgründung zählt oft Schnelligkeit. Perfektionismus kann hier zu Verzögerungen führen, sodass wertvolle Chancen verpasst werden – gemacht ist besser als perfekt!

- **Angst vor Fehlern:** Perfektionist:innen neigen dazu, Fehler zu fürchten und sie als persönliches Versagen zu interpretieren. So scheuen sie sich oft vor neuen Herausforderungen und Risiken.

- **Selbstzweifel und Stress:** Perfektionist:innen sind häufig unzufrieden mit ihren eigenen Leistungen und empfinden stets, sie seien nicht gut genug. Dies kann zu Selbstzweifeln und Stress führen.

Denjenigen, die zu Perfektionismus neigen, empfehle ich:

- **Lernen, mit Fehlern umzugehen:** Fehler sind ein natürlicher Teil des Lebens und des Unternehmertums. Sie bieten Gelegenheiten zum Lernen und zur persönlichen Weiterentwicklung.

- **Realistische Zielsetzung:** Setze dir erreichbare Ziele. Unrealistisch hohe Ziele können zu Frustration und weiteren Selbstzweifeln führen.

- **Loslassen lernen:** Es ist wichtig, gelegentlich loszulassen statt sich in Details zu verlieren. Man kann endlos nach Perfektion streben, manchmal ist Pragmatismus schlicht effektiver.

Dennoch ist Perfektionismus nichts grundsätzlich Negatives, denn er spiegelt Einsatz und Ehrgeiz sowie das ständige Bestreben nach Verbesserungen wider. Das ist wertvoll, solange es mit einem gesunden Maß an Pragmatismus einhergeht. Manchmal muss man auch erkennen, dass »weniger mehr sein kann« und ein gesunder Pragmatismus oft weiter führt als übertriebener Perfektionismus.

9. Flexibilität: Proaktiv auf Änderungen reagieren

Die Geschäftswelt befindet sich im steten Wandel, geprägt durch neue Technologien, sich wandelnde Bedürfnisse der Kund:innen und globale Trends. Für Unternehmerinnen sind daher Flexibilität und Anpassungsfähigkeit unerlässlich für den Erfolg. Ein prägnantes Beispiel für die Dynamik in der heutigen Geschäftswelt ist der Aufstieg der Künstlichen Intelligenz (KI), die konventionelle Geschäftsmodelle fundamental infrage stellt und sogar überflüssig machen kann. Nehmen wir beispielsweise ein Übersetzungsbüro: Hier besteht das reale Risiko, dass KI-Technologien die gesamten Aufgaben übernehmen könnten. Verharre ich in Starrheit und klammere mich an mein herkömmliches Geschäftsmodell, könnte dies meinen Niedergang bedeuten. Entscheide ich mich jedoch für Flexibilität und integriere KI als zentralen Bestandteil meines Dienstleistungsangebots – getreu dem Motto: »Die schnellsten und besten Übersetzungen zu attraktiven Preisen« –, könnte dies die Effizienz meines Unternehmens steigern und dabei ähnliche, wenn nicht gar höhere Umsätze bei geringerem Personaleinsatz ermöglichen. Flexibilität bedeutet in diesem Kontext:

- **Anpassungsfähigkeit an neue Situationen:** Es ist entscheidend, sich schnell auf neue Gegebenheiten und Anforderungen einstellen zu können. Bleib stets aufgeschlossen für innovative Ideen und halte dich über Trends und Entwicklungen auf dem Laufenden.
- **Bereitschaft zur Planänderung:** Sei bereit, deine Pläne zu ändern, wenn sich Umstände wandeln. Dies umfasst auch den Mut, sich von nicht mehr tragfähigen Ideen oder Geschäftsbereichen zu trennen. Es kann auch erforderlich sein, dich von manchem zu trennen, das nicht wie erwartet funktioniert. Denke dabei an Lea-Sophie Cramers Weisheit: *»Hard Decisions, soft life. Soft decisions, hard life«* – triff also lieber früher klare Entscheidungen, um dir langfristig Schwierigkeiten zu ersparen.
- **Aufbau eines flexiblen Teams:** Du solltest unbedingt ein vielseitiges und anpassungsfähiges Team aufbauen. Deine Mitarbeiter:innen sollten unterschiedliche Rollen übernehmen und neue Fähigkeiten erlernen können, um den wandelnden Anforderungen in der Geschäftswelt gerecht zu werden.

10. Work-Life-Balance: Ohne sie geht es nicht

Zum Schluss ein wesentlicher Aspekt: Mit der Gründung deines eigenen Unternehmens gewinnst du zwar mehr Unabhängigkeit, aber du begibst dich auch in deutlich größere Risiken als in einer Anstellung in einem Unternehmen. Viele Gründerinnen fühlen sich dadurch enorm unter Druck gesetzt und neigen dazu, ihre Unternehmung über alles andere in ihrem Leben zu stellen, in dem Glauben, dass nur so der Erfolg gesichert werden kann. Dies ist jedoch zu kurz gedacht. Langfristig ist es entscheidend, beruflichen Erfolg mit dem persönlichen Leben – Familie, Freund:innen und vor allem deiner Gesundheit – in Einklang zu bringen. Nur so erlangst du wahres Glück und Zufriedenheit. Deshalb sollten Work-Life-Balance und Selbstfürsorge immer eine hohe Priorität in deinem Leben haben.

KAPITEL – *kompakt*

- Mit deiner eigenen Firma erlangst du nicht nur Unabhängigkeit, sondern auch die Möglichkeit zur finanziellen Freiheit. Du kannst eigene Ideen und Visionen verwirklichen.
- Nur 17,2 Prozent der Gründenden waren 2022 weiblich. Gründe dafür sind unter anderem der Mangel an Kinderbetreuungsstrukturen, fehlende Unterstützung durch Netzwerke und Mentor:innen sowie Finanzierungsschwierigkeiten.
- Verschiedene Studien belegen, dass von Männern und Frauen zusammen gegründete Start-ups oft erfolgreicher sind als ausschließlich von Männern gegründete.
- Für eine erfolgreiche Gründung sind verschiedene Schritte entscheidend: Glaube an dich und deine Fähigkeiten, entwickle eine Geschäftsidee, die dich begeistert, und prüfe Marktchancen sowie Konkurrenz.
- Erarbeite einen soliden Businessplan, baue deine Netzwerke aus und sichere die notwendige Finanzierung für deine Geschäftsidee.
- Widme dich effektiven Marketing- und Vertriebsstrategien, wobei der Aufbau einer starken, unverwechselbaren Marke im Mittelpunkt stehen sollte.
- So faszinierend der Aufbau deines eigenen Unternehmens auch sein mag, vergiss nicht die anderen Säulen deines Lebens: Familie, Freund:innen und Gesundheit. Nur wer alles in Einklang bringt, wird langfristig glücklich sein.

LIA GRÜNHAGE & LEA SOPHIE CRAMER

»Orientiere dich am Nordstern.«

Letztes Jahr lernte ich Lea und Lia – zumindest virtuell – in einer Session ihrer neu gegründeten Female-Leadership-Akademie Ten More In kennen. Die beiden haben damit etwas völlig Neues in Deutschland geschaffen – und etwas längst Überfälliges. Sie setzen sich für mehr Frauen in Führungspositionen ein. Warum? Aus der Überzeugung, dass eine Welt, die von Männern und Frauen gleichermaßen geführt wird, eine bessere ist.

Wir könnten nicht mehr zustimmen! Die zwei Gründerinnen sind aber nicht nur Vorbilder für junge Frauen, die sich in der Wirtschaft und Gesellschaft engagieren wollen, sondern auch ein Beispiel für weibliches Unternehmertum, Partnerschaft und gegenseitige Unterstützung. Drei Eigenschaften, die uns Frauen eher ab- als zugesprochen werden.

Lea-Sophie Cramer ist eine der bekanntesten Persönlichkeiten der deutschen Gründerszene. Seit dem erfolgreichen Aufbau von Amorelie und dem späteren Verkauf des Unternehmens an die ProSiebenSat.1 Media SE zählt sie zu den renommiertesten Gründerinnen Deutschlands. Neben dieser Rolle ist sie zudem Investorin, Podcasterin, Business-Influencerin, Beirätin und eine einflussreiche Stimme der deutschen Wirtschaft. An ihrer Seite ist Lia Grünhage. Sie stammt aus einer Unternehmerfamilie und hätte nicht gedacht, dass sie in diese Fußstapfen treten würde. Dennoch baut sie zum dritten Mal ein Unternehmen auf und ist mit Ten More In bei ihrem Herzensthema angelangt: die Förderung eines ausgewogenen Verhältnisses von Mann und Frau in zukünftigen Führungsebenen im wirtschaftlichen, politischen und gesellschaftlichen Kontext. Die beiden Frauen haben sich bereits bei vorherigen Gründungen unterstützt und sind nun die treibende Kraft hinter der 2022 gegründeten Female-Leadership-Akademie. Wir trafen Lea und Lia in ihrem neuen Büro in Berlin-Mitte, um mit ihnen über Female Entrepreneurship, Selbstverständnis und Visionen zu sprechen.

REGINE: Lea, du bist eine überaus erfolgreiche Gründerin. Welche Erfahrungen hast du als Frau während der Gründung gemacht?

LEA: Amorelie ist ein Unternehmen in der Sex- und Techbranche. In der Sexbranche sind die Frauen vor der Kamera, Männer agieren dahinter und treffen die Entscheidungen. Das heißt, ich ging in zwei Männerdomänen gleichzeitig rein, denn Gründerinnen gibt es auch nur wenige. Heute liegt der Anteil von Gründerinnen bei circa 18 Prozent. Als ich angefangen habe, waren wir bei 14 Prozent, wir haben uns also nicht großartig weiterbewegt.

Als ich startete, wurde mir bewusst, dass es erstaunlich wenige Frauen mit einem ähnlichen Weg gab. Viele schauten mich skeptisch an und stellten Fragen: »DU möchtest Unternehmerin werden? Wie willst du das denn angehen?« Zu Beginn hatte ich 20 Business Angels und Investoren – alles Männer –, die gemeinsam um einen Tisch saßen, und ich war die einzige Frau. Eine Situation ist mir in Erinnerung geblieben: Ein DAX-CEO ignorierte mich während eines gesamten Meetings. Ich versuchte, immer wieder ins Gespräch einzusteigen, räusperte mich, stand auf, setzte mich, wurde mal lauter, mal leiser, bewegte mich – ich habe wirklich alles versucht. Schließlich sagte ich zu ihm: »Entschuldigen Sie, Sie bemerken es wahrscheinlich nicht, aber Sie schauen mich nicht an. Wenn Sie investieren möchten, müssen wir damit beginnen, dass Sie mich anschauen. Denn ich bin nicht nur das PR-Gesicht, sondern eine der beiden Geschäftsführer:innen. Es ist sicherlich keine Absicht, aber es fühlt sich dennoch nicht gut für mich an.«

Gleichzeitig, wenn man akzeptiert, dass man anders ist, kann man dies zu seinem Vorteil nutzen. So wollte die Presse öfter mit mir sprechen, als sie das mit meinem männlichen Mitgründer gemacht hätten. Offensichtlich suchten sie für Themen wie Sexualität und Tech besonders Frauen, da es in diesen Bereichen wenige gibt.

REGINE: Welchen Rat würdest du Frauen geben? Mehr sie selbst sein?

LEA: Ich würde Frauen definitiv empfehlen, mehr Selbstverständnis zu entwickeln. Das bedeutet, ein klares Bild von sich selbst zu haben und sich zu fragen: »Wer bin ich?«, »Woher komme ich?«, »Was triggert mich?« und »Was ist mir wichtig?«. Frauen sollten Führungspositionen einnehmen und dabei die Herausforderungen ruhig und gelassen angehen. Sie sollten sich selbstbewusst in verschiedene Situationen begeben, sei es auf der Bühne oder bei Verhandlungen am Tisch.

Ich würde Frauen auch raten, sich immer wieder in unangenehme Situationen zu schubsen und sich an die Mitte des Tisches zu setzen. Ich mache das auch heute noch selbst. Ein Beispiel war ein bedeutender Abend in Paris in einem Museum, organisiert von Wella, bei denen ich nun im Aufsichtsrat bin. Die Rolle war noch neu für mich und an dem Abend waren Vertreter der High Society Frankreichs vertreten – und ich. Ich kann weder gut Französisch sprechen noch kannte ich jemanden. An diesem Abend entschied ich mich für einen leuchtend gelben Anzug mit Federn, sodass ich wirklich herausstach. Ich machte das ganz bewusst, weil ich ahnte, dass die Situation für mich herausfordernd sein würde, ich also geneigt gewesen wäre, mich eher abseits zu positionieren und zu verstecken. Mit diesem Outfit konnte ich nicht unbemerkt bleiben, also setzte ich mich auch an die Mitte des Tisches. Ich lernte alle an dem Tisch kennen – auch wegen des auffälligen Outfits als Gesprächsstarter. ;-)

Ich teile diese Situation mit euch, weil viele denken könnten: »Lea muss sich nicht mehr beweisen, sie muss sich nicht mehr schubsen.« Nein, auch ich muss mich jeden Tag aufs Neue herausfordern, immer wieder. So gab es noch eine weitere Situation, mein Auftritt bei Greator vor 16 000 Menschen. Das mache ich alles andere als mit links, aber ich schubse mich jedes Mal aufs Neue und akzeptiere, dass die ersten Male möglicherweise nicht perfekt verlaufen. Man muss irgendwo beginnen und dann dazulernen. Diesen Rat möchte ich Frauen unbedingt geben – mehr Mut haben, sich selbst herausfordern. Und nicht zu hart mit sich ins Gericht gehen, wenn es nicht perfekt läuft, frei nach dem Motto: *»Either you win, or you learn.«*

MIRIAM: Lia, ihr habt ja schon viele Erfahrungen zusammen gesammelt. Du warst CMO bei Amorelie, dann hast du ein eigenes Unternehmen gegründet und bist selbst schon Seriengründerin. Welche gesellschaftlichen und politischen Barrieren siehst du als Hinderungsgrund für weibliche Gründerinnen?

LIA: Vor kurzem haben wir uns nochmal mit Statistiken befasst: 50 Prozent der erwerbstätigen Frauen arbeiten in Teilzeit, hingegen nur 12 Prozent der erwerbstätigen Männer. In Verbindung mit deiner Frage denke ich, dass der Glaube, Gründen sei zeitintensiv und man müsse rund um die Uhr verfügbar sein, ein Hindernis ist. Für viele Frauen, die in Teilzeit arbeiten, fällt die Idee der Selbstständigkeit oder Unternehmensgründung aus diesem Grund schon vorab raus. Ich kenne das auch von Freundinnen: »Gründen muss ich in meinen 20ern, solange ich noch voll arbeiten kann, danach geht es nicht mehr.« Ich denke, es ist wichtig, das Bild vom Gründen zu entmystifizieren. Persönlich kann ich sagen, dass ich mir kein besseres Setting vorstellen kann. Es bietet eine einzigartige Perspektive, die mit Freiheit und Flexibilität verbunden ist. Daher denke ich, dass dies auch die politische Agenda betrifft. In welchem Licht präsentieren wir Unternehmertum in unserer Gesellschaft? Betrachten wir es als etwas Familienfreundliches? Schaffen wir die Anreize für weibliches Unternehmertum? Hier müssen wir das Narrativ ändern.

Es muss auch hinterfragt werden, warum 50 Prozent der Frauen in Teilzeit arbeiten. Ist dies wirklich die optimale Lösung? Oder drängen uns die politischen Rahmenbedingungen in diese Richtung? Ein grandioses Beispiel dafür ist die aktuelle Debatte über das Elterngeld. Unsere Politik scheint die Weichen dafür zu stellen, dass Frauen eher zu Hause bleiben. Das betrifft aber genau die Frauen, die wir in der Wirtschaft haben möchten – die mit umfangreicher Ausbildung, die gerade in ihrer Karriere angekommen sind und in den nächsten 10 bis 15 Jahren maßgeblich dazu beitragen könnten, das Führungsbild zu verändern und neue Vorbilder zu schaffen.

MIRIAM: Lea, du bist mittlerweile selbst Investorin. Siehst du einen Unterschied im Pitch zwischen Frauen und Männern?

LEA: Es gibt derzeit tatsächlich Unterschiede in den Pitches. Ich sehe da ein Problem: Pitches von Frauen sind teils weniger on-point. Warum? Weil ihnen das Netzwerk fehlt. Männer haben oft Netzwerke aus ehemaligen Gründern und Investoren, denen sie ihre Pitches vorab schicken können. Sie holen sich Feedback, Meinungen und Erfahrungen ein. Frauen hingegen haben weniger Zugang zu solchen Netzwerken und bekommen weniger konstruktives Feedback vorab. Oft denken wir, dass wir alles allein schaffen müssen, das behindert.

Bei einem Pitch schaue ich darauf, wie klar die Gründer denken können, wie hungrig sie nach Erfolg sind: Wie groß wollen sie werden? Frauen zielen auf das Realistische ab, nicht auf den Traum, da sie Angst haben, diese Vision nicht zu erreichen. Bei einer Vision geht es aber nicht um das Erreichen, sondern um eine Schussrichtung – den Nordstern.

MIRIAM: Lia, nach Amorelie hast du das Unternehmen Avery rund um Fruchtbarkeit und Social Freezing gegründet. In Amerika findet man das Thema viel öfter auch auf der Agenda von HR-Abteilungen. Wie wichtig findest du das?

LIA: Ich finde das äußerst wichtig. Es ist eine gesamtgesellschaftliche Entwicklung, dass wir später Eltern werden. Bei Akademikerinnen liegt das Durchschnittsalter bei 34 Jahren. Da sind wir schon lange über unseren *Fertility Peak* hinweg, ab 35 ist es bereits eine Risikoschwangerschaft. Bei unserer Lebens- und Karriereplanung sollten wir hinterfragen: »Wie ist das eigentlich mit unserer Fruchtbarkeit?« Ich finde, da stehen Unternehmen genauso unter Zugzwang. Wie kann ich weibliche Talente unterstützen, wenn sie später Kinder bekommen möchten, weil sie zuerst Zeit in ihre Karriere investieren wollen oder müssen? Und wie können sie, wenn sie Kinder haben, Beruf und Familie vereinbaren? Wie kann in unserer heutigen Gesellschaft Familie und Arbeit gemeinsam funktionieren, sodass nicht eine Geschlechtergruppe per se vom Arbeitsmarkt ausgeschlossen bleibt?

REGINE: Lea, du redest offen über deine Burnout-Erfahrungen. Welchen Rat gibst du besonders Frauen, die durch zusätzliche Care-Arbeit viel schultern? Wie wichtig findest du Coaching in diesem Prozess?

LEA: Da fand ich Michelle Obamas Satz spannend: »*Get men to do more!*« So simpel ist es letztlich. Wir sind zu zweit in einer Partnerschaft, irgendwann haben wir zusammen Kinder, einen gemeinsamen Haushalt, bauen ein gemeinsames Vermögen auf et cetera. Wir müssen die Männer in die familiäre Verantwortung holen. Und aus meiner Erfahrung wollen sie diese auch. Dafür müssen wir den Platz aber auch freimachen und dieses Schuldgefühl ablegen, wenn wir nicht dem klassischen Mutterbild entsprechen. Das ist schwer. Ich habe meine ganze Elternschaft bisher nicht nach dem klassischen Mutterbild gelebt und das ist völlig okay.

Coaching und Persönlichkeitsentwicklung spielen eine entscheidende Rolle, insbesondere für Frauen, da sie nach wie vor einen Großteil der Care- und Sozialarbeit übernehmen. Sei es die Pflege des

Freundeskreises, den Kauf von Weihnachtsgeschenken oder Hundefutter – Frauen übernehmen oft vielfältige Verantwortungen. Das zeigt auch eine andere Zahl: 80 Prozent der Haushaltsausgaben werden von der Frau getätigt. Ich hatte damals eine wundervolle Coach. Sie half mir, mein Burnout frühzeitig zu erkennen und rechtzeitig Unterstützung zu suchen. Ich habe jetzt einen feinen Marker dafür, damit ich sofort gegensteuern kann. Ich glaube nicht, dass ich mir noch mal entgleite, da ich mir selbst wichtig genug bin, um auf meine Ressourcen zu achten.

Wenn man in einen Burnout rutscht, hat man meist nicht nur eine Variable überstrapaziert, sondern es sind viele verschiedene Bereiche, sei es schlechtere Ernährung, fehlender Sport, fehlende Pausen, nächtliche Kinderbetreuung, partnerschaftliche Probleme, zu lange Arbeitszeiten et cetera. Aufgrund dieser Komplexität lässt sich nicht einfach eine Empfehlung aussprechen. Stattdessen muss man eigene Gefühle und Empfindungen ernst nehmen, innehalten, das System überprüfen und Hilfe in Anspruch nehmen. Hier kann Coaching unglaublich helfen.

MIRIAM: Lia, warum brauchen wir eine Female-Leadership-Akademie?

LIA: Es gibt zahlreiche externe und systemische Faktoren, die bedingen, dass Frauen nicht in gleicher Zahl führen wie Männer, und an denen wir langfristig arbeiten müssen. Gleichzeitig gibt es aber auch persönliche Verhaltensmuster, die dazu führen, dass Frauen nicht selbstverständlich führen oder erst gar nicht führen wollen. Hier können wir selbst ansetzen, beispielsweise an den starken Selbstzweifeln, die bei Frauen häufiger auftreten, oder der stärkeren Tendenz zur Konfliktscheue. Oft sind es Frauen, die in der Familie für Harmonie sorgen und alle wieder zusammenbringen wollen – dies sind soziale Strukturen, die wir aufbrechen müssen. Viele Frauen werden in ihren 20ern und 30ern nicht in die Position gebracht, selbstbewusst zu sagen: »Ich übernehme die Führung.« Wenn wir diese Rollenklischees überwinden, unterstützen wir Frauen dabei, mit Selbstverständlichkeit zu führen. Ziel ist ein Gleichgewicht und die Parität, also ein 50/50 zu erreichen.

MIRIAM: Lea, in einem Greator-Interview hast du über deine Vision für Amorelie gesprochen. Frage an euch beide: Wie sieht eure Vision für Ten More In aus?

LEA: Unsere Welt ist eine bessere, wenn sie von Frauen und Männern gleichermaßen geführt wird. Punkt. Das ist so und wenn jede:r in sich reinfühlt, gerade in der heutigen Zeit, würden die meisten Menschen das bestätigen. Ja, wir brauchen viel mehr von dieser weiblichen Kraft, Energie, Fähigkeiten und Sichtweisen in den Führungsetagen, und zwar wirtschaftlich, politisch und gesellschaftlich.

Wir haben einen wirtschaftlichen Hintergrund und wir treten dafür an, dass zukünftige Führungsetagen in der Wirtschaft 50/50 besetzt werden. Wir wollen, dass Frauen und Männer gleichermaßen am Tisch sitzen. Wenn wir uns jetzt die CEOs der DAX 40 angucken, haben wir 39 Männer, aber nur eine Frau. Das müssen wir ändern. Ich finde es unfassbar, dass das 2023 immer noch der Fall ist. Dafür stehen wir beide ein und kämpfen – wir brauchen mehr Frauen an diesen Entscheidungstischen.

LIA: Aus diesem Grund haben wir unsere Firma Ten More In genannt – *if you have a seat at the table, open the door and let ten more in.*

9

Balance-up

Bring Karriere und Privatleben in Einklang

»Wann ist dein nächstes Fußballtraining?«, frage ich meinen Sohn. »Keine Ahnung«, antwortet er. »In den Sommerferien legen wir das doch immer spontan fest. Steht in der WhatsApp-Gruppe schon was?« Ich seufze. Ich könnte schon beim Wort »WhatsApp-Gruppe« an die Decke gehen. Ich habe den Überblick über deren Menge auf meinem Handy verloren, gefühlt 376. Wenn der Termin für das Training naht, geht es weiter: Wer kann fahren? Ich, mein Mann, niemand, ein Elternteil eines Mitspielers? Nur schlappe 15 WhatsApp-Nachrichten später haben wir das geklärt. Kurz vor Abfahrt zum Training: »Wo sind meine Sportsachen?« – »Die werden da sein, wo du sie nach dem letzten Training hingeworfen hast … Hast du dich eingecremt, ihr spielt heute draußen, du holst dir einen Sonnenbrand, wenn du dich nicht eincremst!« – »Mama, ich finde meine Schuhe nicht!« – »Wer holt ihn denn später ab?« – »Na, du, dachte ich!« – »Nee, geht nicht, ich hab' noch ein Meeting.« Alles wegen *einer einzigen* Trainingsstunde. Dieser Aufwand potenziert sich je nach Anzahl der Kinder und der Hobbys. Nicht zu vergessen die Playdates und Kindergeburtstage. Kinder gehen nicht mehr einfach raus und treffen ihre Freund:innen, so wie wir das früher gemacht haben. Ihr Alltag inklusive sämtlicher Aktivitäten muss heutzutage organisiert werden – natürlich in den erwähnten 376 WhatsApp-Gruppen. Mein Mann findet meinen Aktionismus übrigens zu ausgeprägt. *Welcome to my world!*

Warum ein genauer Blick auf Care-Arbeit so wichtig ist …

Dies sind nicht bloß zufällige Szenen aus meinem Alltag, sondern sie spiegeln die Gesellschaft wider: Es gibt neben dem Gender-Pay-Gap auch ein Gender-Care-Gap als weiteren wichtigen Indikator für die Geschlechtergleichstellung. Das Bundesministerium für Familie, Senioren, Frauen und Jugend (BMFSFJ) hat ihn für 2022 ermittelt: Frauen wenden im Durchschnitt pro Tag 52 Prozent mehr Zeit für unbezahlte Care-Arbeit auf als Männer, sprich: sich um Kinder und Haushalt kümmern. Wenn die Kinder größer und selbstständiger werden, hört das wider Erwarten nicht auf, denn dann beginnt oft die Pflege älterer und alt gewordener Eltern, für die dann ebenfalls mehrheitlich die Frauen die Verantwortung übernehmen und den größeren Teil der Zeit investieren – übrigens auch für die Eltern ihres Partners. Solange wir noch jung und Single sind, machen wir uns um Care-Arbeit meistens weder Gedanken noch Sorgen. Doch sobald wir in Partnerschaften leben, übernehmen wir typischerweise schon mehr Hausarbeit als unsere Partner – selbst (noch) ohne Kinder. Mit Kindern rutschen wir vollends in die klassische Rollenaufteilung, in der ein Großteil der Familien in Deutschland, Österreich und der Schweiz noch immer lebt: Mütter steigen häufiger aus dem Beruf aus als Väter, wechseln mindestens in Teilzeit oder in Berufe mit besserer Vereinbarkeit, aber schlechterer Bezahlung. Spätestens dann entsteht die folgende Kette von Zusammenhängen:

Frauen arbeiten deutlich mehr als Männer.

- Mütter sind an ihren Arbeitsplätzen immer noch Stereotypen, Vorurteilen und Barrieren ausgesetzt und werden seltener befördert;
- flexibles Arbeiten, besonders flexibles Führen, Teilzeitführungspositionen, Jobsharing et cetera sind in vielen Unternehmen noch nicht etabliert;
- es fehlt an qualitativ hochwertiger und bezahlbarer Kinderbetreuung;
- häufig ziehen sich die Frauen auf Teilzeitstellen zurück, um ihren Job und ihr Privatleben besser zu vereinbaren;

- wenn eine Beziehung endet, durch Trennung, Scheidung oder Todesfall des Partners, erleben Frauen oft einen finanziellen Schock – spätestens im Alter. Frauen bezogen 2021 in Deutschland eine Rente, die um fast ein Drittel niedriger war als die der Männer – ein sehr hoher Pension-Pay-Gap. Zudem kamen 2022 auf 100 geschlossene Ehen 35 Scheidungen, es sind also keine Einzelfälle;
- auch auf gesellschaftlicher Ebene hat es Konsequenzen, wenn Frauen sich dem Arbeitsmarkt entziehen: Wir verlieren enormes Wirtschafts- und hoch qualifiziertes Arbeitsmarktpotenzial.

Damit wollen wir keinesfalls sagen, dass jede Frau arbeiten *muss*. Wir setzen uns jedoch dafür ein, dass jede Frau in Deutschland, die arbeiten *will*, das auch *kann* – selbst mit Familie.

… ganz zu schweigen vom Mental Load

100 Prozent Hausfrau und Mutter zu sein, ist eine herausfordernde Führungsaufgabe.

Die jahrelange, intensive Zeit mit Kindern ist wertvoll und niemand bringt einem diese Zeit zurück. Ich habe vollste Achtung davor, wenn eine Frau sich im Bewusstsein aller Konsequenzen dafür entscheidet, sich uneingeschränkt um Kinder und Haushalt zu kümmern. Das ist ein *tougher* Vollzeitjob. Mütterliche Leistungen werden gesellschaftlich definitiv zu wenig wertgeschätzt. Denn Care-Arbeit ist ein unbezahlter Job, von sechs Uhr morgens bis zehn Uhr abends, tagein, tagaus – von den vielen Nachtschichten vor allem am Anfang ganz zu schweigen. Care-Arbeit umfasst auch viel mehr Spezialdisziplinen, als man auf den ersten Blick denkt: Dekorateurin, Kindergärtnerin, Nachhilfelehrerin, Reinigungskraft, Köchin et cetera. Der Wert der unbezahlten Care-Arbeit wird in Deutschland mit 825 Milliarden Euro pro Jahr beziffert – eine unvorstellbar hohe Zahl. Der Anteil der Männer, die überhaupt Care-Arbeit in ihren Familien übernommen hatten, lag 1992 bei 31 Prozent, 2016 »schon« bei 37 Prozent. Es lässt sich diskutieren, ob ein Anstieg um 6 Prozentpunkte in 24 Jahren ein Fortschritt darstellt.

Bei alldem habe ich den »Mental Load« noch gar nicht angesprochen – also die Tatsache, dass, noch bevor etwas getan wird, auch daran gedacht und alles entsprechend geplant werden muss, und was daraus an psychischer Belastung entsteht. Mitdenken, Termine ausmachen, synchronisieren, koordinieren, kommunizieren: Ein permanentes »Auf dem Schirm haben« von allem – das ist der Mental Load. Haben wir noch genügend Waschmittel im Haus, braucht unsere Jüngste neue Schuhe, was bekommt die Schwiegermutter zum Geburtstag, wann ist der nächste Kieferorthopäden-Termin, wie planen wir Weihnachten in diesem Jahr? Und so weiter und so fort. Das Ganze 24/7 und auf die Spitze getrieben durch den frauentypischen Perfektionsdrang. Dazu noch befeuert durch die bunte Bilderwelt auf Social Media – von DIY-Schultüten über mehrstöckige Regenbogentorten bis hin zur saisonal angepassten »Westwing«-Dekoration, die natürlich auch noch irgendwie sein muss. Wenn ich entsprechend eskaliere und mein Mann sich darüber ab und zu lustig macht, dann darf er das gerne, denn er hat damit vor allem eins – Recht.

Auch zum Mental Load gibt es aktuelle Zahlen: Das Wirtschafts- und sozialwissenschaftliche Institut der Hans-Böckler-Stiftung hat im August 2023 eine Studie dazu veröffentlicht. Auf Grundlage einer Befragung zeigt der Report, dass Frauen den weitaus größeren Teil des Mental Loads tragen. Mit Kindern liegt der Mental Load der Frauen bei 70 Prozent, der der Männer bei unter 30. Das ist der größte Gap aller Themen rund um die Geschlechtergerechtigkeit. Halten wir also fest: Frauen tragen 24/7 den Mental Load, übernehmen jeden Tag knapp fünf Stunden lang die Care-Arbeit, gratis und ohne Rentenanspruch. Daraus kann in meinen Augen nur eins folgen: Sowohl der Staat als auch der erwerbstätige Partner haben hier eine klare finanzielle Verpflichtung – das sollte von Frauen schon während der Familienplanung auch explizit eingefordert und verhandelt werden. Wenn sie sich dafür entscheiden, im Sinne der Familie nicht arbeiten zu gehen oder eine Teilzeitbeschäftigung zu wählen, sollte auch das mit dem Partner frühzeitig vertraglich geregelt werden, damit sie im Fall einer Trennung oder des Versterbens des Partners finanziell abgesichert sind.

Karriere und Privatleben bewusst und gezielt unter einen Hut zu bringen, ist unglaublich bereichernd.

Nun aber zur wichtigsten Frage des Kapitels: Wie kannst du deine Karriere und dein Privatleben unter einen Hut bringen, sodass du selbst zwischen Fußballtraining, Kinder- und Schwiegermuttergeburtstagen, Einkaufslisten, Urlaubsplanungen, Großputz, Arztbesuchen und Klavierstunden deinen Namen nicht mehr vergisst? Eins vorweg: Es ist definitiv kein einfacher Weg! Er kostet Zeit, Einsatz, Biss und Durchhaltevermögen. Er ist aber auch unglaublich bereichernd, wenn er gelingt. Eine einfache Lösung gibt es leider nicht. Die sechs folgenden Tipps und Strategien werden dir dennoch weiterhelfen – versprochen!

- *Make your partner a real partner*,
- partnerschaftliche Planung,
- Zeit- und Prioritätenmanagement,
- tägliche Routinen,
- Unterstützungssysteme,
- aktive Karriereplanung,

1. Make your partner a real partner

Um es mal sehr deutlich zu sagen: Bevor sich eine Beziehung in Richtung Familienplanung entwickelt, lohnen sich genaue Überlegungen darüber, ob dein zukünftiger Partner für eine moderne Partnerschaft geeignet ist. Während meiner Unizeit genoss ich das ein oder andere Dinner-Date mit gutaussehenden, künstlerisch begabten, charismatischen, selbstbewussten und karriereorientierten Unternehmensberater- oder Investmentbanker-Typen – natürlich ohne hier stereotypisieren zu wollen …;) Letztlich merkte ich jedoch: Vor der Familienplanung muss ich zweimal hinschauen und ehrlich mit mir selbst und ihm darüber sein, ob mich der jeweilige Mann in meiner Karriere unterstützen und seinen Anteil an Haushalt und Kinderbetreuung übernehmen wird. Ob er zurückstecken würde, damit wir beide eine vergleichbare Karriere verfolgen können. Darüber sollte man unbedingt vorher offen sprechen. Spätestens nach der Familiengründung überrollen einen tausend Alltagsaufgaben. Viele Frauen können in deren Erfüllung perfektionistisch sein

Nimm deinen Partner ernst und gestehe ihm Verantwortung zu.

und diese extremen Ansprüche nicht nur an sich selbst, sondern auch an ihren Partner stellen. Ich nehme mich selbst da nicht aus. Gerade bei Haushaltsdingen machen unsere Partner (in unseren Augen) gern viele »Fehler«: »Schatz, die Küche ist aber noch lange nicht sauber! Die Wäsche ist anders zusammengelegt praktischer!« Im Klartext: Wenn unser Partner sich in Sachen Haushalt einbringt, müssen wir ihn auch machen lassen. Fast schreibe ich es mit einem Augenzwinkern, aber es ist durchaus ernst gemeint: Denn auch das ist *Empowerment* – und verdient Anerkennung und Wertschätzung für den Einsatz.

Mag es noch gelingen, über nicht perfekt gesäuberte Arbeitsplatten und voneinander abweichende Ordnungssysteme in der Küche hinwegzusehen – spätestens nach der Geburt eines ersten Kindes mutieren manche Mütter zu »Maternal Gatekeepers«. Sie legen strenge, unflexible Regeln für den Umgang mit dem Kind fest und definieren hohe Standards bei der Betreuung. Sie klagen über Überbelastung, aber trauen den Vätern ihrer Kinder nicht zu, dass diese sich selbstständig um deren Bedürfnisse kümmern können. Ganz ehrlich: Ich habe mich auch schon dabei erwischt, wie ich die Kompetenz meines Partners infrage gestellt und ihn bei der Care-Arbeit kritisiert habe. Was würden wir selbst tun, wenn wir immerzu kritisiert würden? Richtig: Wir würden uns degradiert fühlen, entsprechend demotiviert sein und in der Folge keine Verantwortung mehr übernehmen wollen. Eine solche Reaktion ist nur allzu menschlich. Falls du also auch den Drang verspürst, deinem Partner zu erklären, wie er sich um euer Kind zu kümmern hat, steuere bewusst und aktiv gegen. Gib ihm den Freiraum, zu lernen, es in seinem Sinne richtig zu machen. Ich stimme Sheryl Sandberg voll zu: »Jede Frau, die einen echten Partner haben will, muss ihn als gleichwertigen – und gleichermaßen fähigen – Partner behandeln.« Dazu gehört im Übrigen auch, dass du ihm nicht ungefragt Aufgaben aus der Hand nimmst, wie beispielsweise die Besorgung des Geburtstagsgeschenks für seine Mutter oder die Organisation seines Soziallebens. Er kann sich wunderbar selbst um all dies kümmern – selbst wenn er es nicht tut, ist das nicht dein Problem.

Ich kenne Frauen, die sich sehr gegen das Wort »helfen« im Kontext der Care-Arbeit wehren. Denn es beinhaltet für sie, dass es eine hauptsächlich zuständige Person im Haushalt gibt – die Frau – und dass die an-

Wir brauchen keine »helfenden« Männer – sondern Männer, die ihre Aufgaben übernehmen.

dere Person ihr im Haushalt lediglich hilft, sprich: ihr spontan ein bisschen zur Hand geht, wenn es sich nicht vermeiden lässt und gerade gut passt. Ich kann diese Gedanken nachvollziehen und achte seither auch auf meine Sprachwahl. Mein Mann »hilft« mir nicht im Haushalt, sondern übernimmt gleichberechtigt und -verantwortlich seinen Teil der Aufgaben. Nur das reduziert meinen Mental Load, der immer wieder entsteht, wenn ich meine Karriere und mein Privatleben unter einen Hut bringen will. Studien haben übrigens erwiesen, dass Beziehungen glücklicher verlaufen und es weniger Scheidungen gibt, wenn die Partner:innen gleichberechtigt arbeiten und sich auch die Arbeit im Haushalt und in der Familie gleichverantwortlich aufteilen.

Als ich zur Geschäftsführerin von Sephora Deutschland befördert wurde, unterstützte mich mein Mann ab der ersten Minute voll und übernahm auch mehr als nur seinen Teil der Verantwortung. Ich musste direkt am Anfang viel reisen und war tagelang weg. Er arbeitete seinerzeit im Homeoffice und betreute dort unseren damals 2-jährigen Sohn und unsere einjährige Tochter. Er zog auch entgegen seinen ursprünglichen Absichten mit mir von Dubai nach Düsseldorf, da dort der neue Sephora-Firmensitz war. Im 5. Kapitel habe ich schon beschrieben, wie schwierig sich der Start in Deutschland für uns gestaltete. Kurz vor der Corona-Pandemie hatten wir beschlossen, dass ich während unseres Umzugs nach München eine einjährige Pause machen würde, ein Sabbatical, auch um mehr Zeit mit den Kindern verbringen zu können. Als wir uns dann im Lockdown befanden, rutschte ich von einem Extrem ins andere: Eben noch Geschäftsführerin mit permanenten Dienstreisen, quasi auf dem Höhepunkt meiner Karriere, dann auf einmal allein zu Hause mit den Kindern. So kam es, dass während meiner einjährigen Auszeit und trotz des Investments in meine Weiterqualifizierung fast die gesamte Care-Arbeit wieder in meinen Zuständigkeitsbereich fiel. Nach einem Jahrbei meiner Rückkehr in den Job war es durchaus eine Herausforderung, die Aufgaben wieder gerechter aufzuteilen – nicht nur auf meinen Mann und mich, sondern auch für mehr Selbstständigkeit auf die mittlerweile etwas größeren Kinder. Rückblickend denke ich, dass ich im Job sogar mehr Quality Time mit den Kindern hatte, da ich mir die freien Minuten oftmals exklusiv für sie reservierte. Auch meine Date-Nights mit meinem Mann liefen romantischer ab. In der Zeit meines Sabbaticals neigte ich eher dazu, ihm abends direkt zu erzählen, dass die Waschmaschine schon wieder kaputt war oder was die Kinder gegessen oder vielmehr nicht gegessen hatten.

Gegenseitiger Respekt, offene Kommunikation und die Bereitschaft, Verantwortung zu übernehmen, sind die in meinen Augen wichtigsten Faktoren, um eine moderne, gleichberechtigte Partnerschaft zu führen, in der beide ihren Teil der Aufgaben selbstständig übernehmen. Politische Veränderungen, wie beispielsweise die Bereitstellung von mehr Kitaplätzen, inklusive flexibler Öffnungszeiten, gehört dazu, überhaupt keine Frage. Bis dies erreicht ist, wird jedoch noch Zeit vergehen – die wir nicht haben, denn wir stehen genau jetzt vor der Anforderung, unsere Karrieren und unser Privatleben zu vereinbaren. Deshalb kommt hier gleich meine zweite Strategie.

2. Partnerschaftliche Planung

Solange ich arbeite, habe ich in meinen unterschiedlichen Jobs Projektpläne erstellt, Aufgaben verteilt und Zuständigkeiten definiert. Irgendwann fragte ich mich, warum ich mich zu Hause, in meinem Privatleben, mit dieser Art von Projektmanagement eigentlich so schwertat. Denn es hat fast nur Nachteile, die Haushalts- und Familienorganisation einfach laufen zu lassen: Aufgaben auf Zuruf zu delegieren, beispielsweise, mag sich zwar im ersten Moment gut anfühlen, stellt aber für wiederkehrende Aufgaben keine gute Lösung dar. Die Tage enden meist im Chaos, weil nichts geregelt ist und manches liegen bleibt. Wenn alle Familienmitglieder ihre Verantwortlichkeiten kennen – und sich auch nach eigener Neigung für Aufgaben entscheiden dürfen –, gibt es deutlich weniger Ungleichgewichte und Missverständnisse. Ich empfehle hier deshalb eine Liste mit allen wiederkehrenden Aufgaben, unterteilt nach Häufigkeit und zeitlichem Aufwand. Im gemeinsamen Dialog können dann die Aufgaben verteilt werden – je nach zeitlicher Verfügbarkeit und Vorlieben und auf alle Familienmitglieder. Auch Kinder können Aufgaben übernehmen. So könnte eine Liste beispielsweise aussehen:

Auch dein Privatleben braucht Projektmanagement.

Fußballtraining:
2x wöchentlich & WhatsApp-Koordination
Fabis Job
Balletttraining:
1x wöchentlich & währenddessen Wocheneinkauf
Miris Job
Kindergeburtstag:
Einladungen anderer Kinder zur eigenen Party, Geschenke besorgen und einpacken & WhatsApp-Koordination für andere Geburtstagspartys
Au-pairs Job
Steuererklärung
TAX
Fabis Job
Strom-, Handy- und andere Verträge prüfen und ggfs. erneuern
Fabis Job
Überweisungen, Kontoführung etc.
Miris Job
Einkaufsliste:
Board am Kühlschrank, an dem bis zu jedem Donnerstag jeder eintragen kann, was fehlt
Fabis Job
Tisch decken
Kids Job
Abendessen kochen
Fabis Job (Mo-Mi)
Miris Job (Do-So)
Küche aufräumen
All
Wäsche waschen und bügeln
Au-pairs Job
Putzen
Haushaltshilfe Job
Gartenpflege
Gärtner
Treffen mit Freunden planen
Miris Job
Familientreffen organisieren
Miris Job
Vereins-, Charity-, Sport- und Kulturevents planen und wahrnehmen
Beide

Auf den ersten Blick mögen solche Listen absurd wirken. Sie bringen jedoch zweierlei an den Tag: Ihr macht euch erstens bewusst, wie viele Dinge täglich anstehen – und vermutlich sind es mehr und sie erfordern mehr Zeit als gedacht. Zweitens werden die klaren Absprachen zwischen euch Missstimmungen und Vorwürfe verhindern – was die Qualität eurer gemeinsamen Zeit deutlich steigern kann. Plant aber unbedingt regelmäßige kurze Abstimmungsgespräche ein, so bleibt ihr in der Ausführung eurer Aufgaben flexibel. In gemütlicher Atmosphäre können diese Gespräche sogar zu Quality Time in der Beziehung aufsteigen. Und nicht vergessen: Lasst ab und zu mal locker und genießt einen Abend komplett unorganisiert – das ist sowohl für eure Partnerschaft als auch die Beziehung zu euren Kindern ein Gewinn.

3. Zeit- und Prioritätenmanagement

Wer Prioritäten setzt und seine Zeit einteilt, kommt entscheidende Schritte weiter.

Meine Familie behauptet von mir, dass ich nahezu perfekte To-do-Listen schreibe. Lediglich bei der Umsetzung sei noch Luft nach oben … Ersteres liegt in meinen Augen vor allem daran, dass wir unsere Aufgaben klar verteilt haben, aber auch ein konsequentes Zeit- und Prioritätenmanagement verfolgen. Auch hier habe ich meine Herangehensweise aus meinen Jobs adaptiert: klare Prioritäten mit entsprechender Zeit. Dafür eignet sich das Eisenhower-Prinzip wunderbar, benannt nach dem ehemaligen US-Präsidenten Dwight D. Eisenhower – ein bewährtes Modell zur Priorisierung, in dem sämtliche Aufgaben in vier Quadranten unterteilt werden:

- **Dringend und wichtig:** Diese Aufgaben haben höchste Priorität und erfordern sofortige Aufmerksamkeit wie Notfälle oder dringende unaufschiebbare familiäre Angelegenheiten.
- **Wichtig, aber nicht dringend:** Diese Aufgaben sind auf lange Sicht bedeutend, erfordern jedoch keine sofortige Aufmerksamkeit. Hier kannst du langfristige Familienziele und Projekte planen, wie beispielsweise die Weiterbildung der Kinder oder Gestaltung der gemeinsamen Zukunft.

- **Dringend, aber nicht wichtig:** Hier finden sich oft zeitintensive Ablenkungen und Unterbrechungen, die unsere Zeit verschlingen, aber wenig zur Erfüllung der langfristigen Ziele beitragen, wie unerwartete Anrufe oder kurzfristige, aber nicht entscheidende Hausarbeiten, wie nebenbei aufräumen und staubwischen, waschen et cetera.
- **Weder dringend noch wichtig:** Diese Aufgaben sollten vermieden oder delegiert werden, da sie weder kurzfristig entscheidend noch langfristig bedeutsam sind. Das können unwichtige Haushaltsaufgaben sein, wie das penible Falten von Hemden, statt sie einfach auf Bügel zu hängen, oder das Sortieren von Socken, Unterwäsche und anderen Regal- und Schubladeninhalten.

Unterteile eure Aufgaben zusammen mit deinem Partner in die Quadranten. So könnt ihr eure Prioritäten klar erkennen und sicherstellen, dass ihr die wirklich dringenden und wichtigen Punkte nicht vernachlässigt.

Sollte euch das Eisenhower-Prinzip nicht zusagen, hier weitere Modelle:

- **Das MoSCoW-Prinzip:** Hierbei werden Aufgaben in vier Kategorien unterteilt: Must-haves (unverzichtbar), Should-haves (sollte es geben), Could-haves (könnte es geben) und Won't-haves (wird es nicht geben). Dies hilft, Anforderungen und Prioritäten nicht nur in Projekten, sondern auch im häuslichen Alltagswahnsinn zu klären.
- **Die ABC-Analyse:** Diese Methode klassifiziert Aufgaben oder Elemente nach ihrer Wichtigkeit, wobei A für die wichtigsten, B für die nächstwichtigen und C für die am wenigsten wichtigen steht. Dies erleichtert den Fokus auf zentrale Aufgaben: Der Einkauf ist wichtig, Wäsche im Schrank nach Farben sortieren eher weniger.
- **Das »Eat That Frog!«-Prinzip:** Dieses Konzept, basierend auf Brian Tracys Buch, empfiehlt, die unangenehmste oder schwierigste Aufgabe zuerst zu erledigen, um Prokrastination zu vermeiden und sich ein Gefühl der Erfüllung zu verschaffen. Das kann auch im Familienleben helfen, um beispielsweise zu erreichen, dass die eher lästigen Aufgaben wie Putzen nicht unnötig lange aufgeschoben werden.

Nein-Sagen ist nicht nur im Job, sondern gerade auch im Privatleben wichtig.

Auch das Nein-Sagen gehört für mich zum Prioritätenmanagement. Während mich im Beruf klare Strategien, Prioritäten und auch Kosten-Nutzen-Analysen leiten, lasse ich mich privat schnell von Neuem ablenken und begeistern – ob das nun Fortbildungsmöglichkeiten, Bücher, unbekannte Restaurants oder andere Freizeitmöglichkeiten sind. Auch wenn ich um einen Gefallen gebeten werde, unerwarteter Besuch sich ankündigt oder es etwas zusätzlich zum ganz normalen Alltagschaos zu organisieren gilt, kann ich schlecht Nein sagen. Hinzu kommt auch die Erwartungshaltung von außen, immer präsent zu sein – ob im Job oder privat. Wie oft habe ich von meinen Freund:innen und Bekannten oder der Familie schon offen oder versteckt die Bitte gehört, schneller auf Nachrichten zu antworten, mehr Zeit mit ihnen zu verbringen oder mehr in den Social Media zu posten, um sie an meinem Leben intensiver teilhaben zu lassen. Der Tag hat aber auch für mich nur 24 Stunden. Und mal ehrlich: Mich interessieren die vielen geposteten Essensbilder nicht, wenn ich nicht auch am Tisch sitzen und mitschlemmen kann. Seither arbeite ich auch im privaten Umfeld mit Priorisierungen.

Viel stärker wirkt da auf mich noch mein permanent schlechtes Gewissen, weil ich gefühlt zu wenig Zeit für meine Kinder habe – und je nach dessen Ausprägung stehen dann schon wieder neue Punkte auf meiner To-do-Liste. Nicht umsonst werden Eltern in unserer Generation gern mit Helikoptern verglichen. Die permanente Sorge um das Wohlergehen der Kinder und unsere eigenen Ansprüche an unsere Elternschaft ziehen manchmal nach sich, dass wir den Kindern alles abnehmen und sie auf keinen Fall mit etwas allein lassen wollen. Kinder entwickeln jedoch erst dann sozial kompetente, verantwortungsbewusste und belastbare Persönlichkeiten, wenn wir sie zur Selbstständigkeit erziehen. Dazu gehört, dass sie von klein auf lernen, sich selbst zu beschäftigen und sich auch bei der Hausarbeit zu beteiligen. Schließlich müssen sie später einmal »lebensfähig« sein – denn im Erwachsenenalter muss man sich so manches erkämpfen, muss Frustrationen wegstecken und Durststrecken überwinden können. Gerade weil meine Mutter nicht immer Zeit für mich hatte, wurde ich früh selbstständig. Als Teenager war ich unglaublich stolz auf ihre Erfolge. Das Gleiche sehe ich jetzt, eine Generation später, auch bei meinen Kindern. Schon im Kindergartenalter zeigten sie auf alle Sephora Stores und riefen stolz: »Mama – Arbeit!« Während meiner Zeit zu Hause erzählte mein Sohn jedoch gerne mal, dass Mama für die Wäsche zuständig sei und Papa das Geld verdiene. Da wusste ich, dass es Zeit für eine neue berufliche Herausforderung war.

4. Tägliche Routinen

Wenn in unserem Alltag berufliche und familiäre Verpflichtungen miteinander konkurrieren, bewähren sich tägliche Routinen für den Ausgleich und die Stressreduktion. Diese täglichen Routinen für die gesamte Familie zu entwickeln und einzuhalten, erleichtert vieles – und zwar aus den folgenden Gründen:

- **Stabilität und Sicherheit schaffen:** Tägliche Routinen bieten ein stabiles Gerüst und sorgen für Vorhersehbarkeit, besonders für Kinder.
- **Stressreduktion:** Der ständige Balanceakt zwischen Job und Familie kann stressig sein. Mit Routinen minimierst du den Entscheidungsdruck und die Unsicherheit, da viele Aktivitäten automatisiert werden. Dadurch hast du mehr Energie für wichtigere Aufgaben.
- **Erleichterung der Kommunikation:** Tägliche Routinen schaffen Klarheit in der Kommunikation innerhalb der Familie. Jede:r weiß, was zu welchem Zeitpunkt erwartet wird. Das reduziert Missverständnisse und Konflikte.
- **Förderung von Selbstfürsorge:** In einem gut geplanten Tagesablauf ist auch Zeit für deine persönliche Selbstfürsorge vorgesehen. Du planst Zeit für dich statt nur die Familie ein.
- **Stärkung der Teamarbeit:** Gemeinsam etablierte Routinen fördern ein Gefühl der Teamarbeit und Verantwortung innerhalb der Familie. Jede:r trägt zum Haushalt bei.
- **Flexibilität bewahren:** Obwohl Routinen Struktur bieten, bedeutet dies nicht, dass Flexibilität ausgeschlossen ist. Nicht alles ist planbar.

Wie genau schaffst du es nun, solche Routinen und Rituale für dich zu etablieren? Ich finde dabei James Clears 1%-Methode hilfreich – sie kann auch dein Schlüssel zur erfolgreichen Umsetzung von Routinen sein. Clear ist bekannter Autor und Experte für Verhaltenswissenschaften. Aus den folgenden Gründen halte ich seine 1%-Methode für so hilfreich:

Eine tägliche Routine verringert Stress und schafft Stabilität.

- **Kleine Schritte, große Ergebnisse:** Die 1%-Methode basiert auf der Idee, dass du kleine, aber konsequente Verbesserungen in deinem täglichen Leben vornehmen kannst, um langfristig große Veränderungen zu bewirken (*Micro-Habits*). Statt auf radikale Umstellungen konzentrierst du dich auf kleine Gewohnheiten in deinem Alltag, die dich nach und nach deinen Zielen näherbringen.
- **Reduzierung der Überforderung:** Große Veränderungen in kurzer Zeit können sich oft überwältigend anfühlen. Die 1%-Methode fördert ein sanftes, stetiges Vorgehen, das den Druck minimiert, sodass du deine Routinen auf lange Sicht beibehalten kannst. Statt dir direkt ein fünfstündiges Lauftraining jede Woche auf den Plan zu setzen, beginnst du mit einem täglichen 10-Minuten-Work-out.
- **Aufbau von Konsistenz:** Durch die tägliche Umsetzung kleiner Maßnahmen schaffst du Konsistenz in deinem Leben. Dies stärkt die Selbstdisziplin und das Durchhaltevermögen – was wiederum entscheidend für neue dauerhafte Routinen im Alltag ist.
- **Nachhaltige Veränderung:** Mit schrittweise kleinen Verbesserungen werden deine Fortschritte langfristig und nachhaltig sein.
- **Einfache Integration in deinen Alltag:** Die 1%-Methode ist einfach in deinen Alltag zu integrieren. Sie erfordert keine großen Umstellungen oder zusätzlichen Zeitaufwand. Stattdessen kannst du sie in deine bestehenden Abläufe einfügen.

Was heißt das konkret? Am besten erstellst du dir als Erstes eine Liste mit deinen täglichen Gewohnheiten, wie: Wecker ausschalten, aufstehen, Nachrichten checken, ins Bad gehen, das Bett machen, dich anziehen et cetera. Und dann verknüpfst du das, was du nun neu als tägliche Routine etablieren möchtest, mit einem bestimmten Auslöser und einer konkreten Dauer, Uhrzeit und einem Ort. Wenn du beispielsweise jeden Morgen als Erstes 10 Minuten lang Yoga im Wohnzimmer machen möchtest, dann nimm diesen Punkt in die Liste deiner täglichen Gewohnheiten und Rituale auf. Also: 7.00 Uhr (nach dem Aufstehen und dem Nachrichten checken) bis 7.20 Uhr im Wohnzimmer Yoga. Mit der Zeit wird dein Gehirn den auslösenden Reiz dafür, auf die Yogamatte zu gehen, intensiv mit dem Verlangen nach einem gesunden Körper verbinden, dann stellt sich die Frage, ob du es machst oder nicht, nicht mehr. Oder wenn du dir ganz konkret vorgenommen hast, eine bestimmte Angewohnheit loszuwerden – wie stundenlanges Binge-Scrolling auf Instagram –, dann mach dir die Vorteile dieses Verhaltens intensiv bewusst: »Wenn ich nicht mehr so viel Zeit auf Instagram verbringe, dann vergleiche ich mich automatisch weniger mit anderen.« Du ersetzt es durch ein anderes Ritual, das für deine mentale Gesundheit besser ist, und verknüpfst es mit einer gewissen Uhrzeit oder einer Situation – und schon verselbstständigt sich die neue Routine.

Nicht nur für mich selbst, sondern auch für viele Menschen in meinem Umfeld hat es sich als wichtig erwiesen, direkt mit Tagesbeginn die vorgenommene Routine einzuhalten. Wenn ich nicht bereits am frühen Morgen rechtzeitig aufstehe, mein Bett mache, gesund frühstücke und meinen Sport durchziehe, läuft der ganze Tag aus dem Ruder und endet dann gern am Abend mit Rotwein und Chips. Also halte ich mich akribisch an meine Morgenroutine mit vielen kleinen Micro-Habits, entgegen meinem teilweise etwas chaotischen Naturell:

Routinen sind besonders am Morgen wichtig – sonst »verrutscht« der ganze Tag.

Ich stehe 30 Minuten, bevor die Kinder in die Schule müssen, auf. Mein Mann bereitet ein leckeres und gesundes Frühstück zu. Während ich den Kindern beim Fertigmachen helfe und sie antreibe, mache ich parallel die Betten und räume unsere Schlafzimmer auf.

- *Last Mile Management:* Die Kids müssen zum Schulbus – ohne den von mir angesagten Minutentakt würden sie den Bus jeden Morgen verpassen.

- Danach mache ich 30 Minuten Sport, gehe kurz duschen und widme mich meiner Skincare- und Make-up-Routine (schließlich habe ich bei Sephora gearbeitet!) und ziehe was Nettes an – auch wenn ich weder externe Meetings noch Video-Calls habe. Wenn ich mir als »Schluffi« im Spiegel begegne, sinkt meine Motivation für den Tag.
- Anschließend gönne ich mir 30 Minuten für mich: Entweder der zweite Kaffee, der Anruf bei einer Freundin, die Zeitung, Journaling, Meditation … wonach ich mich eben fühle und was mir positive Energie bringt.
- Um 9.00 Uhr starte ich meinen Arbeitstag inklusive Meetings: Für die nächsten mindestens vier Stunden bleibe ich fokussiert und konzentriert. Ich bemühe mich, vordefinierte Pausen für WhatsApp-Kommunikation et cetera einzuhalten, damit ich aufmerksam bei der Sache bin. In der restlichen Zeit schaue ich nicht auf mein Handy. Ich plane meine To-dos, Projekte, Meetings et cetera im Vorfeld detailliert und halte mich daran. Wenn meine Morgenroutine gut gelaufen ist, läuft der Tag meistens auch rund.
- Meine Kinder kommen um 16.00 Uhr nach Hause. Die nächsten drei Stunden teile ich mir die Kinderarbeit mit meinem Mann, der Oma, der Nachbarin oder unserem Au-pair – jede:r übernimmt einen Nachmittag, dann habe ich noch bis 19.00 Uhr für meine Arbeit. Es hört sich verrückt an, aber die ganze Woche ist auf einer Tafel in der Küche geplant.
- Da mein Mann fürs Frühstück zuständig ist, bin ich es fürs Abendessen. Wenn wir mal ausgehen wollen, haben wir ein paar potenzielle Babysitter. Meine Kids lieben es, Zeit mit Teenagern zu verbringen, sie sind viel cooler als ich und kennen die neuesten Trends.
- Nach dem Abendessen beginnt meine *Hang-Loose*-Zeit mit der Family, die ich sehr wichtig finde.

Ich gehe dafür bestimmte Kompromisse ein: Es sieht zu Hause nicht immer ordentlich aus, ich kämpfe morgens nicht mit meinen Kindern über ihre Outfits und ich pintereste keine spektakulären *Braiding Techniques*, um sie jeden Morgen an meiner Tochter auszuprobieren. Ich antworte nicht im Minutentakt auf WhatsApp-

Nachrichten. Ich multitaske nicht, sondern konzentriere mich auf *eine* Aufgabe.

5. Unterstützungssysteme – ohne sie geht es nicht

Lass dir Aufgaben abnehmen. So gewinnst du das Wertvollste: Quality Time mit Familie, Freund:innen und dir selbst.

Familienalltag bringt einen heftigen Workload mit sich, für den braucht es, keine Frage, Organisationstalent – das allein reicht aber nicht, denn tatkräftige Unterstützung ist mindestens genauso gefragt. Viele unserer Role Models in diesem Buch sprachen über Unterstützung als Lebensnotwendigkeit im täglichen Chaos. Ganz besonders gut gefällt mir hierbei Lena Gerckes Satz: »Bau dir dein Dorf.« Es ist deswegen so schön, weil es mich an die Lebensart meiner Großmutter mit sechs Kindern oder den mediterranen Familienlifestyle erinnert, bei dem jeder mithilft. Wenn man eigene Verhaltensweisen optimieren möchte, dann sollte man prüfen, was outgesourct werden kann, wie, meiner Meinung nach, alle haushaltsnahen Dienstleistungen. Unterstützung durch eine Haushälterin oder ein Au-pair ist ideal. Ja, das kostet Geld, kann aber auch ein absoluter Eye-Opener sein, sich den finanziellen Wert der Care-Arbeit bewusst zu machen – dies rückt auch die Frage, ob sich Mehrarbeit tatsächlich lohnt, in ein anderes Licht. Doch wie findet man kompetente Menschen, die einen in diesen Sachen unterstützen können? Je nach Region gibt es verschiedene Netzwerke, wie aupairworld.com, betreut.de, nebenan.de oder Agenturen für Haushaltssupport und Kinderbetreuung. Im Folgenden Tipps und Vorgehensweisen, die mir weitergeholfen haben:

- Suche dir **rechtzeitig kompetente Beratung** rund um das Thema Kitaplätze. Hier fehlen leider immer noch Hunderttausende, es braucht also Rat und Hilfe, um einen zu ergattern.
- Macht euch aktiv bewusst, dass ihr **Haushalt und Kinderbetreuung** nicht allein stemmen müsst. Gebt euch also selbst die Erlaubnis, diese Unterstützung einzukaufen. Viele Menschen haben hier den Anspruch, alles selbst und allein hinkriegen zu wollen.

- **Fangt mit dem Unkompliziertesten an:** haushaltsnahe Dienstleistungen wie Putzen, Wäsche, Bügeln. Wir hatten am Anfang häufig wechselnde Kräfte im Einsatz, bis wir dann über betreut.de einen zuverlässigen jungen Brasilianer fanden, der unser Haus so sauber hält, wie wir es selbst nie schaffen würden.
- **Alte Traditionen wieder aufleben lassen:** Am einfachsten ist es natürlich, wenn die Großeltern in der Nähe wohnen, wenn sie bei der Kindererziehung mithelfen können und wollen. Darüber hinaus möchte ich dazu motivieren, eure umliegenden Nachbar:innen oder Freund:innen aktiv in die Kinderbetreuung mit einzubauen – wie es früher einmal war. Ältere Nachbar:innen freuen sich vielleicht über ein Kinderlachen. Mit der Mutter eines ähnlich alten Kindes kannst du eventuell eine Win-win-Situation verabreden: Ab und zu übernimmt sie die Kids, an anderen Tagen du. Insgesamt trauen wir uns viel zu selten, andere Menschen um ihre Unterstützung zu bitten.
- Die **Suche nach einem Au-pair** gestaltet sich deutlich schwieriger. Hier haben wir sehr gute, aber auch schwierige Erfahrungen gemacht. Unsere ersten beiden Au-pairs waren ein absoluter Traum: Sie bauten eine gute Beziehung zu den Kindern auf, waren hilfsbereit, aber auch an kulturellen Aspekten wie Reisen interessiert. Wir hatten aber auch mal nicht so viel Glück. Trotz mancher Schwierigkeiten sind Au-pairs eine tolle Option zur Unterstützung. Es ist ein finanzierbares Modell, sofern ein Zimmer für das Au-pair zur Verfügung gestellt werden kann, das dir Flexibilität und Freiheit zurückgibt. Au-pairs (besonders bei Nationalitäten außerhalb der EU) dürfen per Vertrag nur ein Jahr lang bleiben. Es gibt allerdings Optionen zur Verlängerung dieser Aufenthaltserlaubnis.
- Eine deutlich teurere Alternative ist es, eine **Haushälterin** beziehungsweise Nanny in Voll- oder Teilzeit einzustellen. Hier sind Gehalt plus Lohnnebenkosten ein hohes Investment, es muss dafür aber kein Lebensraum zur Verfügung gestellt werden.

Unter dem Strich heißt das: Ich habe tolle Unterstützung erfahren, aber es ist nicht ganz leicht, die perfekte »Mary Poppins« zu finden. Selbst wenn eine Person nicht sofort passt, solltest du nicht aufgeben, nach jemand Verlässlichem zu suchen. Dann ist es aber ein absoluter *Game Changer*, der dir das Beste überhaupt schenkt: Quality Time mit Partner:in, Kindern, Freund:innen und Zeit für den Job. Sieh die Kosten als Investition in deine Zukunft. Wegen Kinderbetreuung und Haushalt aus dem Berufsleben auszuscheiden oder nur noch in Teilzeit zu arbeiten, bedeutet oft einen großen Karriereknick und einen starken finanziellen Drop. Langfristig setzt du deine wirtschaftliche Unabhängigkeit aufs Spiel – ein zu hoher Preis.

6. Aktive Karriereplanung

Partnerschaft bedeutet: Beide dürfen Karriere machen.

Ich denke, dass alle die gleichen Möglichkeiten haben sollten, sobald sie eine Karriere anstreben. Auch wenn Kinder da sind – sie gehören schließlich beiden. Das bedeutet, dass sowohl Männer als auch Frauen die nötige Unterstützung für ihre beruflichen Ziele erhalten sollten. Dieser Zustand ist hierzulande noch längst nicht erreicht, wie wir im 1. Kapitel aufgeführt haben. Es gibt viele wunderbare Beispiele von Frauen, die auch mit Kindern ihre Karriere weiter vorantreiben konnten. Den Job mit dem Privatleben unter einen Hut zu bringen, bedeutet zwar vorübergehend weniger Zeit für sich selbst, aber: Arbeiten macht viel Freude, und die Bestätigung, die du im Job erfährst, schenkt dir Selbstvertrauen. Mal ganz abgesehen von den vielen sozialen, bereichernden Kontakten. Deine Kinder werden schon bald ihre eigenen Wege gehen – und du wirst ihnen das beste Vorbild sein, wenn du deine Ziele und deinen Weg nicht ihren unterordnest. Plane deine Karriere also genauso aktiv, wie du dein Privatleben organisierst. Gehe deinen Weg mit Bestimmtheit, lass dich nicht am Aufstieg hindern, halte Schwierigkeiten und Druck aus. Das ist sicher nie leicht, führt dich aber langfristig zu besseren Ergebnissen. Ganz wichtig: Fordere jegliche Unterstützung von deinem Partner ein, denn Chancengleichheit beginnt zu Hause! Vergiss bei alldem nicht: Untersuchungen zufolge sind Kinder von berufstätigen Eltern genauso glücklich – das schlechte Gewissen, das man selbst hat oder »angetragen« bekommt, lohnt sich definitiv nicht.

Freund:innen – ein ehrliches Korrektiv für dein Leben

Manchmal im Leben kommt es vor, dass sowohl Beruf als auch Partnerschaft nicht wie gewünscht ausgehen. Ich vergleiche hier das Leben mit einem Haus, bei dem bestimmte Grundpfeiler das Dach stützen: Partnerschaft & Familie, Beruf, Freunde und du selbst. Sollten eine oder zwei dieser Grundpfeiler fallen, können die anderen übernehmen, ohne dass das gesamte Dach einstürzt. In meiner Zeit als Geschäftsführerin mit zwei kleinen Kindern blieb für meine Freundinnen, die ich seit Jugendtagen habe, selten Zeit. Das habe ich unglaublich vermisst. Nichts ist besser als ein gemeinsames Mädelswochenende – ohne die Kinder. Sie kennen mich schon ihr Leben lang und sind immer ehrlich, was ich so manches Mal als Korrektiv für mein Leben genutzt habe. Nicht alle Freundschaften müssen ein Leben lang halten, dennoch sollte man ihnen und dem sozialen Leben seine Wichtigkeit zugestehen. Auch eine ausgelassene Party kann Energie geben. Sie sollten integraler Bestandteil deiner Prioritäten- und Zeitmanagement-Planung sein. Wenn die Karriere mal einen Knick hat, sind es Familie und Freund:innen, die an deiner Seite stehen – für sie spielt es keine Rolle, wie erfolgreich du bist.

KAPITEL – *kompakt*

- Karriere und Privatleben in Einklang zu bringen, ist für dich als Frau die wichtigste Voraussetzung, um überhaupt Karriere zu machen – denn nur wenn die Care-Arbeit gerecht zwischen dir und deinem Partner aufgeteilt ist oder ihr dabei Unterstützung bekommt, bleibt dir genügend Raum für deine Karriere.
- Damit diese gerechte Aufteilung klappt, ist es zuerst wichtig, dass du deinem Partner zugestehst, es auf seine Weise zu erledigen. Nur wenn er Wertschätzung dafür bekommt, wird er nicht bloß »helfen«, sondern wirklich seine Aufgaben übernehmen.
- Plant partnerschaftlich – notiert alle täglichen Aufgaben und verteilt sie verbindlich. Bezieht auch eure Kinder mit ein. Klare Absprachen verhindern Konflikte.
- Nutze Tools, die du auch aus dem Job kennst: Setze klare Prioritäten und teile die Zeit gut ein. Was im Job funktioniert, hilft dir auch im Privaten.
- Auch eine tägliche Routine hilft, Job und Privatleben zu vereinbaren. Wer nicht über die nächsten Schritte nachdenken muss, gewinnt Zeit und kann hilfreiche Gewohnheiten etablieren.
- Sich gezielt Unterstützungssysteme zu schaffen und Familienangehörige sowie bezahlte Dienstleister:innen in die tägliche Care-Arbeit einzubinden, entlastet weiter. Es ist nicht immer leicht, die passenden Personen zu finden, manchmal braucht es mehrere Anläufe – es lohnt sich aber!

LENA GERCKE

»Bau dir dein Dorf.«

Ich traf Lena das erste Mal zum Frühstück, da lebte sie noch in München. Bereits als Sephora-Geschäftsführerin wollte ich mit ihr zusammenarbeiten, aber sie stand bei L'Oréal unter Vertrag. Schon damals hinterließ Lena aufgrund ihrer Natürlichkeit, ihrer positiven Ausstrahlung und Authentizität einen großen Eindruck. Es freut mich daher sehr, sie Jahre später als Interviewpartnerin für unser Buch gewinnen zu können. Und dementsprechend aufgeregt bin ich, als sie mich nach Berlin in ihr LeGer-Büro am Prenzlauer Berg einlädt. Es wirkt modern, warm und freundlich, überall gibt es Kleidung und Moodboards zu sehen und ich erlaube mir einen Sneak Peak auf die nächste Kollektion. Lena gibt mir eine kurze Tour und stellt mich ihrem Team vor: Marketing, HR, Finance, Einkauf, Logistik, Sales und Kreativabteilung. Lena Gercke ist mit 35 Jahren nicht nur Model, Moderatorin, Influencerin und Markenbotschafterin – sie hat auch ihr eigenes Label für Mode und Interior Design. Sie hat circa 25 Mitarbeiter:innen, die meisten davon Frauen – wie sie mir später erzählen wird. Der Umsatz wird auf circa 25 Millionen Euro für 2022 geschätzt. Lena leitet dieses Unternehmen als CEO, mit allen Verantwortungen, die man als Geschäftsführer:in in Deutschland hat. Und Lena ist seit drei Jahren Mama von zwei kleinen Mädchen. Als wir uns für das Interview in den Meetingraum setzen, wird schnell klar, dass Lena den gleichen Herausforderungen gegenübersteht wie die meisten Frauen – eine Balance zu finden zwischen Kindern, Partnerschaft, Beruf und Zeit für sich selbst. Ich danke Lena dafür, dass sie so offen und persönlich aus ihrem Leben erzählt und ein nahbares Vorbild für uns ist.

MIRIAM: Lena, du warst die Gewinnerin der ersten Staffel *Germany's Next Topmodel* und arbeitest mittlerweile als Moderatorin, Influencerin und Model. Du hast vor einigen Jahren auch den Schritt ins Unternehmertum gewagt und mit LeGer dein eigenes Label aufgebaut. Wie hast du diesen Schritt geschafft? Was war geplant? Oder waren es *Opportunities*, die du genutzt hast?

LENA: *Opportunities* ist eigentlich ein ganz passendes Wort. Ich bin ein Bauchmensch bei wichtigen Entscheidungen. Meine Intuition hat mich im Leben immer geführt. LeGer war, ehrlich gesagt, ursprünglich eine Spaßidee. Ich war damals öfter in New York und wollte irgendwie mehr machen, als nur die Kleidung von anderen zu präsentieren. Ich hatte Lust und es ist meine Passion, selbst Fashion zu machen und zu designen. Ich wollte diesen New Yorker Weihnachts-Vibe mit nach Europa bringen. Mein Partner [About:you] war damals begeistert: »Wir finden deine Vision von LeGer mit dem Start einer Xmas-Kollektion cool – lass uns das einfach mal ausprobieren.« So ist es ja auch oft im Leben. Man braucht Leute, die deine Vision verstehen und dich dann supporten. Das war bei mir der Fall, so entstand LeGer. Wir wuchsen schnell und heute sitzen wir hier in unserem Office, es ist so viel passiert. Das war nie *the big plan*. Ich versuche immer, auf meine Intuition zu hören, es muss Spaß machen und sich richtig anfühlen.

MIRIAM: Du hast Spaß erwähnt. Nach außen wirkst du immer so positiv, authentisch, hast viel Drive und Energie. Waren das auch deine beruflichen Erfolgsfaktoren?

LENA: Ja, ich glaube schon, aber ich war auch schon immer ein disziplinierter Mensch. Ich war immer die Person, die andere motiviert hat, alles nicht so eng zu sehen, locker zu bleiben und ein positives Mindset zu haben. Ich fing ja relativ früh an zu arbeiten, mit 17 oder 18, und reiste dann viel: Paris, Mailand – also die Stationen, die man als Model damals machte. Da ich viel allein war und niemanden kannte, hatte ich Zeit, mich mit mir und meinem Mindset zu beschäftigen. Also schrieb ich auf, was ich in meinem Leben erreichen wollte, und war dann auch total hinterher, das wirklich zu schaffen und Chancen zu ergreifen. Es passiert nichts von allein. Ich brauche immer Sparringspartner um mich herum. Es ist ein Mix aus ein bisschen Glück, das große Ganze im Blick zu haben, Gas zu geben und auch mal aus der eigenen Komfortzone herauszugehen.

MIRIAM: Wie wichtig ist dir Diversität in der Mode und hier in deinem Unternehmen?

LENA: Ich glaube, dass es heute der Normalfall sein sollte. Und das ist bei uns auch automatisch passiert, weil wir ein sehr internationales Team sind. Hier wird fast immer Englisch gesprochen, denn es kommen die unterschiedlichsten Persönlichkeiten aus den unterschiedlichsten Ländern. Ich glaube, dass wir hier in Berlin am richtigen Platz sind, da es so divers und spannend ist. Das habe ich immer schon geliebt an dieser Stadt. Berlin ist unkonventionell und offen gegenüber allem. Ich wurde vor drei Jahren mit offenen Armen empfangen, die Leute wollen dir helfen, deinen Weg zu finden. Das versuche ich auch für meine Mitarbeiter:innen. Mir ist wichtig, dass das Team gut harmoniert und bunt ist.

Gerade bei meinen früheren Reisen war Diversität normal. Ich arbeitete täglich mit anderen Teams zusammen, mit unterschiedlichsten Nationalitäten, und das war super. Bei LeGer sind wir zu 90 Prozent Frauen, wir brauchen die Quote bei uns genau andersrum. 😉 Das hat sich nicht so entwickelt, weil ich das wollte, sondern es hat sich natürlich ergeben. Frauen, die sich bei uns beworben haben, haben das wegen des Unternehmensspirits getan. Deswegen sind wir einfach voll die coole Mannschaft an Frauen hier.

MIRIAM: Die nächsten Fragen werden jetzt etwas persönlicher. Rund um Vereinbarkeit von Job und Familie. Du bist neben der beruflichen und öffentlichen Lena auch ein Familienmensch, lebst in einer festen Partnerschaft und hast zwei kleine Kinder. Wie überlebt ihr beide als Paar den Tag? Wie sieht eine typische Woche aus, falls es die gibt?

LENA: Ja, bei uns gibt es tatsächlich keine typische Woche. Das ist Freud und Leid zugleich, denn kleine Kinder brauchen Routinen. Wir haben aber völlig unterschiedliche Jobs, eine absolute Herausforderung. Das funktioniert nur mit Support, wenn man sich, wie man so sagt, sein Dorf um sich geschaffen hat. Was wir von Anfang an getan haben: mit Großeltern, die uns unterstützen, und unserer helfenden Nanny. Wir versuchen, jede Woche bestmöglich zu planen und zu schauen, dass wir auf der einen Seite unseren beruflichen Verpflichtungen nachkommen können und noch genügend Zeit für Kinder und Familie haben. Wir brauchen unsere Familienurlaube. Da sind dann nur wir vier, daraus können wir neue Energie schöpfen. Im Alltag ist Struktur das A und O mit zwei kleinen Kindern und zwei Jobs.

MIRIAM: Das heißt, ihr habt eure Woche detailliert in Excel geplant?

LENA (*lacht*): Nein, um Gottes willen. Mein Freund und ich sind Kreative und ich kriege, wenn ich eine Excel-Datei nur sehe, schon Herzrasen. Das ist gar nicht meins. Aber ich würde sagen, ich bin die Strukturiertere und mache Pläne. Ist vielleicht auch so was Mütterliches, dass man das gesettelt und geplant haben will. Und ich kann auch erst entspannt zur Arbeit fahren, wenn ich weiß, es ist alles organisiert. Es gehört natürlich viel Kommunikation und Absprache dazu, manchmal geht was schief, man kann nicht immer mit kleinen Kindern alles planen. Dann funktioniert es halt auch mal nicht. Wir laufen seit Monaten von einer Infektion zur nächsten. Am Ende des Tages kann man jeden Termin absagen und bleibt dann eben zu Hause und die Welt geht nicht unter. Als berufstätige Mutter ist man trotzdem immer in einem Zwiespalt: Man will beidem gerecht werden und wird es irgendwie nie. Man fühlt sich oft hin- und hergerissen. Das gebe ich auch offen zu. Ich fühle mich oft zerrissen. Dieses schlechte Gewissen, das man nicht haben sollte, ist trotzdem da. Ich versuche das auch nicht wegzuschieben, sondern lasse es zu. Aber wenn ich weiß, okay, meine Kinder sind jetzt erst mal in guten Händen, dann kann ich auch viel, viel besser gehen.

MIRIAM: Du sagst »ein schlechtes Gewissen, das man eigentlich gar nicht haben sollte«. Glaubst du, wir haben in Deutschland zu viele gesellschaftliche oder politische Barrieren, um Familienleben und eine erfolgreiche Karriere besonders als Frau meistern zu können?

LENA: Leider ja. Ich habe nicht das Gefühl, dass man als Selbstständige aufgefangen wird. Wenn man Kinder bekommt, ist man auf sich allein gestellt. Das war für mich als Kämpfernatur okay. Ich nahm mein Baby mit ins Büro, das heißt, ich saß hier und habe gestillt, danach ging ich zu meinen Meetings. In den ersten Monaten war das meine neue Normalität. Jetzt ist meine erste Tochter etwas größer, das funktioniert leider nicht mehr.

Ich glaube, das schlechte Gewissen wird auch viel von der Gesellschaft geprägt. Wir urteilen zu schnell. Ich würde mir mehr Offenheit und Verständnis wünschen. Ich glaube, gerade beim Thema Muttersein und Job sind die Vorverurteilungen ganz schnell da. Ich habe das persönlich nicht so gespürt, weil ich mein Kind immer bei mir hatte. Aber es gibt natürlich viele Mütter, die ihr Kind nicht einfach mit zur Arbeit nehmen können. Ich sehe das als Privileg. Aber die werden dann nicht aufgefangen und schnell in eine Schublade gesteckt. Ich finde das unfair und glaube, dass Mütter sich gegenseitig viel mehr supporten sollten statt zu vergleichen und bewerten. Ich bin immer daran interessiert, wie andere ihr Familienleben mit welcher Struktur managen –

das sind Inspirationen für mich. Deswegen habe ich auch einen engen Austausch mit meinen Freundinnen. Es läuft ja bei allen völlig anders. Man muss sich das rausziehen, was für einen persönlich funktioniert. Es kommt auch noch mal auf deine Kinder an: Was machen sie mit? Woran haben sie Spaß? Kinder haben ihre eigenen Charaktere und bestimmen letztlich das Familienleben. Das ist das Entscheidende, dass man dann sagt: Okay, hier ist mein Job, hier ist meine Familie – das muss irgendwie vereinbar sein für mich und meine Kinder.

MIRIAM: Welche drei Tipps kannst du zur Vereinbarkeit geben?

LENA: *1. Tipp:* Hol dir Support. Das ist das A und O. Das sage ich auch immer meinen Freundinnen, weil Muttersein der anstrengendste Job von allen ist. Ich könnte im Büro eine Woche durcharbeiten und wäre nicht so müde. Erst mal hat man Schlafentzug. Dann nach der Geburt all das, was mit dem Körper passiert: Hormone, Haarausfall et cetera. Dann kommen noch die psychischen Themen obendrauf als Frau. In meinem Job entstehen dazu noch Fragen wie: Ab wann ist sie wieder fit und sieht sie wieder »normal« aus? Stillt sie? Wie hat sie ihr Kind bekommen? Und daher sage ich immer: Hol dir möglichst viel Hilfe, denn am Ende tut es DIR gut. Und das ist das Wichtigste, denn nur wenn es den Eltern gut geht, können sie für ihre Kinder da sein. Und dann ist es vielleicht nicht so wichtig, quantitativ viel Zeit mit deinem Kind zu verbringen, das ist am Ende eventuell sogar schlechter, als wenn du stattdessen qualitativ richtig gute Zeit mit deinem Kind verbringst. Dann bist du voll da und kannst deine ganze Aufmerksamkeit deinem Kind schenken und es versteht: Hey, Mama und Papa müssen ein paar Stunden am Tag arbeiten oder sind vielleicht auch mal eine Nacht weg, aber kommen wieder und dann sehen, hören, spüren sie mich richtig. Genau das bleibt beim Kind am Ende hängen. Also, schaff dir als Mama deine Freiheiten. Dafür braucht es nicht unbedingt eine Nanny oder Großeltern in der Nähe, das kann auch eine Nachbarin sein, die vielleicht ein Kind hat und ein paar Stunden aufpassen kann, oder eine Freundin, oder eine Kindergartenmutti. In Deutschland fragen wir zu selten nach Hilfe – also bau dir dein Dorf – wie früher.

2. Tipp: Schaff dir eine Wochen- und Tagesstruktur, sodass du und deine Kinder klar wissen, was als Nächstes passiert.

3. Tipp: Setze klare Prioritäten und handle danach.

MIRIAM: Hast du neben deinem Job und deiner Familie noch Zeit für deine Freund:innen? Und wie viel Zeit bleibt für dich selbst?

LENA: Ich hab's früher nicht geglaubt, aber jetzt versteh' ich, warum meine Eltern immer gesagt haben: »Wenn du Kinder bekommst, bleiben deine Freunde als Erstes auf der Strecke.« Und das ist so. Ich versuche, die Treffen mit meinen beruflichen Reisen zu verknüpfen. Aber es ist natürlich viel weniger geworden als früher. Das ist auch okay, weil man ja weiß, dass es eine Phase ist, die auch wieder vergeht. Deswegen versuche ich das gerade zu genießen, weil ich weiß, irgendwann brauchen mich meine Kinder auch nicht mehr so. Da bleibt nicht viel Zeit für mich selbst. Ich kann damit gut umgehen, glaube ich. Also, ich gebe gerne und nehme mir meine kleinen Auszeiten: Wenn die Kinder im Bett sind, genieße ich abends die Ruhe, meistens arbeite ich aber, ehrlich gesagt, noch ein bisschen. Das ist meine Struktur und mir wichtig. Man muss dann auch mal verzichten können. Das ist okay.

MIRIAM: Dann kommen wir schon zum Ende, hier noch ein paar Quickie-Fragen:

Planning Queen oder *go with the flow?*

– Mit Kindern definitiv *Planning Queen.* Davor war ich komplett *go with the flow.* Ich war völlig unstrukturiert, das ist auch eigentlich mein Wesen. Aber jetzt muss ich einfach strukturiert sein.

Netflixen oder Leseratte?

– Leseratte.

Five o'clock-Club oder *Snooze-in*?

– *Five o'clock.* Also nicht 5 Uhr, aber *six o'clock.*

Helikopter-Mom oder *Let it flow*?

– *Let it flow.* Ich bin keine Helikopter-Mom. Ich bin gar nicht ängstlich, was meine Kinder angeht.

Dann noch für dich selbst: Auspowern oder Meditation?

– Meditation.

10

Me, myself & I

Gönn dir Zeit für dich

Ich hatte über lange Jahre einen stressigen und reiseintensiven Job und war über noch längere Jahre leidenschaftliche Raucherin. Vor zehn Jahren nahm ich mir vor, dass meine Enkelkinder mich nie rauchen sehen würden – vor meiner ungläubigen, hochschwangeren Tochter rauchte ich meine letzte Zigarette in Paris – *Liberté au revoir!* Zur gleichen Zeit konnten Führungskräfte im Unternehmen freiwillig einen DNA-Test als Gesundheitsvorsorge durchführen. Obwohl die Ergebnisse dieser Tests in der Forschung noch umstritten sind, entschied ich mich dafür. Was soll ich sagen? Das Ergebnis zeigte die Spuren meines Lebens. Es war ein Moment der Veränderung für mich: Ich konzentrierte mich von da an darauf, einen positiven Change in meinem Leben vorzunehmen. Sportliche Aktivitäten, ausreichend Zeit in der Natur und eine bewusste Ernährung waren die ersten Schritte in die richtige Richtung. Rückblickend erkenne ich, dass genau diese Maßnahmen entscheidend dafür waren, dass ich heute noch so fit bin. Dies, gepaart mit der Dankbarkeit für die vielen positiven Aspekte meines Lebens, hat wesentlich dazu beigetragen, mein Stresslevel zu reduzieren und alles in allem ein glücklicher und zufriedener Mensch zu sein.

Mit diesem Kapitel möchten wir dich dazu motivieren, dir auch an einem verrückten Tag ein wenig Zeit für dich selbst zu nehmen. In unserer heutigen Welt voll ständiger Veränderung, Unsicherheit, Komplexität und Ambiguität (VUCA) gewinnt das Thema Selfcare an Bedeutung. Die VUCA-Welt stellt uns vor einzigartige Herausforderungen, die nicht nur unsere äußere Umgebung, sondern auch unsere innere Balance beeinflussen. Wir möchten einige konkrete Tipps geben, vor Risiken wie Burnout warnen und mit einigen Mythen aufräumen. Lass uns mit einem der größten Mythen starten: Multitasking.

Multitasking: Die Illusion, mehrere Sachen gleichzeitig tun zu können

Während ich an diesem letzten Kapitel schreibe und ein paar Zahlen recherchiere, landet der Newsletter von Secret Escapes, einem Anbieter von günstigen Luxusreisen, in meiner Inbox. Oh! Ein Sonderangebot für ein traumhaftes Lodge-Hotel in Costa Rica. Die Maus klickt wie von selbst auf das Angebot. Erst Minuten später fällt mir ein: Ich wollte doch nach Statistiken zu unserem Thema suchen. Ich reiße mich zusammen, schließe das Browserfenster, brauche jedoch noch etwas, um mich wieder konzentriert meinem eigentlichen Thema zu widmen. Ja, die vielen Kanäle und die hohe Verfügbarkeit von Informationen machen uns einerseits schneller und effektiver, sie verführen uns jedoch auch dazu, vieles gleichzeitig tun zu wollen. Multitasking – also gleichzeitiges Ausführen mehrerer Aufgaben – macht uns nicht leistungsfähiger und produktiver, sondern führt zu einem drastischen Leistungsabfall bei Aufgaben, die Konzentration benötigen.

Schon seit einiger Zeit gibt es weltweit Forschungsprojekte zum Thema Multitasking. Deren Ergebnisse sind eindeutig: Echtes Multitasking ist ein Mythos. Übrigens: Auch wir Frauen sind nicht multitaskingfähiger als Männer – das hatte man lange Zeit angenommen. Gleich mehrere Studien zeigten, dass unser Gehirn nicht alles gleichzeitig erledigen kann, sondern nur bestimmte Sachen, die wenig Konzentration erfordern. Autofahren mit Radio geht noch locker, aber schon die Fahrt durch die Stadt mit einem Telefonat im Ohr ist schwierig, selbst wenn dieses über die Freisprechanlage erfolgt. Ganz heikel wird es, wenn man beim Fahren noch Nachrichten schreibt. Als in einer Studie die Versuchspersonen genau das tun sollten – natürlich im Fahrsimulator, nicht im echten Straßenverkehr –, sank ihre Leistungs-

Multitasking ist ein Mythos und Frauen sind nicht multitaskingfähiger als Männer.

fähigkeit um mehr als 40 Prozent! Der Stress stieg aber erheblich an und die Fehlerquote war so hoch wie bei betrunkenen Fahrern mit 0,8 Promille Alkohol im Blut. Ich gestehe: Auch ich habe schon viele Autofahrten genutzt, um dringende Telefonate zu erledigen. Für Tempolimits hatte ich dabei aber oft kein Auge, sodass ich dann jeweils ein paar Tage später »schöne Fotos« mit Schreiben eines Polizeipräsidiums im Briefkasten vorfand.

Forscher:innen der Universität Stanford ließen zwei Gruppen von Menschen gegeneinander antreten. Die eine Gruppe war es gewohnt, in ihrem Job viele Tätigkeiten gleichzeitig auszuführen. Die andere Gruppe hatte weniger Erfahrung im Multitasking. Beide Gruppen bekamen verschiedene Aufgaben zur parallelen Erledigung. Überraschenderweise schnitt die weniger Multitasking-geübte Gruppe besser ab! Denn diesen Probanden fiel es leichter, relevante von irrelevanten Informationen zu unterscheiden. Kein Wunder: Wer ständig Multitasking betreibt, weist ein deutlich höheres Stresslevel auf. Und wer im Stress ist, kann keine guten Entscheidungen mehr treffen – dazu bräuchte es innere Ruhe und einen klaren Kopf. Fehler häufen sich, die Fähigkeit zur Selbstreflexion und Empathie sinkt – so sinkt die Effizienz. Also mehr Singletasking statt Multitasking. Zu viel Multitasking führt zu Stress, was wiederum eine Ursache für Burnout ist. Mittlerweile sind Schätzungen zufolge im Jahre 2022 5,3 Millionen Krankentage der gesetzlich krankenversicherten Arbeitnehmer:innen in Deutschland auf einen Burnout zurückzuführen. Tendenz steigend!

Zugegeben, ich stand dem Burnout lange Zeit skeptisch gegenüber. Ich sah es eher als Phänomen statt als ernste Krankheit. Als Babyboomerin war es für mich normal, viele Jahre lang 50 bis 60 Wochenstunden zu arbeiten – trotz Familie zu Hause. Für mich waren meine langen Arbeitstage und meine vielen Geschäftsreisen kein negativer, sondern positiver Stress. Ich machte es gern. Diesen Maßstab legte ich auch oft an meine Mitarbeiter:innen an. Natürlich fühlte auch ich mich zeitweise erschöpft und erlebte negativen Stress. Regelmäßiger Sport im Fitnessstudio half mir bei meinem emotionalen Ausgleich. Ehrlicherweise ist manches meiner anderen Stressabbaumuster definitiv nicht zur Nachahmung geeignet: teure Frustkäufe, die mir mein Leben verschönerten und mir ein gutes Gefühl gaben, und mein zeitweise hoher Zigarettenkonsum – den ich später gern mal durch Schokoladenkonsum ersetzte – waren ebenfalls alles andere als gesund. Wenn ich abends nach Hause kam und meine Tochter mir schon freudestrahlend entgegenlief, waren meine beruflichen Probleme und schwierigen Themen für Stunden vom Schirm verschwunden.

Heute weiß ich, dass Burnout eine ernst zu nehmende psychische Erkrankung mit komplexen Ursachen und Symptomen ist. Stress, psychische Erschöpfung und das Gefühl, einfach nicht mehr zu können, also »ausgebrannt« zu sein, ist im Berufs- und Privatleben vieler Menschen nicht nur zum geflügelten Wort, sondern zu einem belastenden Dauerbegleiter geworden. Ebenso die berechtigte Sorge, dass aus diesem ausgebrannten Gefühl tatsächlich ein Burnout mit allen Konsequenzen entstehen könnte. Nicht alle sind dem permanenten Druck, vorgegebene oder selbstgesteckte Ziele erreichen zu müssen, in gleichem Maß gewachsen. Fehlende Anerkennung wirkt verstärkend. Hinzu kommen die unterschiedlichsten Erwartungen und teils perfektionistischen Ansprüche an sich selbst, den eigenen Job, die Lebenssituation, die Partner:innen, die Familie. Davon ist das Leben von Frauen deutlicher geprägt als das der Männer. Neu ist, dass oftmals Mütter unter Burnout leiden. Von daher wundert es mich nicht, dass Frauen mit 5,2 Prozent häufiger von einem Burnout betroffen sind als Männer mit 3,3 Prozent. Darüber hinaus berichten knapp 14 Prozent der Frauen (aber nur etwa 9 Prozent der Männer) zwischen 18 und 64 Jahren über eine starke Belastung und chronischen Stress.

Burnout ist eine ernst zu nehmende psychische Erkrankung

Bei der jüngeren Generation und verschiedenen Berufsgruppen wie Influencer:innen zeichnet sich zunehmend das Risiko eines Digital-Burnouts beziehungsweise Social-Media-Burnouts ab. Die oben erwähnte Multitasking-Studie der Universität Stanford wurde erweitert auf Multitasking mit diversen digitalen Medien. Die moderne Technik ermöglicht uns ein scheinbar müheloses zeitgleiches Jonglieren zwischen Telefonaten, E-Mails, News, Gaming, Streaming und Chats. Doch laut der Forschung hat diese Art des Mediennutzungsverhaltens negative Auswirkungen auf unsere kognitiven Fähigkeiten und Psyche. Schaut man sich dann noch den Aspekt des *Contents* an, ist es nicht verwunderlich, warum auch gerade jüngere Menschen an der Reizüberflutung leiden. Der ständige Vergleich mit scheinbar perfekten Lebenswelten anderer, der Druck, stets präsent zu sein, und die Informationsflut können eine gefährliche Kombination darstellen – besonders für Selbstzweifel anfällige Frauen. Wenn ich mir die jungen hübschen Mädels auf der Straße anschaue, sehen sie doch tausendmal schöner aus als die perfekten, optimierten Insta-Schönheiten, die zehnfach gefiltert sind. Bestenfalls sind sie zu 100 Prozent KI, das heißt, wir vergleichen uns mit Idealen, die es noch nicht mal gibt! Ich hoffe, dass sich der natürliche Beauty-Trend durchsetzt und die Duckfaces (dieses Wort habe ich von meiner Enkelin gelernt!) vergehen, sonst sehen wir bald alle aus wie im Wachsfigurenkabinett von Madame Tussauds. Spaß beiseite, die ständige Konfrontation mit Vergleichen und die permanente Erreichbarkeit erfordern eine hohe Aufmerksamkeit. Es entsteht der Eindruck, dass man stets besser, kreativer, witziger und unterhaltsamer sein muss. Dieser Druck, etwas Besonderes zu sein oder erleben, fühlt sich wie eine stete Belastung an, die das Risiko eines Burnouts erhöht.

Gemeinsam gegen Burnout

Was bedeutet das nun? Burnout fordert uns alle heraus – es geht um Selbstverantwortung und präventive Maßnahmen sowohl auf individueller als auch auf Unternehmensebene. Jede:r Einzelne sollte auf das eigene Wohlbefinden achten, während Unternehmen ihre Arbeitsbedingungen überdenken müssen, um Stressfaktoren zu reduzieren und ein gesundes Arbeitsumfeld zu schaffen. Eine proaktive Haltung ist dann nicht nur mitarbeiter:innenfreundlich, sondern auch wirtschaftlich sinnvoll. Auf individueller Ebene kann jede:r aktiv zur Verbesserung des eigenen Umgangs mit Druck und Stress beitragen. »Nimm dir Zeit für dich« – dieser Ratschlag ist mehr als nur eine freundliche Empfehlung. Wie Melanie Kreis sagte: »*Protecting the Assets starts with yourself*« – und das von einer Finanzvorständin. Bewusste Auszeiten sind ein wichtiger Teil der

Mit präventiven Maßnahmen können wir uns vor Burnout schützen.

Selbstfürsorge. Hier ein Überblick über unterschiedliche Methoden, die dabei helfen, uns psychisch gesund und physisch fit zu halten. Teilweise helfen auch schon kleine Maßnahmen, damit es uns besser geht:

1. Resilienz durch Manifestation
2. Journaling – die Power des Schreibens
3. Innere Ruhe finden – Achtsamkeit und Meditation
4. Gesunder Lebensstil – von Sport bis Ernährung

Jeder Mensch ist anders, daher wirken Tipps gegen Stress je nach Situation unterschiedlich. Vielleicht findest du in manchen Lebensphasen nicht genug Raum für bestimmte Methoden, während andere wichtig für deinen Alltag sind.

1. Resilienz durch Manifestation

Resilienz ist Widerstandskraft.

Resilienz ist für mich eine der wichtigsten Fähigkeiten für ein balanciertes Leben. Wer Widerstandskraft besitzt und anpassungsfähig ist, kann Stress, Herausforderungen und Rückschläge besser bewältigen, ohne dabei psychisch und emotional instabil zu werden. Diese Fähigkeit, sich von Schwierigkeiten zu erholen und gestärkt daraus hervorzugehen, ist wichtig für den Umgang mit Stress. Sie hilft, Druck zu widerstehen, die Gesundheit zu erhalten und eigene Bewältigungsstrategien zu entwickeln. Resilienz ist der Schlüssel, um in schwierigen Zeiten nicht aufzugeben, sondern weiterzumachen. Wann immer ich mit schwierigen Situationen beruflich oder privat zu kämpfen hatte, denke ich bis heute an meine Schwester, die schon mit 19 an Multipler Sklerose erkrankte und viel zu früh verstarb. Warum ich ein so ganz anderes Leben führen darf, weiß ich nicht, aber ich bin deshalb für mein Leben dankbar und glücklich. Für meinen Job, den ich liebe, und für meine großartige Familie, die mich hält und trägt, für meine langjährigen Freund:innen, die mich zum Lachen bringen – Dankbarkeit macht unglaublich resilient! Resilienz ist nicht angeboren. Manche besitzen sie in einem hohen Maß und gehen relativ gelassen selbst durch katastrophale Umstände, die andere schon längst zur Aufgabe gebracht hätten. Du kannst Resilienz bewusst trainieren – ein wichtiges Tool ist die Manifestation.

- Manifestation bezieht sich auf den Glauben, dass positive Gedanken, klare Absichten und eine fokussierte Energie zur Erfüllung bestimmter Wünsche oder Ziele führen können. Es ist ein proaktiver Ansatz, der auf der Annahme basiert, dass die eigene mentale Ausrichtung einen Einfluss auf die äußere Realität hat.
- Dankbarkeit ist oft ein integraler Bestandteil des Manifestationsprozesses. Der Fokus auf Dankbarkeit kann positive Energie verstärken. Mach dir daher jeden Tag bewusst, wofür du dankbar sein kannst.
- Pflege Beziehungen zu Familie und Freund:innen – soziale Bindung und Unterstützung ist ein wichtiger Faktor für Resilienz. Trage Treffen fest in deinen Kalender ein.
- Gehe deine Probleme offensiv an – auch wenn es dir zunächst schwerfällt. Nichts wiegt schwerer als psychischer Ballast.
- Achte auf dich selbst und fördere deine körperliche und mentale Gesundheit. Bleibe flexibel und offen für Veränderungen, suche das Positive! Akzeptanz ist das Zauberwort.
- Humor ist ein wichtiger Begleiter der Resilienz. Denke an Albert Einsteins Worte: »Glück ist das Einzige, was sich verdoppelt, wenn man es teilt.«

2. Journaling – die Power des Schreibens

Journaling, auch Tagebuchführung oder Reflexionsschreiben, ermöglicht durch regelmäßiges schriftliches Festhalten von Gedanken, Gefühlen und Erlebnissen die Verarbeitung von Emotionen und Strukturierung von Gedanken. Es wirkt effektiv gegen Stress, indem es Selbstreflexion und -ausdruck fördert. Das Aufzeichnen von Gedanken und Gefühlen unterstützt ein besseres Verständnis, was wiederum emotionale Belastungen redu-

Schreiben kann dir dabei helfen, deine Emotionen zu verarbeiten.

ziert und zu mehr Klarheit und Empathie führt. Wie Max Frisch sagte: »Schreiben heißt: sich selber lesen.« Man muss kein Dichter sein, um die heilsame Wirkung des Schreibens zu erkennen. Im Folgenden ein paar konkrete Schreibimpulse zur Stressbewältigung – du brauchst lediglich Stift und Notizbuch:

- **Tägliche Dankbarkeitsliste:** Schreibe jeden Tag drei Punkte auf, für die du dankbar bist. Dies fördert eine positive Denkweise. Ergänzen kannst du die Liste um Punkte, auf die du stolz bist oder auf die du dich am nächsten Tag freust.
- **Die 6-Minuten-Methode:** Nimm dir täglich sechs Minuten Zeit, um frei zu schreiben. Schreibe einfach drauflos, ohne dich um Stil, Grammatik oder Struktur zu kümmern. Diese Übung fördert den Gedankenfluss und kann versteckten Stress abbauen.
- **Morgenseiten:** Schreibe jeden Morgen direkt nach dem Aufwachen in deinem Tagebuch. Lass dabei deine Gedanken fließen, ganz ohne Selbstzensur. Morgenseiten sind eine großartige Möglichkeit, den Tag zu beginnen und störende Gedanken loszuwerden, bevor sie dich negativ beeinflussen können.

Beim Schreiben machst du dir Aspekte des Alltags bewusst, die sonst oft untergehen. Interessant ist, dass du beim handschriftlichen Schreiben sowohl deine linke Gehirnhälfte aktivierst, die für Logik und Sprache zuständig ist, als auch deine rechte, die Kreativität und Emotionen steuert. Dieses Zusammenspiel ermöglicht dir tiefere Einsichten in deine Gedanken und Gefühle. Das fördert kreatives Potenzial. Handschriftliches Schreiben fühlt sich deshalb oft persönlicher und reflektierter an als das Tippen am Computer.

3. Innere Ruhe finden – Achtsamkeit und Meditation

Auch *Mindfulness*- oder Achtsamkeitstrainings sind wertvolle Werkzeuge für viele Menschen, die ein ausgewogeneres und erfüllteres Leben führen wollen. Achtsamkeit bedeutet, im gegenwärtigen Moment zu sein, wach und aufmerksam, ganz ohne Urteile. Diese Fähigkeit kann vor allem mithilfe von Meditation entwickelt werden. Der Unterschied zwischen den zwei liegt in der Anwendung: Achtsamkeit ist ein ständiges Bewusstsein im Alltag, während Meditation eine gezielte Übung ist. Beide helfen beim Fokus auf die Gegenwart, managen von Stress und fördern die emotionale Gesundheit. Seit der Corona-Krise haben Achtsamkeits- und Meditationspraktiken an Beliebtheit gewonnen. Der Markt bietet eine Vielzahl von Möglichkeiten und Apps. Dieser Trend hat sich zu einem großen Geschäft entwickelt, mit vielen Angeboten, die unterschiedlichste Versprechen machen.

Meine eigenen Erfahrungen mit *Mindfulness*-Trainings sind zweigeteilt. In meinem ersten machten wir eine Gedankenreise: Wir saßen in einem Tagungsraum zu zehnt im Stuhlkreis. Die Trainerin bat uns, 30 Minuten lang (!) die Augen zu schließen, und führte uns gedanklich nacheinander durch verschiedenfarbige Räume. Ich habe mich damals ernsthaft gefragt, was das soll. Was sollte mir die Vorstellung eines ganz und gar in Gelb getauchten Raums bringen? Ich wurde mitten aus meiner Strategieplanung in die Achtsamkeit geworfen – meinen Chef hat das übrigens wenig interessiert, er wollte den Input wie sonst auch am nächsten Morgen. Ich würde ihn ja gern ganz dafür verantwortlich machen, dass meine farbenfrohe Reise ein schnelles Ende nahm, aber muss eben auch zugeben, dass ich bereits bei Klangschalen-Yoga unruhig werde und schon aus so manchen Kursen geflohen bin. Ein ganz anderes Erlebnis hatte ich dann bei einem *Mindfulness*-Training in den USA, denn diese Trainer gingen viel pragmatischer und anwendungsorientierter vor. Sie führten uns konkret vor Augen, wie stressverstärkend Multitasking wirkt, und schulten uns gezielt in mentalen Pausen, damit wir stärker »im Moment« sein und fokussiert Aufgaben erledigen konnten. Hier konnte ich problemlos andocken und manche der dort erlernten Übungen praktiziere ich bis heute. Wie man hier sieht: *It's not one-size-fits-all!*

Es ist wichtig, die individuell passende Form von Meditation und Mindfulness-Trainings zu finden.

Bewusst praktizierte Atemübungen, einfach so oder auch im Rahmen einer Meditation, progressive Muskelentspannung, autogenes Training, Yoga – all das unterstützt dabei, sich von den vielen Anforderungen von außen ein Stück weit abzunabeln und sich wieder stärker auf sich selbst zu konzentrieren. Es geht darum, aus der bloßen Reaktion auf äußere Umstände wieder in die Aktion zu kommen. Sich nicht permanent fremdbestimmt zu fühlen, sondern wieder selbst zu entscheiden, was zu tun ist und wie man mit Herausforderungen umgehen will. Du hast zu jeder Sekunde die Wahl, ob du auf den Druck deines Umfelds eingehst und sofort reagierst oder ob du dir ein paar Sekunden (ja, die reichen manchmal schon!) oder Minuten Zeit für dich nimmst und dann gestärkt loslegst. Achtsamkeit erfordert Übung und Geduld, ja – aber sie ist leichter zu erlernen, als im ersten Moment angenommen. Dafür solltest du die entsprechenden Übungen in die täglichen Abläufe integrieren. So wie du Zeit für die Fahrt ins Büro oder dein tägliches Work-out einplanst, kannst du das mit Atem- und Entspannungsübungen ebenfalls machen. Idealerweise nach einem Workout, wenn du eh wieder »runterfährst«. Bleib dann ein paar Minuten noch sitzen oder liegen und beobachte deinen Atem, ohne ihn zu kontrollieren. Das reicht schon. Wenn dann die nächste stressige Situation kommt und etwas deine Pläne durcheinanderwirft, zieh dich kurz in dich selbst zurück, nimm drei tiefe Atemzüge, lege deine Hände auf deinen Bauch, atme sehr tief dorthin – und mache dann erst weiter.

4. Gesunder Lebensstil – von Sport bis Ernährung

Das Gesundheitsbewusstsein in der Bevölkerung wächst – das nehme ich deutlich wahr, sowohl in meinem Umfeld als auch in den (sozialen) Medien. Immer weniger Menschen rauchen, der Alkoholkonsum ist zwar nur leicht rückläufig, wird aber zumindest stärker hinterfragt, wie auch der Konsum von Fleisch und tierischen Produkten. Gleichzeitig entsteht gerade ein Hype um einen gesunden Lifestyle. Von allen Seiten hagelt es zahllose Ratschläge und Tipps rund um Ernährung, Schlafgewohnheiten, Bewegung und Kontakt zur Natur. Oft empfehlen die Tippgeber:innen gänzlich unterschiedliche Sachen (»Iss Fett und Proteine, verzichte auf Kohlehydrate!« – »Kohlehydrate sind wichtig, sonst bist du nicht mehr leistungsfähig!«) und setzen häufig auf Angst vor Leistungsabfall und Krankheit als Trigger. Das führt schnell zu Überforderung und einem schlechten Gewissen, wenn uns

Unternimm kleine Schritte und tue dir etwas Gutes.

die Kuhmilch im Kaffee einfach besser schmeckt als die aus Hafer. Ich denke: Es ist meist unnötig, von heute auf morgen drastische Veränderungen am Lebensstil vorzunehmen. Außerdem muss ein bewusstes Leben gar nicht so fürchterlich kompliziert sein. Stattdessen geht es darum, einige grundlegende Prinzipien für einen langfristig gesunden Lebensstil in den Alltag zu integrieren. Hier liegt der Fokus auf gesunder Ernährung, Schlaf, Bewegung und die Begegnung mit der Natur. Mache am besten kleine Schritte und genieße dabei ganz bewusst das Gefühl, dass du dir etwas Gutes tust – denn genau daraus entsteht die Kraft, konsequent weiterzumachen.

Die Basics zur Ernährung

- **Ausgewogene Mahlzeiten:** Achte auf eine ausgewogene Ernährung mit einem hohen Anteil aus frischem Obst und Gemüse, Vollkorn und Proteinen. Iss wenig Fett, achte auf gesunde Fette: Nüsse und Hülsenfrüchte sind ein echter Joker!
- **Mahlzeitenplanung:** Plane deine Mahlzeiten im Voraus, um gesunde Optionen leichter verfügbar zu haben und Heißhungerattacken zu vermeiden. Falls du viel unterwegs bist: Achte umso stärker auf eine ausgewogene Ernährung. Nimm am besten etwas von zu Hause mit, sonst wird die Versuchung zu groß, dir an der Tankstelle oder am Bahnhofskiosk schnell eine Pizzazunge zu holen.
- **Hydriert bleiben:** Trinke ausreichend Wasser. Wenn du zu wenig Flüssigkeit zu dir nimmst, wirst du müde, unkonzentriert und deine Stressanfälligkeit steigt.
- **Genuss:** Überhaupt keine Frage – Kekse, Torte, Eis und Schokolade sind verlockend. Wenn du dazu greifst, dann tu es bewusst und genieße ohne schlechtes Gewissen!

Schlaftipps

- **Regelmäßiger Schlafplan:** Versuche, möglichst oft zur gleichen Zeit ins Bett zu gehen und aufzustehen, um deinen Körper auf einen festen Rhythmus einzustellen.

- **Schlafumgebung optimieren:** Stelle für einen erholsamen Schlaf sicher, dass dein Schlafzimmer dunkel, ruhig und angenehm kühl ist.
- **Bildschirmzeit reduzieren:** Vermeide die Nutzung von elektronischen Displays kurz vor dem Schlafengehen, da Bildschirmlicht wach macht und das spätere Einschlafen erschweren kann.
- **Entspannung vor dem Schlafengehen:** Praktiziere Entspannungstechniken wie Atemübungen oder Meditation, um vor dem Zubettgehen Stress abzubauen. Ein kurzer Spaziergang kann auch helfen.

Bewegung

- **Regelmäßige Aktivität:** Integriere regelmäßige körperliche Aktivität in deinen Alltag, sei es durch Spaziergänge, Yoga, Fitness, Tanzen oder Sportarten, die dir Spaß machen.
- **Pausen einlegen:** Stehe während des Arbeitstags immer mal wieder auf und mache kurze Pausen, um dich zu dehnen und zu bewegen. So reduzierst du Muskelverspannungen und baust Stress ab.
- **Outdoor-Aktivitäten:** Verbinde dich mit der Natur, indem du Aktivitäten im Freien wie Wandern oder Radfahren genießt. Frische Luft und der weite Himmel über dir tun dir zu jeder Jahreszeit gut!
- **Soziale Aktivitäten:** Triff dich zum Sport mit Freund:innen und gehe gemeinsam mit ihnen und Familienmitgliedern raus in die Natur! Das stärkt eure sozialen Bindungen genauso wie euer Immunsystem!

Verbindung zur Natur

- **Spaziergänge:** Mache regelmäßige Spaziergänge in der Natur, um Stress abzubauen und deine Sinne zu erfrischen.
- **Achtsamkeit in der Natur:** Übe Achtsamkeit, indem du bewusst die Schönheit der Natur um dich herum wahrnimmst. Das baut Stress ab und du findest inneren Frieden.

- **Digital Detox:** Plane regelmäßige Zeiten ohne Bildschirme und Technologie, um in der Natur präsent zu sein und dich von der digitalen Welt zu erholen.

Zum Schluss: Du bist die oberste Priorität

In unserem hektischen Alltag, geprägt von Karriere, Familie und Mental Load, neigen wir Frauen oft zu Selbstvernachlässigung. Doch Selfcare und bewusste Auszeiten sind gerade in solch stressigen Zeiten wichtig. Denk immer an die Sicherheitseinweisungen im Flugzeug: Setze zuerst deine eigene Sauerstoffmaske auf, bevor du anderen hilfst. Das ist ein kraftvolles Bild dafür, wie wichtig die Selbstversorgung ist, um anderen effektiv helfen zu können. Deine Gesundheit, dein Wohlbefinden und deine innere Balance sind nicht nur für dich selbst, sondern auch für deine Lieben von grundlegender Bedeutung. Indem du dich um dich selbst kümmerst, stärkst du deine Fähigkeit, den Anforderungen des Lebens zu begegnen und für deine Liebsten da zu sein.

KAPITEL – *kompakt*

- In unserem Berufs- und Privatleben sind wir es gewohnt, ständig erreichbar zu sein und schnell auf jede Nachricht oder Anfrage zu reagieren. Diese Konnektivität bietet uns viele Chancen und erleichtert in vielerlei Hinsicht die Kommunikation sowie Koordination. Für die Energie sind aber bewusste Auszeiten wichtig.
- Multitasking gehört nicht zu den menschlichen Kernkompetenzen. Wir können uns schlecht auf mehr als eine, maximal zwei komplexe Tätigkeiten fokussieren. Wenn wir es dennoch tun, geraten wir schnell unter Stress, machen Fehler und mindern unsere Entscheidungsfähigkeit.
- Multitasking führt zu Stress, der wiederum einen Burnout auslösen kann – steuere rechtzeitig dagegen.
- Sowohl Unternehmen als auch Individuen stehen in der Verantwortung, Stressoren zu minimieren, gesunde Arbeitsbedingungen zu schaffen und den eigenen Umgang mit Stress gesund zu gestalten.
- Dafür stehen dir unterschiedliche Tools und Methoden zur Verfügung: Ein gesunder Lebensstil (Ernährung, Schlaf, Bewegung, Verbindung mit der Natur) ist eine Voraussetzung. Zusätzlich kannst du an deiner Resilienz arbeiten, dich im Rahmen beispielsweise von Journaling bewusst mit deinen Emotionen auseinandersetzen, Achtsamkeit üben und die Methoden der modernen Gesundheitsvorsorge nutzen.

Unser Selfcare-Vorbild ist Sylvie Meis. Die in den Niederlanden geborene Moderatorin pendelt zwischen ihrer Wahlheimat Hamburg und Amsterdam hin und her. Während die meisten Menschen sie als Moderatorin aus dem deutschen Fernsehen kennen, ist sie auch eine erfolgreiche Unternehmerin. Vor einigen Jahren gründete sie ihr Unternehmen und baute ihre eigene Personal Brand auf. Sylvie ist zudem als Model, Werbebotschafterin und Instagram-Influencerin bekannt. Doch Sylvie gehört auch zu den am häufigsten gecoverten Frauen in der deutschen Boulevardpresse, daher kennen sie viele Menschen – oder nehmen es an. Was in den Medien über Sylvie berichtet wird, spiegelt natürlich nicht alle Aspekte ihrer Persönlichkeit und ihres Lebens wider. In erster Linie betrachtet sich Sylvie selbst als Mutter und Familienmensch.

Ihre persönliche Lebensgeschichte nahm eine dramatische Wendung, als sie im Alter von 31 Jahren, da war ihr Sohn drei Jahre alt, die Diagnose Brustkrebs erhielt. Anstatt sich zurückzuziehen, kämpfte Sylvie öffentlich gegen die Krankheit und überlebte. Neben ihrer Zusammenarbeit mit verschiedenen Mode- und Beauty-Marken engagiert sie sich aktiv für die DKMS und teilt ihre Geschichte, um Krebspatientinnen Mut zu machen. Sylvie Meis strebt nicht nur aufgrund ihrer Krebserkrankung, sondern auch der harten Auseinandersetzung mit dieser Krankheit nach einem möglichst gesunden und fitten Körper. In einem sehr persönlichen Interview in ihrer Wohnung in Hamburg-Eppendorf erzählt sie uns, was dies für sie genau bedeutet.

MIRIAM: In unserem Buch ist Vereinbarkeit ein wichtiges Thema. Für Frauen, die im Job alles geben und dann noch Familie haben, bleibt kaum Zeit für sich selbst. Du hast einen 120-Prozent-Job und bist Mutter. Wie hältst du dich fit? Welche Tipps hast du für andere Frauen?

SYLVIE: Also ich halte mich auf jeden Fall fit, trotz meines *crazy schedule*. Stellt euch vor, mein Job ist täglich etwas völlig anderes. Das liebe ich wirklich daran. Diese Vielfalt bedeutet jedoch auch, dass ich eine klare Struktur brauche, um mich wirklich an meinen eigenen Plan zu halten. Ich möchte fit bleiben, mich gesund ernähren, Sport treiben und etwas für mich tun, damit ich meinen Job selbstbewusst ausüben kann. Das kostet auch mich Überwindung, aber ich habe eine Absprache mit mir selbst: Ich möchte mindestens 5-mal pro Woche Sport treiben – das plane ich sorgfältig. Ich achte darauf, mich gesund zu ernähren. Das bedeutet auch, dass mein Kühlschrank mit gesunden Lebensmitteln gefüllt ist, damit ich in den Momenten, in denen ich essen möchte, etwas Gesundes zur Hand habe. So versuche ich, eine klare Struktur beizubehalten, damit ich meine Pläne auch tatsächlich umsetze.

MIRIAM: Wie genau sieht dein Work-out-Plan aus?

SYLVIE: Mindestens 5-mal pro Woche mache ich eine Stunde Sport. Statt ins Fitnessstudio zu gehen, habe ich hier zu Hause ein kleines Zimmer als Gym eingerichtet, mit allem, was ich für meine Fitnessgoals brauche. In meinem täglichen Ablauf bedeutet das etwa 20 Minuten lang Bauchmuskeltraining, oft mithilfe von YouTube-Videos. Ich mache viel Bodyweight-Training für den Muskelaufbau. Danach folgt die Ausdauer, ich verbringe dann etwa 20 bis 30 Minuten auf dem Laufband. Dabei betreibe ich Ausdauerjogging in einem schnellen Tempo und beende meine Einheit immer mit intensiven Intervallläufen, bei denen ich mich 30 Sekunden lang richtig auspowere, gefolgt von 30 Sekunden Pause. Danach schließe ich das Training mit Gewichtsübungen für Po und Beine ab.

Ich bin eine *Morning Person*, ich trainiere immer direkt morgens, da ich es sonst später am Tag nicht mehr schaffen würde. Ausnahmen mache ich nur, wenn ich ein spezifisches Ziel habe, beispielsweise ein Fotoshooting, oder wenn ich im Urlaub bin und weiß, dass dort Paparazzi sind, dann pushe ich mich noch etwas mehr und trainiere auch nachmittags und abends.

REGINE: Unternehmen setzen Meditations-, Resilienz- und Achtsamkeitstrainings vermehrt auf ihre Agenda, damit Mitarbeiter:innen Stress abbauen und unter anderem potenzielle Burnout-Risiken minimieren können. Helfen dir Meditationstechniken?

SYLVIE: Ich erinnere mich noch gut an meinen ersten Besuch in Los Angeles mit Anfang 20 mit einer Freundin. Zu dieser Zeit wusste ich nicht viel über Techniken der Manifestation oder sich mit sich selbst, aber auch dem Universum zu »connecten«. Ein paar Jahre später las ich das Buch *The Secret*. Es half mir, tägliche Manifestationsübungen in mein Leben einzubinden. Seitdem mache ich das täglich. Manifestieren und besonders Dankbarkeit zu leben, sind für mich wichtig.

Durch die Manifestation steuere ich meine eigene Realität, um meine Wünsche, Ziele und Visionen wahr werden zu lassen. Ich bin überzeugt, dass dadurch auch das eintrifft, was ich mir wünsche. Täglich erinnere ich mich daran, wie dankbar ich für mein Leben sein kann: für meine Gesundheit, Familie, Karriere und die Zeit im Leben – für alles Mögliche. Das ist für mich fester Bestandteil meiner Routine, und die führe ich konsequent durch. Das Wort »Disziplin« trägt oft eine negative Konnotation, als wäre es etwas allzu Striktes, sodass man sein Leben nicht mehr genießen könnte. Doch ich sehe das anders; für mich ist meine Disziplin tatsächlich eine Form der Freiheit. Sie verhilft mir zu einem ruhigen Gefühl. *»Holding yourself accountable«* – das ist für mich super wichtig und fühlt sich gut an.

Meistens meditiere ich morgens nach dem Aufstehen, während meines Work-outs oder auch in einer Stresssituation. Manchmal auch vor dem Schlafengehen, um sicherzustellen, dass ich ruhig schlafen kann. Ich versuche dann, zur Ruhe zu kommen und mich zu verbinden.

REGINE: Jetzt hast du ja bestimmt auch Tage wie wir alle und fragst dich manchmal: »Warum stehe ich morgens eigentlich auf? Warum sollte ich jetzt dieses Programm durchziehen?« Was sind deine Motivationstreiber?

SYLVIE: Was ist meine Motivation? Nun, ich glaube, es ist die Konsequenz aus den Erfahrungen, die ich vor 15 Jahren gemacht habe. Die damalige Krebserkrankung und die Diagnose Brustkrebs haben mein Leben verändert. Dass ich den Brustkrebs überlebt habe, hat mir klargemacht, dass jeder Tag ein Geschenk ist. Das hört sich pathetisch an, aber wenn man in so jungen Jahren mit dem möglichen Lebensende konfrontiert wird, hat das Auswirkungen. Natürlich gibt es auch Tage, an denen ich müde bin und keine Lust auf mein Programm habe. An solchen Tagen hilft mir jedoch der Sport, eine gesunde Ernährung, die richtige Denkweise, Freude an meinem Körper und Dankbarkeit für meine Gesundheit.

Und natürlich mein Kind. Früher lebte Damian noch zu Hause und bestimmte meinen Tagesablauf. Auch wenn er das jetzt nicht tut, ist Facetime eine wunderbare Möglichkeit, um den Tag mit ihm zu teilen, ihm alles Gute zu wünschen, egal ob er in der Schule ist oder beim Training bei Ajax. Das bringt mich zurück in den Tag und lässt mich spüren, wie schön das Leben ist. Es gibt so viel, wofür ich dankbar sein kann.

MIRIAM: Du hast eben schon deine Brustkrebserkrankung angesprochen. Wie bist du damals damit umgegangen und wie hast du mental diesen Kampf dagegen geführt?

SYLVIE: Ich glaube, für die damalige Zeit habe ich etwas ziemlich Außergewöhnliches getan, denn ich habe mir sofort vorgenommen, mein Leben nicht zu pausieren. Ich fragte meinen damaligen Onkologen in Madrid, ob ich trotz der anstehenden Chemotherapie mein Business in Deutschland weiterführen und zwischen den Sitzungen hin- und herfliegen könnte, um meine Show zu moderieren. Er ermutigte mich: »Sylvie, jeder hat seine eigene Strategie. Es geht darum, was man in sich spürt.« Es ging nicht nur darum, medizinisch die Krankheit zu behandeln, sondern auch eine mentale Strategie für den Umgang zu finden. Denn wenn man Krebs so früh bekommt, mit einem kleinen Kind, da hinterfragt man schon mal kurz den Sinn des Lebens. Ich nahm mir vor, dass ich es überleben würde. Und dass ich besser als davor rauskommen würde. Ich würde eine größere Karriere haben. Ich würde ein besseres Leben führen. Ich würde eine bessere Frau sein. Ich würde stärker sein als je zuvor. Und ich würde etwas Schreckliches, was ich da erleben musste, nutzen. Nutzen!

Damals war Krebs noch ein Tabuthema, es gab wenig öffentlichen Diskurs, kaum Podcasts und nur wenige Role Models. Es war 2009 und herausfordernd, mich als Frau öffentlich mit einer Perücke zu zeigen und weiterzuarbeiten. Ich erinnere mich daran, dass Kylie Minogue, die die Krankheit auch überlebt hatte, sich damals komplett zurückgezogen hatte. Sie ging in Paris zur Behandlung und zeigte sich erst wieder, als ihre Haare wieder nachwuchsen. Das war für mich eine Inspiration, aber ich wollte möglichst viel »Ich« bleiben, trug also eine Perücke.

Heute, wenn ich Charity-Arbeit für DKMS Life mache, treffe ich viele Patientinnen und nehme an »Look Good Feel Better«-Seminaren teil. Ich sage immer wieder, dass jede:r eine eigene Strategie hat. Meine muss nicht für jede:n die beste sein, aber ich finde es wichtig, zur Inspiration anderer meine Erfahrungen zu teilen. Wenn ich Leute zum Besuch beim Arzt ermutigen kann, wenn sie etwas spüren, oder wenn ich Frauen ermutigen kann, ihre eigene Entscheidung in Bezug auf Kopftuch oder Perücke zu treffen, dann erfüllt mich das mit Dankbarkeit. Perücken sind teuer, das ist ein weiterer Punkt, der mich traurig macht. Frauen haben während der Chemotherapie bereits mit vielen anderen Kosten zu kämpfen.

MIRIAM: Was bedeuten Beauty und Mode für dich? Ich habe ja selbst mein ganzes Leben in dem Bereich gearbeitet und ich empfinde, dass das manchmal belächelt wird.

SYLVIE: Beauty und Mode sind meine großen Leidenschaften im Leben. Sie bringen mir Freude, Selbstbewusstsein und machen einfach Spaß. Es ist jeden Tag ein Highlight für mich, meinen Stil passend zu meiner *Mood* auszuwählen – sei es ein mutiger französischer Look, ein lässiger Jeans- und Hemd-Look im 1990er-Stil à la Princess Diana oder ein minimalistischer New York Style. Modezeitschriften wie die amerikanische *Vogue* und *Harper's Bazaar* haben mich seit meiner Jugend fasziniert, vor allem in den 1990ern und Anfang der 2000er, als sie für opulente Modestrecken bekannt waren. Social Media hat verändert, wie wir uns heute inspirieren lassen, besonders von verschiedenen Influencer:innen. Auch die Beauty-Welt spielt eine große Rolle in meinem Leben, von meiner Skincare-Routine bis zu Experimenten mit Make-up. Es erfüllt mich mit Freude, neue Produkte wie die von Charlotte Tilbury und MAC Cosmetics auszuprobieren. Ein besonderes Highlight war mein eigener Lippenstift von MAC und mein Titel der *Vogue* Niederlande, das war eine riesige Ehre für mich. Trotz persönlicher Herausforderungen, wie meine Trennung im Jahr 2013, bin ich stolz auf meine Erfolge und darauf, was ich erreicht habe.

Resümee und Dank

Wir Frauen müssen uns von der Idee lösen, alles perfekt machen zu wollen. Der Tag hat nur 24 Stunden und Perfektion ist nicht der Schlüssel zum Glück. Jede Frau muss für sich die eigene Balance finden, die es ihr ermöglicht, den Lifestyle zu führen, der sie glücklich macht und erfüllt. Dafür haben wir in diesem Buch viele Anregungen geliefert, wie sich Karriere, Familie, Freund:innen und Gesundheit unter einen Hut bekommen lassen. Sicherlich nicht zu 100 Prozent, aber doch zu einem großen Teil. Wir erleben dabei Höhen und Tiefen, Erkenntnisse und Inspiration, aber vor allem erfahren wir die Bestätigung, dass wir die Architektinnen unseres eigenen Lebens sind. *Perfektion ist ~~machbar~~ Quatsch* ist deshalb mehr als nur ein Ratgeber. Es ist ein Aufruf, deine eigene Karriere und dein Privatleben in die Hand zu nehmen und dabei ein Gleichgewicht zu finden, das nicht nur nachhaltig ist, sondern auch glücklich macht, selbst wenn nicht alles perfekt ist.

Lasst uns noch einmal Revue passieren: Die Gegenwart bietet Frauen einmalige Chancen. In einer Zeit, die von einem Fachkräftemangel und einem zunehmenden Bedarf an Diversität in Führungspositionen geprägt ist, eröffnen sich Karrierechancen für Frauen wie nie zuvor. Wiebke Ankersen zeigt mit der AllBright Stiftung jedes Jahr auf, in welchen Unternehmen Diversität bereits gelebt wird, wo es aber auch Nachholbedarf gibt – denn der ist groß. Daraus ergeben sich karrieretechnisch Jahrhundertchancen für Frauen. Dabei erstrecken sich die Chancen über alle Generationen. Wir, ein Mutter-Tochter-Duo, repräsentieren diese generationenübergreifende Perspektive. *Female Empowerment* wird auch in der Politik von aufstrebenden Politikerinnen wie Verena Hubertz und erfahrenen Politikerinnen wie Malu Dreyer gelebt und gefördert. Eine paritätische Vertretung unserer Interessen in der Politik ist entscheidend für Fortschritte in wichtigen Bereichen wie dem Ausbau des Betreuungssystems. Wir möchten Frauen ermutigen, ihre Karriereambitionen nicht hinter die Familie zurückzustellen. Kinder sind zweifellos ein großes Geschenk, doch sie wachsen heran und beginnen ihr eigenes Leben. Und plötzlich fragt man sich: Was mache ich jetzt? Die Herausforderungen und Barrieren in der Arbeitswelt, insbesondere der von Annahita Esmailzadeh hervorgehobene *unconscious bias*, dürfen uns nicht einschüchtern und uns von unserem Karriereweg abhalten. Wir müssen durch unser Handeln Vorurteile widerlegen und die berühmte gläserne Decke durchbrechen. Dabei helfen uns unsere Woman Wonder Powers. Obwohl in der Karriereliteratur und im Coaching oft andere Themen dominieren, konnten wir nicht nur bei uns den Willen, sich reinzuhängen, nicht aufzugeben und eine positive, herzliche Ausstrahlung als zentrale Erfolgsfaktoren für beruflichen und privaten Erfolg ausmachen. Das Ganze wird ergänzt durch eine dritte Woman Wonder Power: den Aufbau von Netzwerken und einer starken sichtbaren eigenen Marke. Häng dich rein wie Judith Williams, sowohl in deiner beruflichen Laufbahn als auch in deinem Privatleben – selbst wenn sich manches anders entwickelt als geplant. Verfolge deine Karriereziele mit Einsatz, auch wenn es Rückschläge gibt, denn daraus entwickeln sich wieder neue Möglichkeiten. Gehe dabei alles positiv an – mit einem Lächeln in deinem Gesicht, wie Leonie Hanne. Menschen werden von Natur aus von Positivität angezogen; sie suchen die Gesellschaft der Menschen voller Lebensfreude und Herzlichkeit. Entwickle deine eigene Marke und baue ein weitreichendes Netzwerk auf, ganz im Stil von Charlotte de Brabandt. Ziehe Follower:innen und Unterstützer:innen an – Menschen, die dich sowohl in deinem beruflichen als auch privaten Leben bereichern – besonders in herausfordernden Zeiten. Das Knüpfen solcher Beziehungen ist nicht nur für den beruflichen Erfolg entscheidend, sondern auch für dein persönliches Wachstum und Resilienz. Nimm dir Melanie Kreis zum Vorbild und folge im Beruf dem, was dir Spaß bereitet. In dem, was dich begeistert, findest du nicht nur deine größte Stärke, sondern auch die Quelle deines Erfolgs. Engagiert und mutig Chancen anzunehmen, wird dir Erfolg bringen – und du kannst es ganz nach oben schaffen. Wenn du nicht in einem Angestelltenverhältnis arbeiten möchtest, dann wage den Weg in die Selbstständigkeit. Nimm dir ein Beispiel an Lea-Sophie Cramer, die zusammen mit Lia Grünhage bei ihrer ersten Firmengründung mit einem gesellschaftlich gewagten Thema all-in gegangen ist. Formuliere eine klare Vision für dein eigenes Unternehmen und komme dieser Vision Schritt für Schritt näher. Folge Lena Gerckes Rat und erschaffe »dein Dorf«: ein robustes Netzwerk, das dich im alltäglichen Jonglieren von Beruf, Familie, Freund:innen sowie deiner persönlichen Zeit und Gesundheit unterstützt. Nutze deine Eltern, Schwiegereltern, Nanny, Au-pair, Babysitter, Freund:innen und deinen Partner. Sie alle können dir bei deinen Karrierezielen und einem ausgewogenen Leben helfen. Vergiss dabei nicht deine Gesundheit, egal wie beschäftigt du bist. Integriere Fitness und eine gesunde Ernährung in dein tägliches Leben, so wie es Sylvie Meis vorlebt. Regelmäßige medizinische Check-ups sind unerlässlich – ein gesunder Körper und Geist sind das Fundament für deine Träume.

Perfektion ist ~~machbar~~ Quatsch hat uns jetzt ein Jahr beschäftigt und nun sind wir bei den letzten Zeilen unseres ersten Buches angekommen. Wir hätten es selbst nicht für möglich gehalten, je ein Buch zu schreiben, geschweige denn als Mutter und Tochter dieses Megaprojekt gemeinsam zu vollenden. Der Natur einer Mutter-Tochter-Beziehung liegt hier wohl ein gewisses Explosionspotenzial zugrunde – aber zum Glück gibt es ja *on demand-HIIT-Trainings*. Wir haben intensiv miteinander diskutiert, stunden- und tagelang geschrieben, mit vielen wunderbaren Frauen gesprochen, deren Erfahrungen zusammen mit unseren eigenen in dieses Buch flossen. Es ist für uns nach all der Zeit viel mehr geworden als nur ein Konzept, das in den Seiten dieses Buches steckt – »Woman 360« als ganzheitlicher generationsübergreifender Ansatz ist eine gelebte Realität, die sich in den alltäglichen Momenten des Lebens manifestiert. Und wir wünschen uns sehr, dass es das für dich auch wird! Es ist die Stärke, die du spürst, wenn du trotz Müdigkeit und Stress einen weiteren Tag meisterst, ohne dabei zu vergessen, dir selbst treu zu bleiben. Es mag nicht alles perfekt sein – aber es fühlt sich für dich (und nur das zählt) perfekt an.

Wir danken unseren Ehepartnern, dass sie uns zu diesem Buch ermutigt und darüber hinaus sowohl Haushalts- als auch Kinder-Care-

Arbeit übernommen haben und sich somit für all unsere Vorleistung revanchiert haben. ;-) Zudem danken wir unseren Familien und Freund:innen. Wir haben es im Buch bereits erwähnt, ohne unseren Cochemer Familienclan und die langjährigen Freundschaften würde uns ein Fundament im Leben fehlen, auf das wir immer vertrauen können.

Danke an die tollen Frauen, die uns als Interviewpartnerinnen, Inspirations- und Impulsgeber zur Verfügung standen, nicht zuletzt unserer Lektorin Frau Schober.

Last, but not least, danke an dich, unsere Leserin, dass du bis zu diesen letzten Zeilen durchgehalten hast. Hier unser letzter Appell: Lass uns zusammen die Jahrhundertchance ergreifen, die sich für uns Frauen aktuell ergibt.

Denn gemeinsam sind wir nicht zu stoppen.

Regine Büttner und Miriam von Loewenfeld

Quellenverzeichnis

1. Kapitel

Studie zu Noten: https://www.clearinghouse.edu.tum.de/reviews/geschlechterunterschiede/bekommen-maedchen-tatsaechlich-bessere-schulnoten-als-jungen/

Harvard Business Review: https://hbr.org/2020/04/7-leadership-lessons-men-can-learn-from-women

Studie Trinity College Dublin: https://de.euronews.com/2020/07/20/studie-frauen-kommen-besser-mit-covid-19-klar

Anzahl Regierungschefinnen: https://de.wikipedia.org/wiki/Liste_weiblicher_Staatsoberh%C3%A4upter_und_Regierungschefs

Video der Pressekonferenz mit Jacinda Ardern: https://youtu.be/yz9rg9m5dvU

Frauenanteil im deutschen Bundestag: https://de.wikipedia.org/wiki/Frauenanteil_im_Deutschen_Bundestag_seit_1949

Untersuchung der Weltbank: https://www.ifo.de/DocDL/sd-2022-albrecht-rude-geschlechtergleichheit-deutschland.pdf

Personen in Elternzeit: https://www.destatis.de/DE/Themen/Arbeit/Arbeitsmarkt/Qualitaet-Arbeit/Dimension-3/elternzeit.html

Erwerbswünsche von Frauen: https://www.iwkoeln.de/studien/wido-geis-thoene-muetter-haben-unterschiedliche-erwerbswuensche-und-erwerbsbezogene-normen.html

Krippen- und Kitaplätze: https://www.iwkoeln.de/presse/pressemitteilungen/wido-geis-thoene-deutschlandweit-fehlen-266000-u3-kitaplaetze.html

Teilhabe von Frauen am Erwerbsleben: https://www.destatis.de/DE/Themen/Arbeit/Arbeitsmarkt/Qualitaet-Arbeit/Dimension-1/teilhabe-frauen-erwerbsleben.html
Teilzeitarbeitende Mütter in Deutschland: https://www.destatis.de/DE/Presse/Pressemitteilungen/2022/03/PD22_N012_12.html
Teilzeitarbeitende Mütter in der EU: https://de.statista.com/statistik/daten/studie/1098738/umfrage/anteil-der-teilzeitbeschaeftigung-in-den-eu-laendern/
Anzahl der Minijobber:innen: https://www.wsi.de/de/erwerbsarbeit-14617-minijobs-als-einzige-erwerbstaetigkeit-2004-2017-14869.htm
Urteil des Bundesarbeitsgerichts: https://www.zeit.de/arbeit/2023-03/gender-pay-gap-bezahlung-gleichberechtigung-susanne-dumas
Heutiger Gender Pay Gap: https://www.destatis.de/DE/Themen/Arbeit/Verdienste/Verdienste-GenderPayGap/_inhalt.html
Gender-Pay-Gap 2006: https://www.destatis.de/DE/Presse/Pressemitteilungen/2023/01/PD23_036_621.html
Berufstätige in der Pflege: https://magazin.dak.de/pflege-tipps/
Gleichstellung und der Gender Care Gap: https://www.bmfsfj.de/bmfsfj/themen/gleichstellung/gender-care-gap/indikator-fuer-die-gleichstellung/gender-care-gap-ein-indikator-fuer-die-gleichstellung-137294
Frauenanteile an Hochschulen: https://de.statista.com/statistik/daten/studie/249318/umfrage/frauenanteile-an-hochschulen-in-deutschland/
Frauen in Führungspositionen in Deutschland: https://www.destatis.de/DE/Themen/Arbeit/Arbeitsmarkt/Qualitaet-Arbeit/Dimension-1/frauen-fuehrungspositionen.html
Frauen in Führungspositionen in der EU: https://www.destatis.de/Europa/DE/Thema/Bevoelkerung-Arbeit-Soziales/Arbeitsmarkt/Qualitaet-der-Arbeit/_dimension-1/08_frauen-fuehrungspositionen.html
Anteil der Führungsfrauen in der Privatwirtschaft: https://www.diw.de/de/diw_01.c.863524.de/publikationen/wochenberichte/2023_03_4/anstieg_des_frauenanteils_in_vorstaenden_hat_sich_wieder_verlangsamt__interview.html
Studie von Odgers Berndtson: https://www.diw.de/de/diw_01.c.863524.de/publikationen/wochenberichte/2023_03_4/anstieg_des_frauenanteils_in_vorstaenden_hat_sich_wieder_verlangsamt__interview.html

Frauenanteil unter CEOs: https://www.ey.com/de_de/news/2022-pressemitteilungen/07/frauenanteil-in-deutschen-vorstandsetagen-erreicht-rekordniveau1, https://static1.squarespace.com/static/5c7e8528f4755a0bedc3f8f1/t/6529ae5e1d7b10502ac056c9/1697230435965/Allbright-Bericht-Herbst+2023.pdf
Scheidungsquote in Deutschland: https://de.statista.com/statistik/daten/studie/76211/umfrage/scheidungsquote-von-1960-bis-2008/
Alleinerziehende nach Geschlecht: https://de.statista.com/statistik/daten/studie/76211/umfrage/scheidungsquote-von-1960-bis-2008/

2. Kapitel

Rücktrittserklärung Jacinda Arderns: https://www.sueddeutsche.de/politik/neuseeland-jacinda-ardern-ruecktritt-1.5734915
Geburtenrate in den 1970er-Jahren: https://www.demografie-portal.de/DE/Fakten/natuerliche-bevoelkerungsentwicklung.html
Anteil junger Erwachsener mit psychischen Erkrankungen: http://www.mckinsey.com/featured-insights/sustainable-inclusive-growth/future-of-america/how-does-gen-z-see
Global Gender Gap Report: https://de.wikipedia.org/wiki/Global_Gender_Gap_Report
Der neue »Conservatism Gap« der GenZ: »A new global gender divide is emerging« https://www.ft.com/content/29fd9b5c-2f35-41bf-9d4c-994db4e12998

3. Kapitel

Gastkommentar Robert Habecks: https://www.handelsblatt.com/meinung/gastbeitraege/gastkommentar-die-gleichstellung-der-geschlechter-ist-wichtig-fuer-unseren-wohlstand/29021868.html
Studie zu Kitaplätzen: https://www.tagesschau.de/inland/gesellschaft/kitaplaetze-studie-100.html

Kahler, T. (1975). Drivers – The Key to the Process Script. *Transactional Analysis Journal,* 5:3

Esmailzadeh, Annahita (2023). *Von Quotenfrauen und alten weißen Männern – Schluss mit Vorurteilen in der Arbeitswelt.* Frankfurt/New York: Campus.

Lorenz, T. (2022). *Selbst-Bewusstsein. Mit dem Myers-Briggs-Typenindikator*. Offenbach: Gabal.

Scullard, Mark, & Baum, Dabney (2015). *Everything DiSC® Manual.* Minneapolis: John Wiley & Sons.

Halo- und Horns-Effekt: Noor, N., Beram, S. & Khoo, F. et al. (2023). Bias, Halo Effect and Horn Effect: A Systematic Literature Review. *International Journal of Academic Research in Business and Social Sciences, 13*(3).

Persönlichkeitstests: https://www.sueddeutsche.de/karriere/persoenlichkeitstest-bewerbung-1.5154849, https://greator.com/beste-personlichkeitstests/

Peer, M. (2018). *I am enough*. amazon publishing.

Peer, M. (2022). *Tell yourself a better lie*. amazon publishing.

4. Kapitel

Vorteile engagierten Einsatzes im Beruf: Turgut, S., Michel, A. & Sonntag (2014). Einflussfaktoren emotionaler Erschöpfung und Arbeitszufriedenheit. *Zeitschrift für Arbeits- u. Organisationspsychologie*, 3, 140–154.

Überstunden: https://doku.iab.de/forschungsbericht/2022/fb2022.pdf

Allensbach-Studie: https://www.ifd-allensbach.de/studien-und-berichte/veroeffentlichte-studien.html

Fehltage: https://www.dak.de/dak/download/report-2548214.pdf

Arbeitszeit in Deutschland: https://www.oecd.org/berlin/statistiken/arbeitsstunden.htm

Pisa-Studie 2018: https://www.pisa.tum.de/pisa/pisa-2000-2018/pisa-2018/

Studie der Harvard Business Schools 2019: https://hbr.org/2019/02/mentoring-someone-with-imposter-syndrome

Studie Universität Mannheim 2022: https://www.sowi.uni-mannheim.de/sonnentag/forschung/unsere-aktuellen-studien/
Always-Studie: https://www.always.de/de-de/uber-always/kampagnen-und-initiativen/dubistdieantwort-frauen-selbstbewusstsein-starken/
Dweck, Carol S. (2011). *Mindset: The New Psychology of Success.* New York: Gildan Media. [Hörbuch].
Studie von McKinsey 2023: https://www.mckinsey.com/de/news/presse/europa-mit-grosser-talentluecke-bei-frauen-in-tech-jobs-techno logieberufe-mint

5. Kapitel

Batten & Company, 29.11.2021: Brands im Ringlicht: Das sind Deutschlands wertvollste Influencer:innen. https://www.batten-company.com/news/brands-im-ringlicht-das-sind-deutschlands-wertvollste-influencerinnenstudie-zum-markenwert-von-deutschlands-er folgreichsten-influencerinnen/
Image erfolgreicher Frauen: https://www.mckinsey.com/de/news/pres se/europa-mit-grosser-talentluecke-bei-frauen-in-tech-jobs-tech nologieberufe-mint
Heidi-Howard-Studie: McGinn, Kathleen L., & Tempest, Nicole (2010 [2000]). *Heidi Roizen.* Harvard Business School Case 800–228.

6. Kapitel

Veilchen im Moose: https://www.volksliederarchiv.de/alte-kinderreime/sei-wie-das-veilchen-im-moose/
Image als Karrierefaktor: https://www.zeit.de/karriere/beruf/2015-06/selbstmarketing-frauen-karriere
Rudman, Laurie A. (1998). Self-Promotion as a Risk Factor for Women: The Costs and Benefits of Counterstereotypical Impression Management. *Journal of Personality and Social Psychology, 74*(3): 629–645.

Sandberg, Sheryl (2023). *Lean in. Frauen und der Wille zum Erfolg.* Berlin: Ullstein.

70-20-10-Regel: https://www.impulse.de/selbstmanagement/70-20-10-regel/7321429.html

7. Kapitel

Vorständinnen: https://www.haufe.de/personal/hr-management/allbright-ranking-acht-dax-unternehmen-ohne-frauen-im-vorstand_80_578094.html, https://www.handelsblatt.com/unternehmen/management/management-scheitern-frauen-in-dax-vorstaenden-haeufiger-als-maenner/29244134.html, https://www.sueddeutsche.de/wirtschaft/gleichberechtigung-fuehrungspositionen-1.4883574?reduced=true

World Economic Forum: https://www.weforum.org/agenda/2023/05/future-of-jobs-2023-skills/?DAG=3

Auswirkungen von technologischem Wandel auf Arbeitsplätze: https://doku.iab.de/grauepap/2023/Forschungs-und_Arbeitsprogramm_2023.pdf

Hans-Böckler-Stiftung: https://www.boeckler.de/de/boeckler-impuls.htm?input-selectAusgabe=04&input-selectJahrgang=2023

Softskills: https://www.xing.com/news/articles/die-halfte-der-deutschen-wunscht-sich-mehr-weiter

Weiterbildung von Frauen: https://www.bildungsspiegel.de/news/frauen-in-beruf-und-karriere/6607-studie-hindernisse-fuer-muetter-bei-der-berufsbezogenen-weiterbildung/

Leadership-Kompetenzen von Frauen: http://vjholcomb.com/wp-content/uploads/2020/03/Research_-Women-Score-Higher-Than-Men-in-Most-Leadership-Skills.pdf

LinkedIn-Studie 2019: https://www.wuv.de/Archiv/Frauen-suchen-selektiver-und-bekommen-%C3%B6fter-den-Job

Zenger, J., & Folkman, J. (2019). Research: Women Score Higher Than Men in Most Leadership Skills. *Harvard Business Review.* https://hbr.org/2019/06/research-women-score-higher-than-men-in-most-leadership-skills

Gehaltsverhandlungen: https://www.sueddeutsche.de/projekte/artikel/wirtschaft/gehalt-gehaltsverhandlung-lohn-e287719/?reduced=true
Studie der Korn Ferry Hay Group: https://crosswater-job-guide.com/archives/56827/studie-frauen-sind-maennern-bei-fuehrungsrelevanten-emotionalen-und-sozialen-kompetenzen-voraus/
Leadership-Programme Frauen: https://hbr.org/2023/03/where-womens-leadership-development-programs-fall-short
Förderung der Genderdiversität: https://hbr.org/2018/10/how-men-can-become-better-allies-to-women

8. Kapitel

Deutscher Startup Monitor: https://de.statista.com/statistik/daten/studie/573712/umfrage/verteilung-der-gruender-von-startups-in-deutschland-nach-geschlecht/
Frauenanteil bei Gründerpersonen: https://de.statista.com/statistik/daten/studie/573712/umfrage/verteilung-der-gruender-von-startups-in-deutschland-nach-geschlecht/
Studie der Boston Consulting Group 2018: https://www.forbes.com/sites/annapowers/2018/07/31/women-founded-start-ups-receive-less-funding-but-produce-double-the-revenue-a-study-finds/?sh=432e2f9364e4
Start-ups bleiben fest in Männerhand: https://www.manager-magazin.de/unternehmen/tech/bcg-studie-fehlende-gleichberechtigung-bei-start-ups-a-422f6a0c-8e04-4da9-a78c-2eeec972381c

9. Kapitel

Gender-Care-Gap: https://www.bmfsfj.de/bmfsfj/themen/gleichstellung/gender-care-gap
Kleven 2019 Pension Pay Gap: https://www.destatis.de/DE/Presse/Pressemitteilungen/2023/03/PD23_N015_12_63.html

Scheidungsquote: https://de.statista.com/statistik/daten/studie/76211/umfrage/scheidungsquote-von-1960-bis-2008/
Wert von Care-Arbeit: https://www.ndr.de/nachrichten/info/Das-bisschen-Haushalt-Care-Arbeit-ist-Milliarden-wert,weltfrauentag238.html
Mental Load: https://www.boeckler.de/fpdf/HBS-008679/p_wsi_report_87_2023.pdf
Rechner zum exponentiellen Wachstum: https://rechneronline.de/summe/wachstum.php
Anteil der Väter beim Elterngeld: https://de.statista.com/infografik/24835/anteil-der-vaeter-in-deutschland-die-elterngeld-beziehen/
Anteil der Mütter in Teilzeit: https://www.destatis.de/DE/Presse/Pressemitteilungen/2022/03/PD22_N012_12.html

10. Kapitel

Multitasking: https://www.forschung-und-lehre.de/forschung/multi-tasking-stellt-frau-und-mann-auf-die-probe-2039, https://www.zeit.de/karriere/beruf/2012–08/multitasking-gehirnleistung, https://www.wiwo.de/erfolg/trends/studie-multitasking-mindert-die-konzentrationsfaehigkeit/5571028.html, https://www.geo.de/wissen/23876-rtkl-stanford-studie-medien-multitasking-macht-womoeglich-vergesslich
Krankentage durch Burnout: https://de.statista.com/statistik/daten/studie/239675/umfrage/arbeitsunfaehigkeitstage-aufgrund-von-burn-out-nach-alter-und-geschlecht/
Prävalenz von Burnout: https://de.statista.com/statistik/daten/studie/233475/umfrage/praevalenz-von-burn-out-nach-geschlecht-alter-und-sozialem-status/